아이스크림 더 실전

차례

왜, 더 실전 일까요?

AI 데이터로 구성한 교재입니다.

『**더 실전**』은 누적 체험자 수 130만 명의 선택을 받은
아이스크림 홈런의 **학습 데이터를 기반**으로 만들었습니다.
AI가 추천한 문제들을 난이도별로 배열한 **단원 평가를 총 4회 구성**하여
실전 시험에 충분히 대비할 수 있도록 하였습니다.
또한 AI를 활용하여 정답률 낮은 문제를 선별하였으며 **'틀린 유형 다시 보기'**를 통해
정답률 낮은 문제를 이해하는 기초를 제공하고 반복하여 복습할 수 있도록 하여
빈틈없이 **실전을 준비**할 수 있도록 하였습니다.

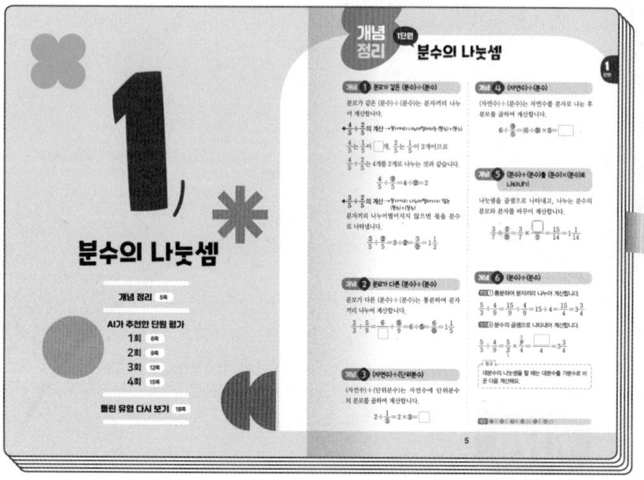

개념을 먼저 정리해요.

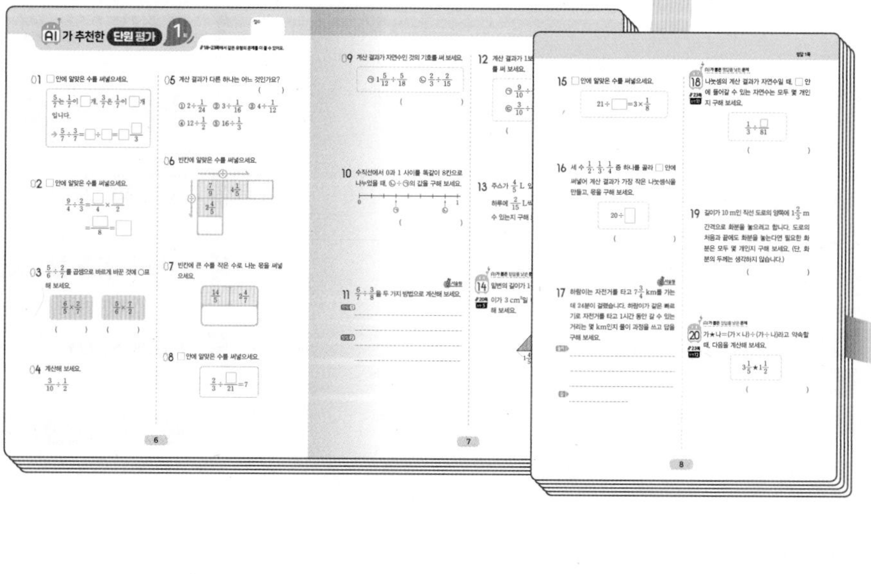

단원 평가 1회 ~ 4회로 실전 감각을 길러요.

더 실전은 아래와 같은 상황에 더 필요하고 유용한 교재입니다.

- ☑ 내 실력을 알고 싶을 때
- ☑ 단원 평가에 대비할 때
- ☑ 학기를 마무리하는 시험에 대비할 때
- ☑ 시험에서 자주 틀리는 문제를 대비하고 싶을 때

『더 실전』이 적합합니다.

틀린 유형 다시 보기로 집중 학습을 해요.

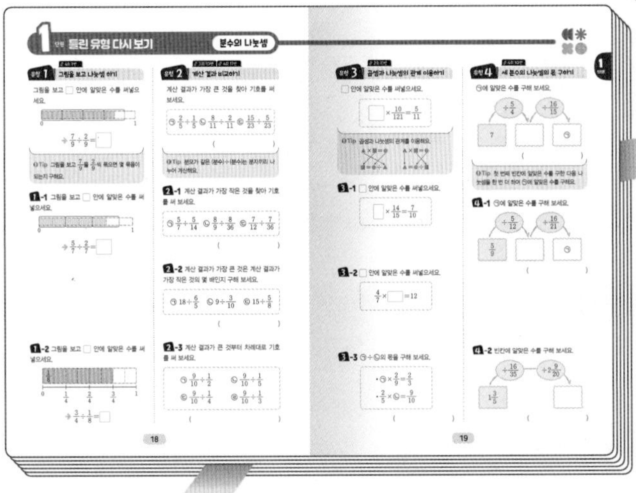

정답 및 풀이로 확인하고 점검해요.

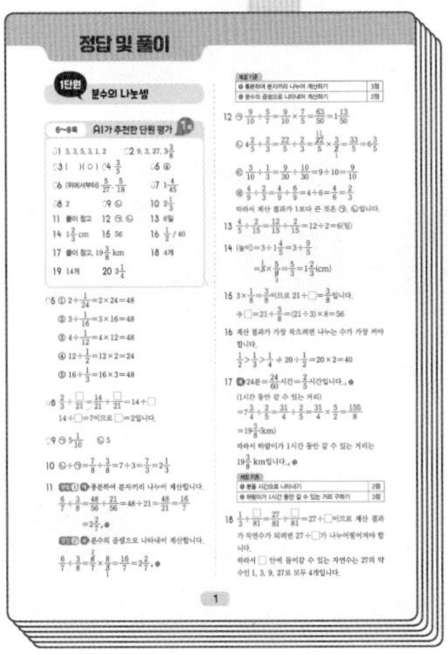

1
분수의 나눗셈

분수의 나눗셈

개념 1 분모가 같은 (분수)÷(분수)

분모가 같은 (분수)÷(분수)는 분자끼리 나누어 계산합니다.

◆ $\frac{4}{5} \div \frac{2}{5}$의 계산 → 분자끼리 나누어떨어지는 (분수)÷(분수)

$\frac{4}{5}$는 $\frac{1}{5}$이 ☐개, $\frac{2}{5}$는 $\frac{1}{5}$이 2개이므로

$\frac{4}{5} \div \frac{2}{5}$는 4개를 2개로 나누는 것과 같습니다.

$$\frac{4}{5} \div \frac{2}{5} = 4 \div 2 = 2$$

◆ $\frac{3}{5} \div \frac{2}{5}$의 계산 → 분자끼리 나누어떨어지지 않는 (분수)÷(분수)

분자끼리 나누어떨어지지 않으면 몫을 분수로 나타냅니다.

$$\frac{3}{5} \div \frac{2}{5} = 3 \div 2 = \frac{3}{2} = 1\frac{1}{2}$$

개념 2 분모가 다른 (분수)÷(분수)

분모가 다른 (분수)÷(분수)는 통분하여 분자끼리 나누어 계산합니다.

$$\frac{2}{3} \div \frac{5}{9} = \frac{6}{\square} \div \frac{5}{9} = 6 \div 5 = \frac{6}{5} = 1\frac{1}{5}$$

개념 3 (자연수)÷(단위분수)

(자연수)÷(단위분수)는 자연수에 단위분수의 분모를 곱하여 계산합니다.

$$2 \div \frac{1}{3} = 2 \times 3 = \square$$

개념 4 (자연수)÷(분수)

(자연수)÷(분수)는 자연수를 분자로 나눈 후 분모를 곱하여 계산합니다.

$$6 \div \frac{3}{5} = (6 \div 3) \times 5 = \square$$

개념 5 (분수)÷(분수)를 (분수)×(분수)로 나타내기

나눗셈을 곱셈으로 나타내고, 나누는 분수의 분모와 분자를 바꾸어 계산합니다.

$$\frac{3}{7} \div \frac{2}{5} = \frac{3}{7} \times \frac{\square}{2} = \frac{15}{14} = 1\frac{1}{14}$$

개념 6 (분수)÷(분수)

방법 1 통분하여 분자끼리 나누어 계산합니다.

$$\frac{5}{3} \div \frac{4}{9} = \frac{15}{9} \div \frac{4}{9} = 15 \div 4 = \frac{15}{4} = 3\frac{3}{4}$$

방법 2 분수의 곱셈으로 나타내어 계산합니다.

$$\frac{5}{3} \div \frac{4}{9} = \frac{5}{\cancel{3}_1} \times \frac{\cancel{9}^3}{4} = \frac{\square}{4} = 3\frac{3}{4}$$

> **참고**
> 대분수의 나눗셈을 할 때는 대분수를 가분수로 바꾼 다음 계산해요.

정답 ❶ 4 ❷ 9 ❸ 6 ❹ 10 ❺ 5 ❻ 15

점수

18~23쪽에서 같은 유형의 문제를 더 풀 수 있어요.

01 □ 안에 알맞은 수를 써넣으세요.

$\frac{5}{7}$는 $\frac{1}{7}$이 □개, $\frac{3}{7}$은 $\frac{1}{7}$이 □개 입니다.

→ $\frac{5}{7}\div\frac{3}{7}=\square\div\square=\square\frac{\square}{3}$

02 □ 안에 알맞은 수를 써넣으세요.

$$\frac{9}{4}\div\frac{2}{3}=\frac{\square}{4}\times\frac{\square}{2}$$
$$=\frac{\square}{8}=\square$$

03 $\frac{5}{6}\div\frac{2}{7}$를 곱셈으로 바르게 바꾼 것에 ○표 해 보세요.

$\frac{6}{5}\times\frac{2}{7}$ (　　　)　　$\frac{5}{6}\times\frac{7}{2}$ (　　　)

04 계산해 보세요.

$\frac{3}{10}\div\frac{1}{2}$

05 계산 결과가 다른 하나는 어느 것인가요?

(　　　)

① $2\div\frac{1}{24}$　② $3\div\frac{1}{16}$　③ $4\div\frac{1}{12}$
④ $12\div\frac{1}{2}$　⑤ $16\div\frac{1}{3}$

06 빈칸에 알맞은 수를 써넣으세요.

(→ ÷, ↓ ÷)

$\frac{7}{9}$	$4\frac{1}{5}$	
$2\frac{4}{5}$		

07 빈칸에 큰 수를 작은 수로 나눈 몫을 써넣으세요.

$\frac{14}{5}$	$2\frac{4}{7}$

08 □ 안에 알맞은 수를 써넣으세요.

$\frac{2}{3}\div\frac{\square}{21}=7$

09 계산 결과가 자연수인 것의 기호를 써 보세요.

㉠ $1\frac{5}{12} \div \frac{5}{18}$ ㉡ $\frac{2}{3} \div \frac{2}{15}$

(　　　　　　　　)

10 수직선에서 0과 1 사이를 똑같이 8칸으로 나누었을 때, ㉡÷㉠의 값을 구해 보세요.

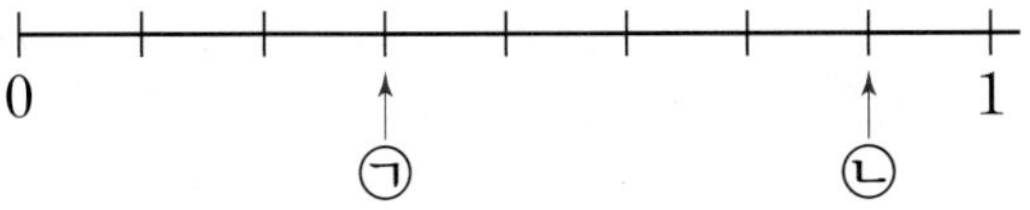

(　　　　　　　　)

서술형

11 $\frac{6}{7} \div \frac{3}{8}$을 두 가지 방법으로 계산해 보세요.

방법 1

방법 2

12 계산 결과가 1보다 큰 것을 모두 찾아 기호를 써 보세요.

㉠ $\frac{9}{10} \div \frac{5}{7}$ ㉡ $4\frac{2}{5} \div \frac{2}{3}$

㉢ $\frac{3}{10} \div \frac{1}{3}$ ㉣ $\frac{4}{9} \div \frac{2}{3}$

(　　　　　　　　)

13 주스가 $\frac{4}{5}$ L 있습니다. 우영이가 주스를 하루에 $\frac{2}{15}$ L씩 마신다면 며칠 동안 마실 수 있는지 구해 보세요.

(　　　　　　　　)

AI가 뽑은 정답률 낮은 문제

14 밑변의 길이가 $1\frac{4}{5}$ cm인 평행사변형의 넓이가 3 cm^2일 때, 높이는 몇 cm인지 구해 보세요.

20쪽 유형 5

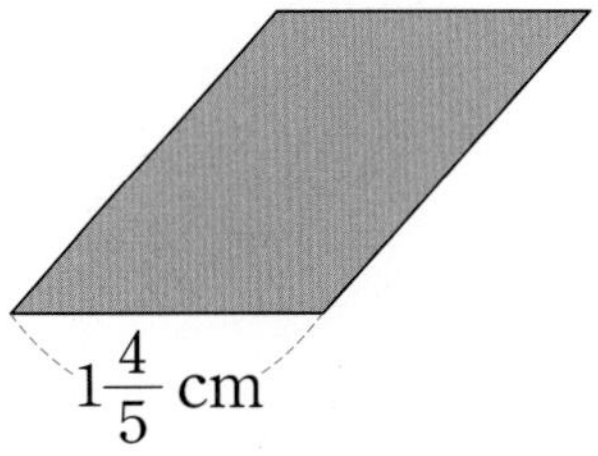

(　　　　　　　　)

15 □ 안에 알맞은 수를 써넣으세요.

$$21 \div \square = 3 \times \frac{1}{8}$$

16 세 수 $\frac{1}{2}$, $\frac{1}{3}$, $\frac{1}{4}$ 중 하나를 골라 □ 안에 써넣어 계산 결과가 가장 작은 나눗셈식을 만들고, 몫을 구해 보세요.

$$20 \div \square$$

(　　　　　　　　)

서술형

17 하람이는 자전거를 타고 $7\frac{3}{4}$ km를 가는 데 24분이 걸렸습니다. 하람이가 같은 빠르기로 자전거를 타고 1시간 동안 갈 수 있는 거리는 몇 km인지 풀이 과정을 쓰고 답을 구해 보세요.

풀이

답

AI가 뽑은 정답률 낮은 문제

18 나눗셈의 계산 결과가 자연수일 때, □ 안에 들어갈 수 있는 자연수는 모두 몇 개인지 구해 보세요.

23쪽 유형 11

$$\frac{1}{3} \div \frac{\square}{81}$$

(　　　　　　　　)

19 길이가 10 m인 직선 도로의 양쪽에 $1\frac{2}{3}$ m 간격으로 화분을 놓으려고 합니다. 도로의 처음과 끝에도 화분을 놓는다면 필요한 화분은 모두 몇 개인지 구해 보세요. (단, 화분의 두께는 생각하지 않습니다.)

(　　　　　　　　)

AI가 뽑은 정답률 낮은 문제

20 가★나=(가×나)÷(가÷나)라고 약속할 때, 다음을 계산해 보세요.

23쪽 유형 12

$$3\frac{1}{5} \bigstar 1\frac{1}{2}$$

(　　　　　　　　)

점수

18~23쪽에서 같은 유형의 문제를 더 풀 수 있어요.

01~02 $\frac{5}{6} \div \frac{4}{5}$를 두 가지 방법으로 계산하려고 합니다. □ 안에 알맞은 수를 써넣으세요.

01 $\frac{5}{6} \div \frac{4}{5} = \frac{\square}{30} \div \frac{24}{30}$

$= \square \div 24 = \frac{\square}{24}$

$= \square\frac{\square}{24}$

02 $\frac{5}{6} \div \frac{4}{5} = \frac{5}{6} \times \frac{5}{\square}$

$= \frac{\square}{\square} = \square\frac{\square}{24}$

03 수조에 물을 8 L 채웠더니 수조의 $\frac{2}{5}$만큼이 채워졌습니다. 수조를 가득 채웠을 때 물은 몇 L 들어가는지 구하려고 합니다. □ 안에 알맞은 수를 써넣으세요.

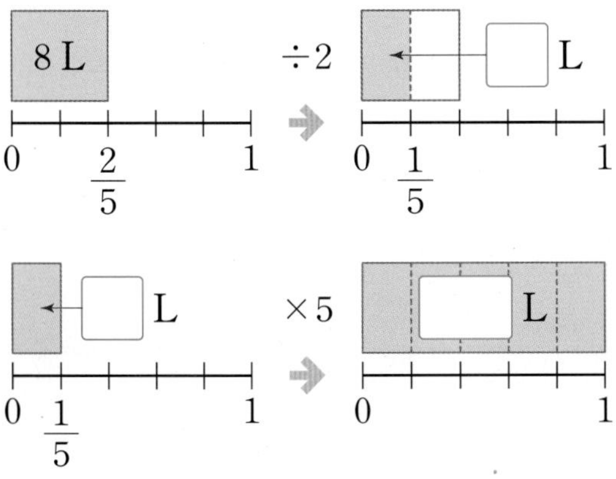

따라서 수조를 가득 채웠을 때

물은 □ L 들어갑니다.

04 ㉠과 ㉡에 알맞은 수를 각각 구해 보세요.

$12 \div \frac{3}{5} = (12 \div 3) \times ㉠ = ㉡$

㉠ (　　　　　)

㉡ (　　　　　)

05 계산 결과가 다른 하나를 찾아 기호를 써 보세요.

㉠ $\frac{5}{7} \div \frac{1}{7}$	㉡ $\frac{45}{13} \div \frac{9}{13}$
㉢ $\frac{5}{17} \div \frac{25}{17}$	㉣ $\frac{30}{11} \div \frac{6}{11}$

(　　　　　)

06 빈칸에 알맞은 수를 써넣으세요.

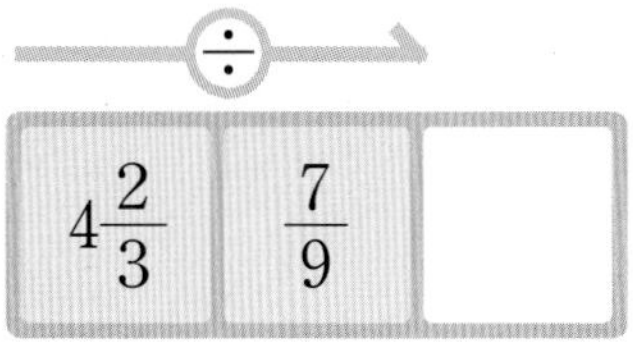

07 계산 결과를 비교하여 ○ 안에 >, =, <를 알맞게 써넣으세요.

$5\frac{1}{2} \div \frac{6}{7}$ ○ $1\frac{17}{18} \div \frac{5}{21}$

08 잘못 계산한 것의 기호를 써 보세요.

㉠ $20 \div \frac{5}{7} = 28$ ㉡ $36 \div \frac{4}{9} = 18$

( )

09 가분수를 진분수로 나눈 몫을 구해 보세요.

$1\frac{1}{15}$ $\frac{15}{8}$ $\frac{15}{16}$

( )

10 계산 결과의 차를 구해 보세요.

$\frac{8}{15} \div \frac{2}{9}$ $3\frac{1}{8} \div \frac{5}{12}$

( )

AI가 뽑은 정답률 낮은 문제

11 □ 안에 알맞은 수를 써넣으세요.

19쪽 유형 3

$\square \times \frac{3}{7} = 15$

12 쿠키 한 개를 만드는 데 밀가루 $\frac{4}{7}$컵이 필요합니다. 밀가루 $8\frac{4}{7}$컵으로 만들 수 있는 쿠키는 몇 개인지 구해 보세요.

( )

13 선물 상자 한 개를 포장하는 데 끈이 $1\frac{1}{5}$ m 필요합니다. 끈 $3\frac{4}{5}$ m로 똑같은 선물 상자를 몇 개까지 포장할 수 있는지 구해 보세요.

( )

AI가 뽑은 정답률 낮은 문제

14 **조건**을 모두 만족하는 분수의 나눗셈식을 써 보세요.

20쪽 유형 6

조건

- $9 \div 7$을 이용하여 계산할 수 있습니다.
- 분모가 11보다 작은 진분수의 나눗셈입니다.
- 두 분수의 분모는 같습니다.

( )

서술형

15 지율이가 책을 60쪽 읽었더니 전체 쪽수의 $\frac{4}{9}$가 남았습니다. 이 책의 전체 쪽수는 몇 쪽인지 풀이 과정을 쓰고 답을 구해 보세요.

풀이

답

16 어떤 기계로 장난감을 한 개 만드는 데 $\frac{4}{15}$시간이 걸립니다. 이 기계로 하루에 8시간씩 장난감을 만든다면 월요일부터 금요일까지 장난감을 모두 몇 개 만들 수 있는지 구해 보세요.

(　　　　　　　　)

AI가 뽑은 정답률 낮은 문제

17 1분 동안 $1\frac{1}{8}$ km씩 달리는 자동차가 있습니다. 이 자동차가 같은 빠르기로 달린다면 $34\frac{1}{2}$ km를 가는 데 몇 분 몇 초가 걸리는지 구해 보세요.

22쪽 유형 9

(　　　　　　　　)

AI가 뽑은 정답률 낮은 문제 서술형

18 □ 안에 들어갈 수 있는 자연수는 모두 몇 개인지 풀이 과정을 쓰고 답을 구해 보세요.

21쪽 유형 8

$$16 \div \frac{8}{\square} < 100$$

풀이

답

19 ㉠은 ㉡의 $\frac{1}{8}$이고, ㉢은 ㉠의 $\frac{2}{13}$입니다. ㉢이 $\frac{1}{2}$일 때, ㉡을 구해 보세요.

(　　　　　　　　)

20 떨어뜨린 높이의 $\frac{3}{8}$만큼 튀어 오르는 공이 있습니다. 이 공을 떨어뜨렸을 때 두 번째로 튀어 오른 높이가 $5\frac{5}{8}$ m라면 처음 공을 떨어뜨린 높이는 몇 m인지 구해 보세요.

(　　　　　　　　)

18~23쪽에서 같은 유형의 문제를 더 풀 수 있어요.

01 ㉠과 ㉡에 알맞은 수를 각각 구해 보세요.

- $\frac{4}{7} \div \frac{3}{7} = 4 \div$ ㉠
- $\frac{㉡}{14} \div \frac{5}{14} = 9 \div 5$

㉠ (   )

㉡ (   )

02 **보기**와 같은 방법으로 계산해 보세요.

보기

$$\frac{3}{8} \div \frac{3}{20} = \frac{\overset{1}{\cancel{3}}}{\underset{2}{\cancel{8}}} \times \frac{\overset{5}{\cancel{20}}}{\underset{1}{\cancel{3}}} = \frac{5}{2} = 2\frac{1}{2}$$

$\frac{7}{5} \div \frac{14}{35}$ ____________________

03~04 계산해 보세요.

03 $20 \div \frac{4}{7}$

04 $\frac{4}{7} \div \frac{3}{5}$

05 관계있는 것끼리 이어 보세요.

$\frac{7}{8} \div \frac{3}{4}$	$10 \div 3$
$\frac{5}{2} \div \frac{3}{4}$	$7 \div 6$
$\frac{7}{6} \div \frac{2}{3}$	$7 \div 4$

06 □ 안에 알맞은 수를 써넣으세요.

$5\frac{4}{9}$ → $\div \frac{7}{10}$ → □

07 계산 결과를 비교하여 ○ 안에 >, =, <를 알맞게 써넣으세요.

$\frac{6}{5} \div \frac{5}{3}$ ○ $\frac{9}{21} \div \frac{3}{14}$

08 자연수를 진분수로 나눈 몫을 구해 보세요.

12	$\frac{6}{11}$

(　　　　　　　　　　)

서술형

09 계산이 잘못된 이유를 쓰고 바르게 계산해 보세요.

$$6\div\frac{2}{3}=(6\div3)\times2=4$$

↓

이유 ▶

AI가 뽑은 정답률 낮은 문제

10 계산 결과가 큰 것부터 차례대로 기호를 써 보세요.

18쪽 유형 2

㉠ $\frac{11}{15}\div\frac{1}{2}$　　㉡ $\frac{8}{9}\div\frac{1}{2}$

㉢ $\frac{5}{6}\div\frac{1}{2}$　　㉣ $\frac{2}{3}\div\frac{1}{2}$

(　　　　　　　　　　)

11 □ 안에 알맞은 수가 더 큰 것의 기호를 써 보세요.

㉠ $\square\div\frac{1}{8}=24$　　㉡ $4\div\frac{1}{\square}=16$

(　　　　　　　　　　)

12 빈칸에 알맞은 수를 써넣으세요.

÷ →

$8\frac{8}{9}$		$4\frac{8}{9}$

13 길이가 $\frac{12}{13}$ m인 색 테이프를 한 사람에게 $\frac{4}{13}$ m씩 나누어 주려고 합니다. 색 테이프를 몇 명에게 줄 수 있는지 구해 보세요.

(　　　　　　　　　　)

14 두 수를 골라 나눗셈식을 만들려고 합니다. 만든 나눗셈식의 계산 결과가 가장 클 때의 몫을 구해 보세요.

$\frac{6}{7}$　　$\frac{13}{14}$　　$1\frac{3}{7}$　　$1\frac{3}{14}$

(　　　　　　　　　　)

서술형

15 오늘 하루 동안 과일 가게에 있던 사과의 $\frac{5}{8}$를 팔았더니 사과가 30상자 남았습니다. 오늘 사과를 팔기 전 과일 가게에 있던 사과는 모두 몇 상자였는지 풀이 과정을 쓰고 답을 구해 보세요.

풀이

답

AI가 뽑은 정답률 낮은 문제

16 21쪽 유형 8

□ 안에 들어갈 수 있는 자연수를 모두 구해 보세요.

$$24 \div \frac{6}{\square} < 20$$

(　　　　　　　　)

17 휘발유 $\frac{3}{8}$ L로 $4\frac{3}{4}$ km를 가는 자동차가 있습니다. 이 자동차는 휘발유 15 L로 몇 km를 갈 수 있는지 구해 보세요.

(　　　　　　　　)

AI가 뽑은 정답률 낮은 문제

18 21쪽 유형 7

어떤 수를 $2\frac{4}{5}$로 나누어야 할 것을 잘못하여 어떤 수에 $2\frac{4}{5}$를 곱했더니 $9\frac{1}{3}$이 되었습니다. 바르게 계산한 값을 구해 보세요.

(　　　　　　　　)

19 어떤 삼각형의 밑변의 길이를 처음 길이의 $\frac{6}{7}$으로 줄이고, 높이를 처음 길이의 $\frac{7}{9}$로 줄였더니 넓이가 $3\frac{3}{4}$ cm^2가 되었습니다. 처음 삼각형의 넓이는 몇 cm^2인지 구해 보세요.

(　　　　　　　　)

AI가 뽑은 정답률 낮은 문제

20 22쪽 유형 10

수 카드 3장을 모두 한 번씩 사용하여 다음과 같은 나눗셈식을 만들려고 합니다. 만든 나눗셈식의 계산 결과가 가장 작을 때의 몫을 구해 보세요.

2　5　7 → $\frac{\square}{\square} \div \frac{\square}{9}$

(　　　　　　　　)

18~23쪽에서 같은 유형의 문제를 더 풀 수 있어요.

AI가 뽑은 정답률 낮은 문제

01 그림을 보고 □ 안에 알맞은 수를 써넣으세요.

18쪽 유형 1

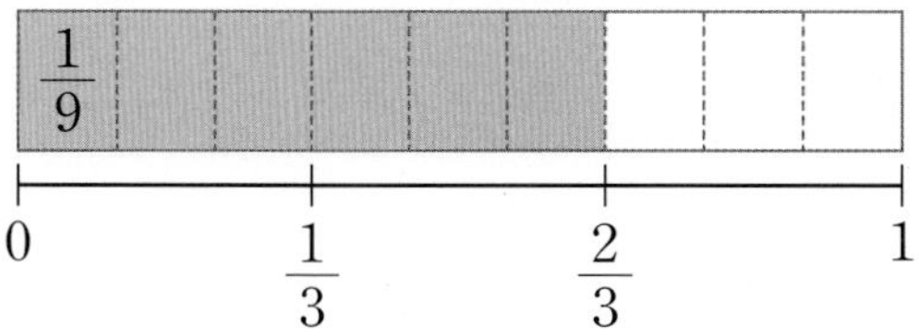

→ $\frac{2}{3} \div \frac{1}{9} = \square$

02 **보기**와 같은 방법으로 계산해 보세요.

보기

$$1\frac{3}{5} \div \frac{2}{15} = \frac{8}{5} \div \frac{2}{15} = \frac{24}{15} \div \frac{2}{15} = 24 \div 2 = 12$$

$1\frac{3}{7} \div \frac{5}{14}$ ______

03~04 계산해 보세요.

03 $27 \div \frac{9}{11}$

04 $\frac{8}{9} \div \frac{16}{15}$

05 $\frac{6}{7} \div \frac{2}{7}$와 계산 결과가 같은 것을 찾아 기호를 써 보세요.

㉠ $\frac{12}{7} \div \frac{3}{7}$ ㉡ $\frac{9}{8} \div \frac{3}{8}$ ㉢ $\frac{8}{9} \div \frac{4}{9}$

( )

06 관계있는 것끼리 이어 보세요.

$\frac{7}{8} \div \frac{5}{8}$	$1\frac{4}{5}$
$\frac{9}{11} \div \frac{5}{11}$	$1\frac{3}{5}$
$\frac{8}{13} \div \frac{5}{13}$	$1\frac{2}{5}$

07 계산 결과를 비교하여 ○ 안에 $>$, $=$, $<$를 알맞게 써넣으세요.

$1\frac{5}{6} \div \frac{7}{9}$ ○ $1\frac{1}{7} \div \frac{2}{5}$

08 진분수는 대분수의 몇 배인지 구해 보세요.

$1\frac{7}{9}$ $\frac{4}{15}$

( )

09 □ 안에 알맞은 기약분수를 써넣으세요.

$$8 \div \square = (8 \div 3) \times 7$$

AI가 뽑은 정답률 낮은 문제

10 빈칸에 알맞은 수를 써넣으세요.

19쪽 유형 4

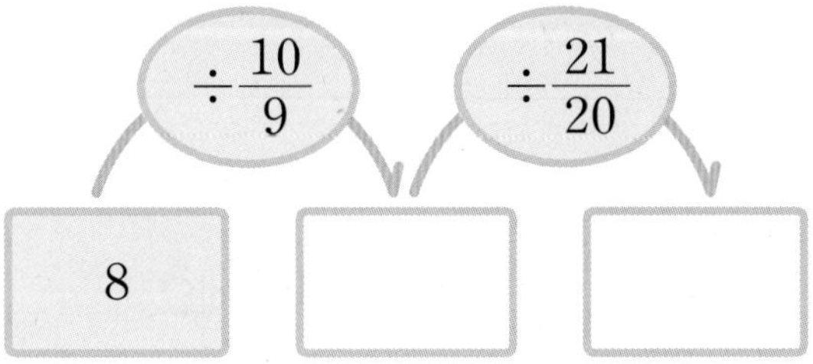

AI가 뽑은 정답률 낮은 문제

11 계산 결과가 가장 작은 것을 찾아 기호를 써 보세요.

18쪽 유형 2

㉠ $\frac{6}{10} \div \frac{2}{5}$ ㉡ $\frac{7}{4} \div \frac{5}{8}$ ㉢ $\frac{5}{6} \div \frac{1}{3}$

( )

서술형

12 계산이 잘못된 이유를 쓰고 바르게 계산해 보세요.

$$1\frac{5}{21} \div \frac{3}{7} = 1\frac{5}{21} \times \frac{7}{3} = 1\frac{5}{9}$$

↓

이유

AI가 뽑은 정답률 낮은 문제

13 □ 안에 들어갈 수 있는 자연수 중에서 가장 큰 수를 구해 보세요.

21쪽 유형 8

$$\frac{9}{8} \div \frac{2}{9} > \square$$

( )

14 소금 10 kg을 한 봉지에 $\frac{1}{7}$ kg씩 나누어 담으려고 합니다. 봉지는 모두 몇 개 필요한지 구해 보세요.

( )

15 케이크 한 개를 사서 예원이는 전체의 $\frac{7}{16}$을 먹었고, 선재는 전체의 $\frac{3}{16}$을 먹었습니다. 예원이가 먹은 케이크의 양은 선재가 먹은 케이크의 양의 몇 배인지 구해 보세요.

( )

16 굵기가 일정한 철근 $\frac{5}{6}$ m의 무게는 $\frac{11}{12}$ kg입니다. 이 철근 1 m의 무게는 몇 kg인지 구해 보세요.

(　　　　　　　　)

AI가 뽑은 정답률 낮은 문제

17 $\frac{2}{57}$를 어떤 수로 나누어야 할 것을 잘못하여 $\frac{2}{57}$에 어떤 수를 곱했더니 $\frac{2}{19}$가 되었습니다. 바르게 계산한 값을 구해 보세요.

21쪽 유형 7

(　　　　　　　　)

18 두 나눗셈의 계산 결과가 모두 자연수일 때, □ 안에 공통으로 들어갈 수 있는 분수 중에서 가장 작은 수를 구해 보세요.

$\square \div \frac{3}{8}$	$\square \div \frac{7}{20}$

(　　　　　　　　)

서술형

19 안나가 소설책을 읽는데 어제까지 전체의 $\frac{4}{5}$를 읽었고, 오늘은 어제까지 읽고 남은 부분의 $\frac{7}{8}$을 읽었습니다. 안나가 오늘까지 읽고 남은 쪽수가 5쪽이라면 소설책의 전체 쪽수는 몇 쪽인지 풀이 과정을 쓰고 답을 구해 보세요.

풀이

답

AI가 뽑은 정답률 낮은 문제

20 길이가 12 cm인 양초가 있습니다. 이 양초에 불을 붙이고 48분이 지난 후에 남은 양초의 길이를 재었더니 $10\frac{1}{5}$ cm였습니다. 양초가 일정한 빠르기로 탄다면 남은 양초가 모두 타는 데 걸리는 시간은 몇 시간 몇 분인지 구해 보세요.

22쪽 유형 9

(　　　　　　　　)

4회 1번

유형 1 그림을 보고 나눗셈 하기

그림을 보고 □ 안에 알맞은 수를 써넣으세요.

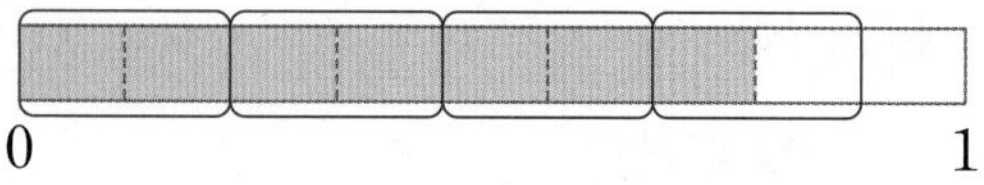

➔ $\frac{7}{9} \div \frac{2}{9} = \square$

Tip 그림을 보고 $\frac{7}{9}$을 $\frac{2}{9}$씩 묶으면 몇 묶음이 되는지 구해요.

1-1 그림을 보고 □ 안에 알맞은 수를 써넣으세요.

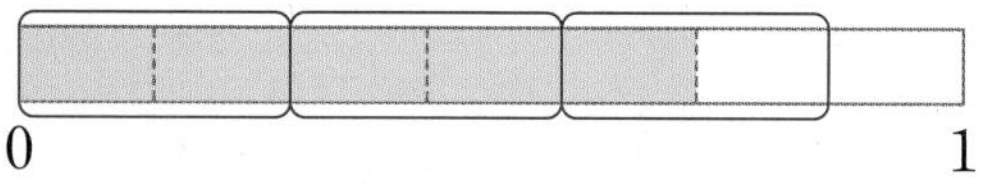

➔ $\frac{5}{7} \div \frac{2}{7} = \square$

1-2 그림을 보고 □ 안에 알맞은 수를 써넣으세요.

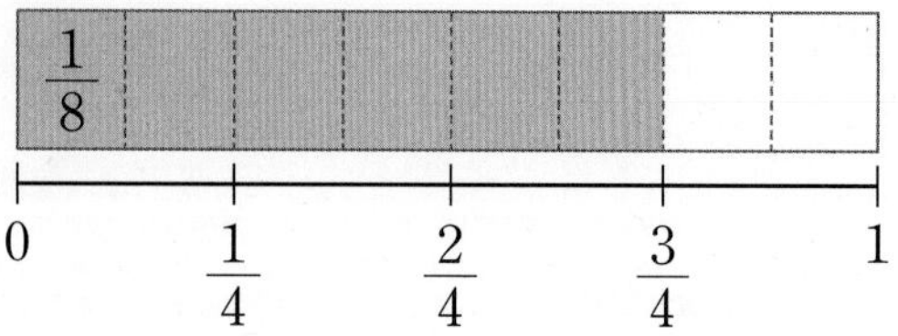

➔ $\frac{3}{4} \div \frac{1}{8} = \square$

3회 10번 4회 11번

유형 2 계산 결과 비교하기

계산 결과가 가장 큰 것을 찾아 기호를 써 보세요.

㉠ $\frac{2}{5} \div \frac{1}{5}$ ㉡ $\frac{8}{11} \div \frac{2}{11}$ ㉢ $\frac{15}{23} \div \frac{5}{23}$

(　　　　　　)

Tip 분모가 같은 (분수)÷(분수)는 분자끼리 나누어 계산해요.

2-1 계산 결과가 가장 작은 것을 찾아 기호를 써 보세요.

㉠ $\frac{5}{7} \div \frac{5}{14}$ ㉡ $\frac{8}{9} \div \frac{8}{36}$ ㉢ $\frac{7}{12} \div \frac{7}{36}$

(　　　　　　)

2-2 계산 결과가 가장 큰 것은 계산 결과가 가장 작은 것의 몇 배인지 구해 보세요.

㉠ $18 \div \frac{6}{5}$ ㉡ $9 \div \frac{3}{10}$ ㉢ $15 \div \frac{5}{8}$

(　　　　　　)

2-3 계산 결과가 큰 것부터 차례대로 기호를 써 보세요.

㉠ $\frac{9}{10} \div \frac{1}{2}$ ㉡ $\frac{9}{10} \div \frac{1}{5}$

㉢ $\frac{9}{10} \div \frac{1}{4}$ ㉣ $\frac{9}{10} \div \frac{1}{3}$

(　　　　　　)

2회 11번

유형 3 곱셈과 나눗셈의 관계 이용하기

□ 안에 알맞은 수를 써넣으세요.

$$\square \times \frac{10}{121} = \frac{5}{11}$$

Tip 곱셈과 나눗셈의 관계를 이용해요.

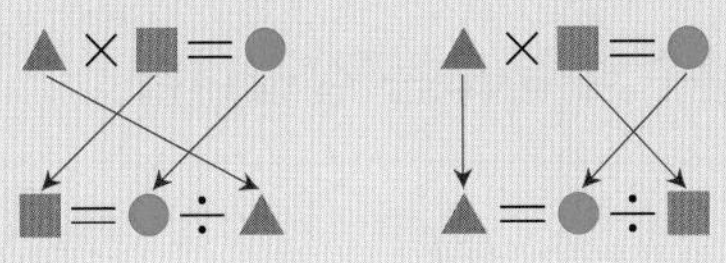

3-1 □ 안에 알맞은 수를 써넣으세요.

$$\square \times \frac{14}{15} = \frac{7}{10}$$

3-2 □ 안에 알맞은 수를 써넣으세요.

$$\frac{4}{7} \times \square = 12$$

3-3 ㉠÷㉡의 몫을 구해 보세요.

- $㉠ \times \frac{2}{9} = \frac{2}{3}$
- $\frac{2}{5} \times ㉡ = \frac{9}{10}$

(　　　　　　　　)

4회 10번

유형 4 세 분수의 나눗셈의 몫 구하기

㉠에 알맞은 수를 구해 보세요.

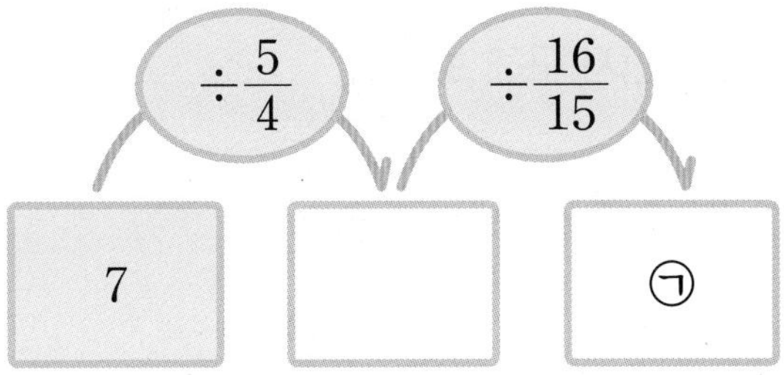

(　　　　　　　　)

Tip 첫 번째 빈칸에 알맞은 수를 구한 다음 나눗셈을 한 번 더 하여 ㉠에 알맞은 수를 구해요.

4-1 ㉠에 알맞은 수를 구해 보세요.

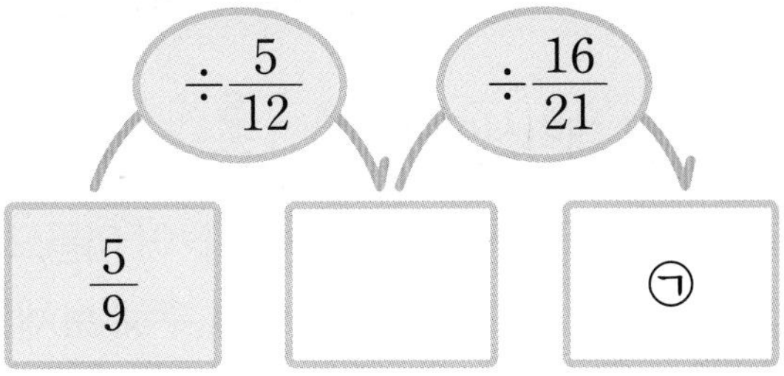

(　　　　　　　　)

4-2 빈칸에 알맞은 수를 구해 보세요.

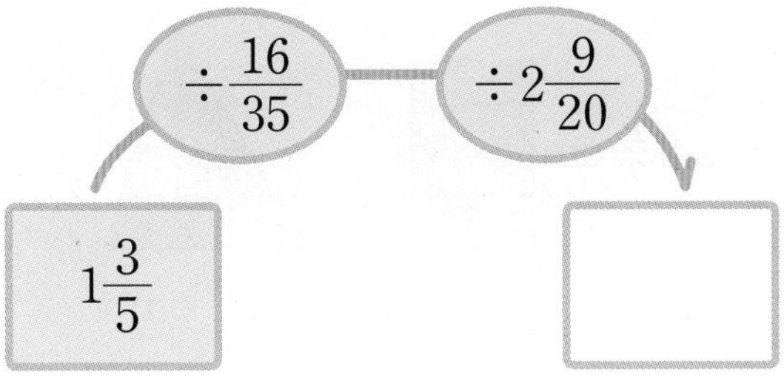

(　　　　　　　　)

1회 14번

유형 5 도형에서 변의 길이 구하기

사다리꼴의 넓이가 $6\frac{3}{10}$ cm²일 때, 높이는 몇 cm인지 구해 보세요.

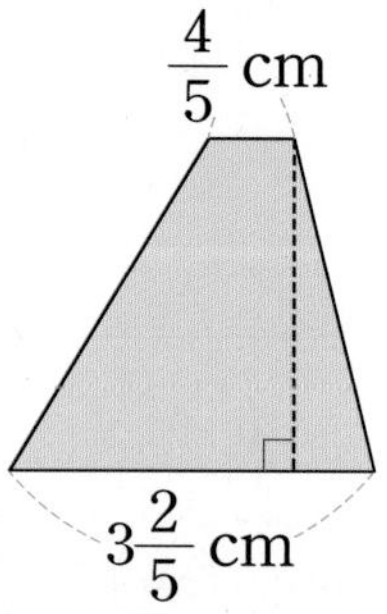

( )

Tip (사다리꼴의 넓이)
=((윗변의 길이)+(아랫변의 길이))×(높이)÷2

5-1 한 대각선의 길이가 $3\frac{5}{12}$ cm이고, 넓이가 41 cm²인 마름모가 있습니다. 이 마름모의 다른 대각선의 길이는 몇 cm인지 구해 보세요.

( )

5-2 직사각형과 삼각형의 넓이가 같을 때, 삼각형의 높이는 몇 cm인지 구해 보세요.

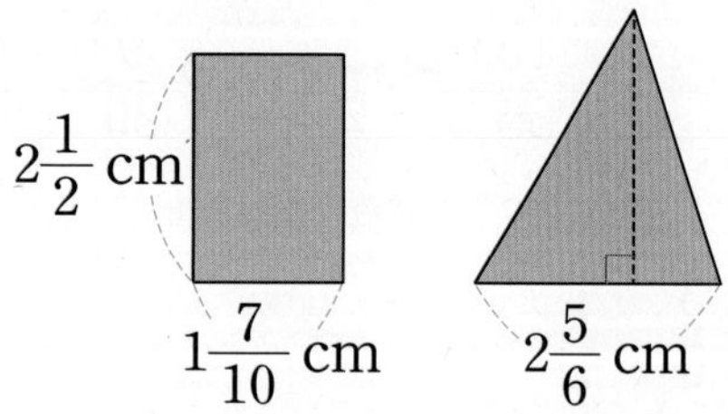

( )

2회 14번

유형 6 조건을 만족하는 나눗셈식 찾기

조건을 모두 만족하는 분수의 나눗셈식을 써 보세요.

조건
- 7÷3을 이용하여 계산할 수 있습니다.
- 분모가 9보다 작은 진분수의 나눗셈입니다.
- 두 분수의 분모는 같습니다.

( )

Tip 분모가 같은 (분수)÷(분수)는 분자끼리 나누어 계산함을 알고, 분모가 될 수 있는 수를 찾아요.

6-1 **조건**을 모두 만족하는 분수의 나눗셈식을 모두 써 보세요.

조건
- 11÷5를 이용하여 계산할 수 있습니다.
- 분모가 14보다 작은 진분수의 나눗셈입니다.
- 두 분수의 분모는 같습니다.

( )

6-2 **조건**을 모두 만족하는 분수의 나눗셈식을 모두 써 보세요.

조건
- 7÷15를 이용하여 계산할 수 있습니다.
- 분모가 18보다 작은 진분수의 나눗셈입니다.
- 두 분수의 분모는 같습니다.

( )

🔗 3회 18번 🔗 4회 17번

유형 7 바르게 계산한 값 구하기

$3\frac{3}{5}$을 어떤 수로 나누어야 할 것을 잘못하여 $3\frac{3}{5}$에 어떤 수를 곱했더니 $6\frac{2}{5}$가 되었습니다. 바르게 계산한 값을 구해 보세요.

(   )

Tip 어떤 수를 □라고 하고 잘못 계산한 식을 세운 다음 어떤 수를 먼저 구해요.

7-1 $\frac{2}{3}$를 어떤 수로 나누어야 할 것을 잘못하여 $\frac{2}{3}$에 어떤 수를 곱했더니 $\frac{5}{9}$가 되었습니다. 바르게 계산한 값을 구해 보세요.

(   )

7-2 어떤 수를 $\frac{3}{7}$으로 나누어야 할 것을 잘못하여 어떤 수에 7을 곱했더니 30이 되었습니다. 바르게 계산한 값을 구해 보세요.

(   )

7-3 $\frac{1}{3}$의 분모와 분자에 각각 어떤 수를 더한 다음 $\frac{2}{3}$로 나누어야 할 것을 잘못하여 $\frac{2}{3}$를 곱했더니 $\frac{2}{5}$가 되었습니다. 어떤 수와 바르게 계산한 값을 차례대로 써 보세요.

(,   )

🔗 2회 18번 🔗 3회 16번 🔗 4회 13번

유형 8 □ 안에 들어갈 수 있는 수 구하기

□ 안에 들어갈 수 있는 자연수 중에서 가장 큰 수를 구해 보세요.

$$21 \div \frac{7}{\square} < 10 \div \frac{5}{11}$$

(   )

Tip $▲ \div \frac{■}{●} = (▲ \div ■) \times ●$임을 이용해서 □ 안에 들어갈 수 있는 자연수를 구해요.

8-1 □ 안에 들어갈 수 있는 자연수 중에서 가장 큰 수를 구해 보세요.

$$\square \div \frac{1}{8} < 45$$

(   )

8-2 □ 안에 들어갈 수 있는 자연수는 모두 몇 개인지 구해 보세요.

$$35 \div \frac{5}{7} < 24 \div \frac{4}{\square} < 56 \div \frac{8}{9}$$

(   )

8-3 □ 안에 들어갈 수 있는 자연수 중에서 가장 작은 수를 구해 보세요.

$$6\frac{3}{7} \div \frac{9}{10} < \square$$

(   )

2회 17번 4회 20번

유형 9 걸리는 시간 구하기

어느 수도에서 1분 동안 물이 $\frac{4}{7}$ L씩 나옵니다. 물이 같은 빠르기로 나온다면 이 수도에서 물 $3\frac{4}{21}$ L를 받는 데 몇 분 몇 초가 걸리는지 구해 보세요.

(　　　　　　　　)

Tip (물을 받는 데 걸리는 시간)
=(받을 물의 양)÷(1분 동안 나오는 물의 양)

9-1 가형이는 자전거로 1분 동안 $\frac{3}{14}$ km씩 달립니다. 가형이가 같은 빠르기로 자전거를 탄다면 $4\frac{3}{7}$ km를 가는 데 몇 분 몇 초가 걸리는지 구해 보세요.

(　　　　　　　　)

9-2 길이가 $18\frac{2}{5}$ cm인 양초가 있습니다. 이 양초에 불을 붙이고 $2\frac{4}{5}$시간이 지난 후에 남은 양초의 길이를 재었더니 10 cm였습니다. 양초가 일정한 빠르기로 탄다면 남은 양초가 모두 타는 데 걸리는 시간은 몇 시간 몇 분인지 구해 보세요.

(　　　　　　　　)

3회 20번

유형 10 수 카드로 나눗셈식 만들기

수 카드 3장을 모두 한 번씩 사용하여 다음과 같은 나눗셈식을 만들려고 합니다. 만든 나눗셈식의 계산 결과가 가장 작을 때의 몫을 구해 보세요.

3 5 7 → $\square\frac{\square}{\square} \div \frac{2}{3}$

(　　　　　　　　)

Tip 계산 결과가 가장 작은 나눗셈식을 만들려면 나누어지는 수는 가장 작게, 나누는 수는 가장 크게 만들어야 해요.

10-1 수 카드 3장 중 2장을 골라 한 번씩 사용하여 다음과 같은 나눗셈식을 만들려고 합니다. 만든 나눗셈식의 계산 결과가 가장 클 때의 몫을 구해 보세요.

4 6 8 → $\frac{5}{\square} \div \frac{3}{\square}$

(　　　　　　　　)

10-2 수 카드 4장을 모두 한 번씩 사용하여 다음과 같은 나눗셈식을 만들려고 합니다. 만든 나눗셈식의 계산 결과가 가장 클 때의 몫을 구해 보세요.

2 3 5 7 → $\frac{\square}{\square} \div \frac{\square}{\square}$

(　　　　　　　　)

1회 18번

유형 11 계산 결과가 자연수일 때, □ 안에 들어갈 수 있는 수 구하기

나눗셈의 계산 결과가 자연수일 때, □ 안에 들어갈 수 있는 자연수를 모두 구해 보세요.

$$\frac{1}{5} \div \frac{\square}{45}$$

(　　　　　　　　　　)

Tip ★÷♥의 계산 결과가 자연수이려면 ♥가 ★의 약수이어야 함을 이용해요.

11-1 나눗셈의 계산 결과가 자연수일 때, □ 안에 들어갈 수 있는 모든 자연수의 합을 구해 보세요. $\left(\text{단, } \frac{\square}{5}\text{는 진분수입니다.}\right)$

$$16 \div \frac{\square}{5}$$

(　　　　　　　　　　)

11-2 나눗셈의 계산 결과가 자연수일 때, □ 안에 들어갈 수 있는 자연수는 모두 몇 개인지 구해 보세요. $\left(\text{단, } \frac{\square}{16}\text{는 진분수입니다.}\right)$

$$1\frac{3}{4} \div \frac{\square}{16}$$

(　　　　　　　　　　)

1회 20번

유형 12 약속에 따라 계산하기

가★나=(가×나)÷(가+나)라고 약속할 때, 다음을 계산해 보세요.

$$\left(\frac{2}{3}★\frac{1}{2}\right)★\frac{1}{3}$$

(　　　　　　　　　　)

Tip 가★나=(가×나)÷(가+나)에서 가에 $\frac{2}{3}$를, 나에 $\frac{1}{2}$을 넣어 $\frac{2}{3}★\frac{1}{2}$을 먼저 계산해요.

12-1 가◎나=가÷(나−가)라고 약속할 때, 다음을 계산해 보세요.

$$\frac{3}{8} ◎ \frac{7}{12}$$

(　　　　　　　　　　)

12-2 가♥나=$3\frac{1}{2}$÷(가÷나)라고 약속할 때, 다음을 계산해 보세요.

$$9 ♥ \frac{3}{7}$$

(　　　　　　　　　　)

12-3 가★나=(가÷나)÷나라고 약속할 때, □ 안에 알맞은 수를 써넣으세요.

$$\square ★\left(1\frac{1}{4}★\frac{1}{2}\right)=1$$

2

소수의 나눗셈

소수의 나눗셈

개념 1 자연수의 나눗셈을 이용한 (소수)÷(소수)

나누어지는 수와 나누는 수에 똑같이 10배, 100배……를 하여 (자연수)÷(자연수)로 바꾸어 계산해도 몫은 같습니다.

$11.2 \div 0.4$ → (10배, 10배) → $112 \div 4 = 28$

➡ $11.2 \div 0.4 = 28$

$1.12 \div 0.04$ → (100배, 100배) → $112 \div □ = 28$

➡ $1.12 \div 0.04 = 28$

개념 2 자릿수가 같은 (소수)÷(소수)

방법 ① 분수의 나눗셈으로 나타내어 계산합니다.

$$1.92 \div 0.24 = \frac{192}{100} \div \frac{24}{100} = 192 \div 24 = 8$$

방법 ② 세로로 계산합니다.

$0.24\overline{)1.92}$ ➡ $□\overline{)192}$

192
0
(몫 8)

나누는 수와 나누어지는 수의 소수점을 똑같이 옮겨요.

개념 3 자릿수가 다른 (소수)÷(소수)

나누는 수가 자연수가 되도록 나누는 수와 나누어지는 수의 소수점을 똑같이 옮겨서 계산합니다.

$1.4\overline{)1.26}$ ➡ $14\overline{)12.6}$

몫: 0.□
1 2 6
0

옮긴 소수점의 위치에 맞추어 몫의 소수점을 찍어요.

> **참고**
> 나누어지는 수가 자연수가 되도록 나누는 수와 나누어지는 수의 소수점을 똑같이 옮겨서 계산해도 돼요.

개념 4 (자연수)÷(소수)

방법 ① 분수의 나눗셈으로 나타내어 계산합니다.

$$12 \div 2.4 = \frac{120}{□} \div \frac{24}{10} = 120 \div 24 = 5$$

방법 ② 세로로 계산합니다.

$2.4\overline{)12.0}$ ➡ $24\overline{)120}$

몫: 5
120
0

나누는 수와 나누어지는 수의 소수점을 똑같이 옮겨요.

개념 5 몫을 반올림하여 나타내기

◆**3.1÷0.7의 몫을 반올림하여 나타내기**

$0.7\overline{)3.1000}$

몫: 4.428
28
30
28
20
14
60
56
4

- 일의 자리까지 나타내면 ➡ □
- 소수 첫째 자리까지 나타내면 ➡ 4.4
- 소수 둘째 자리까지 나타내면 ➡ 4.43

개념 6 나누어 주고 남는 양 알아보기

◆**물 4.2 L를 한 사람에게 2 L씩 나누어 줄 때 나누어 줄 수 있는 사람 수와 남는 물의 양 구하기**

방법 ① 뺄셈으로 구합니다.

$4.2 - 2 - 2 = 0.2$ (2번) ➡ 2명에게 나누어 줄 수 있고 0.2 L가 남습니다.

방법 ② 나눗셈으로 구합니다.

$2\overline{)4.2}$

몫: 2 ← 나누어 줄 수 있는 사람 수
4
0.2 ← 남는 물의 양

➡ □명에게 나누어 줄 수 있고 0.2 L가 남습니다.

정답 ❶ 4 ❷ 24 ❸ 9 ❹ 10 ❺ 4 ❻ 2

01 □ 안에 알맞은 수를 써넣으세요.

18.4 ÷ 2.3

□배 □배

184 ÷ □ = □

→ 18.4÷2.3=□

02 보기와 같은 방법으로 계산해 보세요.

보기

$52.8 \div 3.3 = \frac{528}{10} \div \frac{33}{10}$

$= 528 \div 33 = 16$

3.15÷0.35

03~04 □ 안에 알맞은 수를 써넣으세요.

03

54÷0.9=□

54÷0.09=□

54÷0.009=□

04

1.32÷0.06=□

13.2÷0.06=□

132÷0.06=□

05 31.2÷0.6과 몫이 같은 것을 찾아 기호를 써 보세요.

㉠ 31.2÷0.06 ㉡ 3.12÷0.6

㉢ 312÷6 ㉣ 31.2÷6

( )

06 □ 안에 알맞은 수를 써넣으세요.

55.35

÷4.5

□

07 나눗셈의 몫이 가장 큰 것을 찾아 기호를 써 보세요.

㉠ 15÷2.5 ㉡ 21.6÷2.7

㉢ 46.2÷13.2 ㉣ 2.5÷1.25

( )

08 계산 결과를 비교하여 ○ 안에 >, =, <를 알맞게 써넣으세요.

4.6÷7의 몫을 반올림하여 소수 첫째 자리까지 나타낸 수 ○ 4.6÷7

09 가장 큰 수는 가장 작은 수의 몇 배인지 구해 보세요.

0.25	2.4	1.01	10.5

( )

서술형

10 계산이 잘못된 이유를 쓰고 바르게 계산해 보세요.

```
        5.8
2.5 ) 1 4 5
      1 2 5
      -----
        2 0 0
        2 0 0
        -----
            0
```

→

```
2.5 ) 1 4 5
```

이유

11 $5.4 \div 2.1$의 몫을 반올림하여 소수 첫째 자리까지 나타낸 수와 소수 둘째 자리까지 나타낸 수의 차를 구해 보세요.

( )

12 식빵 한 개를 만드는 데 설탕 45.5 g이 필요합니다. 설탕 546 g으로 만들 수 있는 식빵은 몇 개인지 구해 보세요.

( )

13 굵기가 일정한 철근 1.4 m의 무게는 45 kg입니다. 이 철근 1 m의 무게는 몇 kg인지 반올림하여 소수 둘째 자리까지 나타내어 보세요.

( )

AI가 뽑은 정답률 낮은 문제

14 한 대각선의 길이가 6.8 cm이고 넓이가 30.6 cm^2인 마름모의 다른 대각선의 길이는 몇 cm인지 구해 보세요.

39쪽 유형4

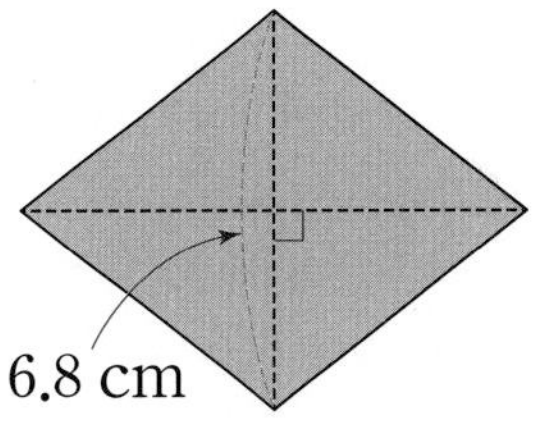

( )

AI가 뽑은 정답률 낮은 문제

15 어떤 수를 2.4로 나누어야 할 것을 잘못하여 어떤 수에 2.4를 곱했더니 72가 되었습니다. 바르게 계산한 값을 구해 보세요.

40쪽 유형6

( )

16 색 테이프를 한 명에게 3 m씩 나누어 주면 12명에게 주고 3.3 m가 남습니다. 이 색 테이프와 길이가 같은 리본을 한 명에게 4.8 m씩 나누어 주려고 합니다. 리본은 몇 명에게 나누어 줄 수 있고, 남는 리본은 몇 m인지 차례대로 써 보세요.

(,)

AI가 뽑은 정답률 낮은 문제 서술형

17 몫의 소수 77째 자리 숫자를 구하려고 합니다. 풀이 과정을 쓰고 답을 구해 보세요.

41쪽 유형 7

27.4÷3.3

풀이

답

18 가★나=(가+나)÷(가−나)라고 약속할 때, 다음을 계산해 보세요.

5.25★(2.3★1.5)

( )

19 길이가 25 cm인 색 테이프를 2.5 cm씩 겹치게 한 줄로 길게 이어 붙였더니 색 테이프의 전체 길이는 385 cm가 되었습니다. 이어 붙인 색 테이프는 모두 몇 장인지 구해 보세요.

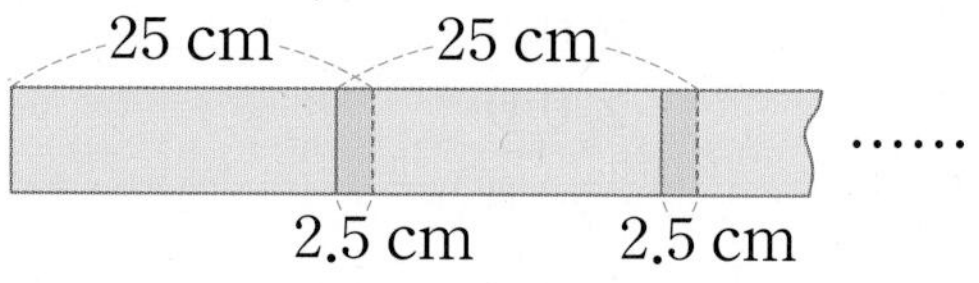

( )

AI가 뽑은 정답률 낮은 문제

20 번개가 친 곳으로부터 21 km 떨어진 곳에서는 약 1분 뒤에 천둥소리를 들을 수 있습니다. 번개가 친 곳으로부터 5 km 떨어진 곳에서는 번개가 친 지 몇 분 뒤에 천둥소리를 들을 수 있는지 반올림하여 소수 첫째 자리까지 나타내어 보세요.

43쪽 유형 11

( )

01 □ 안에 알맞은 수를 써넣으세요.

$$5.44 \div 0.34 = \frac{\square}{100} \div \frac{34}{100}$$
$$= \square \div 34 = \square$$

02 □ 안에 알맞은 수를 써넣으세요.

$$52 \div 1.3 = \square \quad 520 \div \square = \square$$

(52 → 520: □배, 1.3 → □: □배)

03 소수점을 옮겨서 계산하는 과정입니다. □ 안에 알맞은 수를 써넣으세요.

5.5)□ → 55)3465

04 쌀 11.2 kg을 한 봉지에 3 kg씩 나누어 담으려고 합니다. □ 안에 알맞은 수를 써넣으세요.

> 11.2−3−3−3=□
> → 11.2에서 3을 □번 뺄 수 있으므로 쌀을 □봉지에 담을 수 있고, 남는 쌀은 □kg입니다.

05 빈칸에 알맞은 수를 써넣으세요.

(→ ÷, ↓ ÷)

21	4.2	
0.14		

06 19.4÷7의 몫을 반올림하여 주어진 자리까지 나타내어 보세요.

일의 자리까지	
소수 첫째 자리까지	
소수 둘째 자리까지	

07~08 계산 결과를 비교하여 ○ 안에 >, =, <를 알맞게 써넣으세요.

07 24.2÷6.05 ○ 1.95÷0.65

08 8.84÷1.7 ○ 9÷1.5

09 큰 수를 작은 수로 나눈 몫을 반올림하여 소수 첫째 자리까지 나타내어 보세요.

7.4	3.4

10 56÷1.4=40을 이용하여 소수의 나눗셈을 바르게 한 것을 모두 찾아 기호를 써 보세요.

㉠ 56÷0.14=0.4
㉡ 56÷0.014=4000
㉢ 560÷1.4=400
㉣ 5600÷1.4=0.4

( )

11 나눗셈의 몫이 큰 것부터 차례대로 기호를 써 보세요.

㉠ 26.88÷1.12 ㉡ 50.4÷1.12
㉢ 19.04÷1.12 ㉣ 48.16÷1.12

( )

12 냉장고에 오렌지 주스 3.36 L와 포도 주스 1.4 L가 있습니다. 오렌지 주스 양은 포도 주스 양의 몇 배인지 구해 보세요.

( )

AI가 뽑은 정답률 낮은 문제

13 □ 안에 들어갈 수 있는 자연수 중에서 가장 작은 수를 구해 보세요.

40쪽 유형 5

10.15÷3.5<□

( )

AI가 뽑은 정답률 낮은 문제

14 □ 안에 알맞은 수를 써넣으세요.

38쪽 유형 2

□×6.25=37.5

15 민우는 들이가 86.4 L인 빈 수조에 들이가 13.5 L인 물통으로 물을 가득 채우려고 합니다. 수조에 물통으로 물을 적어도 몇 번 부어야 하는지 구해 보세요.

( )

16 한 개에 26.2 g인 쿠키 25개를 상자에 담아 무게를 재었더니 950 g이었습니다. 이 상자에서 쿠키 몇 개를 꺼내 먹은 다음 다시 무게를 재었더니 740.4 g이었습니다. 꺼내 먹은 쿠키는 모두 몇 개인지 구해 보세요.

(　　　　　　　　)

서술형

17 조건을 모두 만족하는 나눗셈식의 몫을 구하려고 합니다. 풀이 과정을 쓰고 답을 구해 보세요.

조건
- 195÷15를 이용하여 풀 수 있습니다.
- 나누어지는 수와 나누는 수를 각각 100배 하면 195÷15가 됩니다.

풀이

답

AI가 뽑은 정답률 낮은 문제　서술형

18 39쪽 유형 3
어느 바자회에서 음료수 4.3 L를 종이컵에 200 mL씩 담아 판매하려고 합니다. 이 음료수를 종이컵에 담아 남김없이 모두 판매하려면 음료수는 적어도 몇 L 더 필요한지 풀이 과정을 쓰고 답을 구해 보세요.

풀이

답

AI가 뽑은 정답률 낮은 문제

19 42쪽 유형 9
길이가 75 m인 직선 도로의 양쪽에 처음부터 끝까지 12.5 m 간격으로 의자를 놓으려고 합니다. 필요한 의자는 모두 몇 개인지 구해 보세요. (단, 의자의 길이는 생각하지 않습니다.)

(　　　　　　　　)

20 둘레가 16.4 m인 직사각형 모양의 땅이 있습니다. 가로가 세로보다 2.4 m만큼 더 길 때, 가로는 세로의 몇 배인지 반올림하여 소수 둘째 자리까지 나타내어 보세요.

(　　　　　　　　)

점수

38~43쪽에서 같은 유형의 문제를 더 풀 수 있어요.

01 □ 안에 알맞은 수를 써넣으세요.

6.12÷3.6은 6.12와 3.6을 각각 100배 하여 계산하면
□÷□=□입니다.

02 보기와 같은 방법으로 계산해 보세요.

보기

$$12 \div 1.5 = \frac{120}{10} \div \frac{15}{10} = 120 \div 15 = 8$$

30÷7.5

03~04 계산해 보세요.

03 1.25)7.5

04 0.06)27

05 □ 안에 알맞은 수를 써넣으세요.

780÷104=□

780÷10.4=□

780÷1.04=□

06 나눗셈의 몫이 다른 것은 어느 것인가요?
(　　　)

① 2.88÷0.06　② 2.88÷0.6
③ 28.8÷0.6　④ 2880÷60
⑤ 288÷6

AI가 뽑은 정답률 낮은 문제

07 나눗셈의 몫을 자연수까지 구하고 남는 수를 구해 보세요.

38쪽 유형 1

8)63.5

몫	
남는 수	

08 자연수를 소수로 나눈 몫을 반올림하여 소수 첫째 자리까지 나타내어 보세요.

9.7　25

(　　　　　)

09 계산 결과가 더 작은 것의 기호를 써 보세요.

> ㉠ $107.2 \div 12$의 몫을 반올림하여 소수 둘째 자리까지 나타낸 수
> ㉡ $107.2 \div 12$

(　　　　　　　　　　)

10 빈칸에 알맞은 수를 써넣으세요.

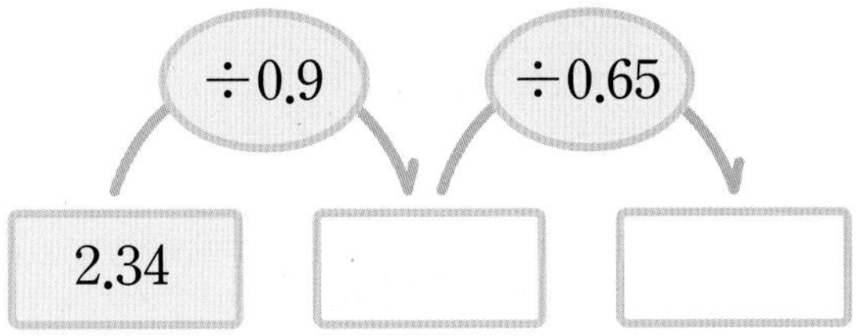

11 나눗셈의 몫이 큰 것부터 차례대로 기호를 써 보세요.

> ㉠ $2.34 \div 3.9$　　㉡ $2.34 \div 1.95$
> ㉢ $2.34 \div 1.3$　　㉣ $2.34 \div 5.85$

(　　　　　　　　　　)

12 윤주의 몸무게는 35 kg이고 동생의 몸무게는 27.4 kg입니다. 윤주의 몸무게는 동생의 몸무게의 몇 배인지 반올림하여 소수 둘째 자리까지 나타내어 보세요.

(　　　　　　　　　　)

13 집에서 도서관까지의 거리는 집에서 학교까지 거리의 몇 배인지 구해 보세요.

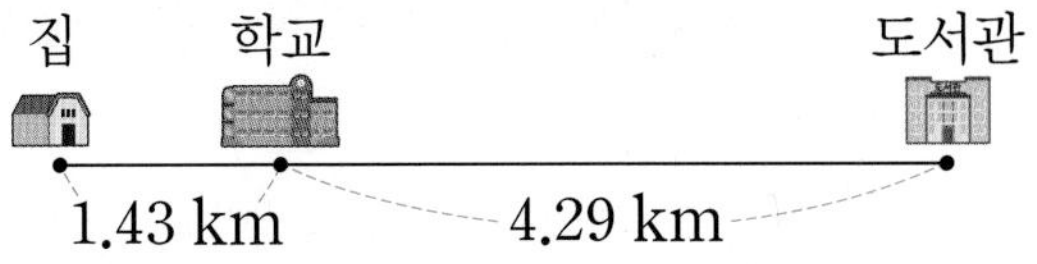

(　　　　　　　　　　)

AI가 뽑은 정답률 낮은 문제

14 □ 안에 들어갈 수 있는 자연수의 합을 구해 보세요.

40쪽 유형 5

> $8.5 \div 1.7 < \square < 16.56 \div 2.3$

(　　　　　　　　　　)

서술형

15 ㉠은 ㉡의 몇 배인지 풀이 과정을 쓰고 답을 구해 보세요.

> ㉠ 5.44를 10배 한 수
> ㉡ 0.1이 6개, 0.01이 4개인 수

풀이

답

16 태준이는 1시간 동안 4.4 km를 걷습니다. 태준이가 집에서 출발하여 6.6 km 떨어진 할머니 댁까지 같은 빠르기로 걸어가려고 합니다. 태준이가 집에서 할머니 댁까지 가는 데 몇 시간 몇 분이 걸리는지 구해 보세요.

(   )

17 석유 9 L가 들어 있는 통의 무게는 9.03 kg입니다. 이 통에서 석유 2.5 L를 사용하고 다시 무게를 재어 보니 6.73 kg이었습니다. 빈 통의 무게는 몇 kg인지 구해 보세요.

(   )

AI가 뽑은 정답률 낮은 문제

18 41쪽 유형 8

수 카드 4장을 모두 사용하여 다음과 같은 나눗셈식을 만들려고 합니다. 만든 나눗셈식의 계산 결과가 가장 클 때의 몫을 구해 보세요.

1 4 8 9

→ □□ ÷ □.□

(   )

서술형

19 1분에 0.8 cm씩 일정한 빠르기로 타는 양초가 있습니다. 이 양초에 불을 붙이고 14분이 지난 후에 남은 양초의 길이를 재었더니 처음 양초의 길이의 0.3만큼이었습니다. 처음 양초의 길이는 몇 cm인지 풀이 과정을 쓰고 답을 구해 보세요.

풀이

답

AI가 뽑은 정답률 낮은 문제

20 43쪽 유형 12

다음 나눗셈은 나누어떨어지지 않습니다. 이 나눗셈의 나누어지는 수에 가장 작은 수 ㉠을 더하여 나눗셈의 몫이 소수 첫째 자리에서 나누어떨어지게 만들려고 합니다. ㉠을 구해 보세요.

$22.2 \div 3.9$

(   )

AI가 추천한 단원 평가 4회

38~43쪽에서 같은 유형의 문제를 더 풀 수 있어요.

01 □ 안에 알맞은 수를 써넣으세요.

$$3.36 \div 4.2 = \frac{\square}{10} \div \frac{42}{10}$$
$$= \square \div 42 = \square$$

02~03 나눗셈식을 보고 □ 안에 알맞은 수를 써넣으세요.

$$25.6 \div 6 = 4.26\cdots$$

02 $25.6 \div 6$의 몫의 소수 첫째 자리 숫자가 □이므로 몫을 반올림하여 일의 자리까지 나타내면 □입니다.

03 $25.6 \div 6$의 몫의 소수 둘째 자리 숫자가 □이므로 몫을 반올림하여 소수 첫째 자리까지 나타내면 □입니다.

04 끈 1.8 m를 0.06 m씩 자르려고 합니다. □ 안에 알맞은 수를 써넣으세요.

1.8 m = □ cm

0.06 m = □ cm

따라서 끈 1.8 m를 0.06 m씩 자르는 것은 끈 □ cm를 6 cm씩 자르는 것과 같습니다.

→ $1.8 \div 0.06 = \square \div 6 = \square$

05 나눗셈의 몫이 다른 것을 찾아 기호를 써 보세요.

㉠ $70.2 \div 26$
㉡ $0.702 \div 2.6$
㉢ $7.02 \div 2.6$

(　　　　　　)

06 빈칸에 알맞은 수를 써넣으세요.

÷ →

1.82	0.7	
21.6	1.35	

07 나눗셈의 몫을 반올림하여 소수 둘째 자리까지 나타낸 수를 찾아 이어 보세요.

$1.7 \div 0.7$	2.46
$3.2 \div 1.3$	2.43

08 계산 결과를 비교하여 ○ 안에 >, =, < 를 알맞게 써넣으세요.

$36 \div 0.6$ ○ $72 \div 1.5$

09 계산 결과의 차를 구해 보세요.

| 20.8÷0.8 | 56.7÷2.1 |

(　　　　　　)

10 음료수 6.2 L를 한 병에 2 L씩 나누어 담을 때 담을 수 있는 병의 수와 남는 음료수의 양을 구하려고 합니다. 지수와 은찬이가 다음과 같이 계산했을 때, 바르게 계산한 사람은 누구인지 이름을 써 보세요.

지수	은찬
$\begin{array}{r} 3.1 \\ 2\overline{)6.2} \\ \underline{6} \\ 2 \\ \underline{2} \\ 0 \end{array}$	$\begin{array}{r} 3 \\ 2\overline{)6.2} \\ \underline{6} \\ 0.2 \end{array}$
병의 수: 3병 남는 양: 0.1 L	병의 수: 3병 남는 양: 0.2 L

(　　　　　　)

AI가 뽑은 정답률 낮은 문제

11 몫을 자연수까지 구했을 때 남는 수가 작은 것부터 차례대로 기호를 써 보세요.

38쪽 유형 1

㉠ 20.7÷3
㉡ 32.4÷6
㉢ 29.5÷9

(　　　　　　)

12 두 수를 골라 계산 결과가 가장 큰 나눗셈식을 만들고, 몫을 반올림하여 소수 둘째 자리까지 나타내어 보세요.

5.32　　5.23　　5.2　　5.3

□ ÷ □

(　　　　　　)

13 금 19.3 g과 알루미늄 2.7 g이 있습니다. 금 무게는 알루미늄 무게의 몇 배인지 반올림하여 소수 첫째 자리까지 나타내어 보세요.

(　　　　　　)

14 ㉠÷㉡의 몫을 구해 보세요.

㉠ 0.01이 396개인 수
㉡ 0.66을 10배 한 수

(　　　　　　)

AI가 뽑은 정답률 낮은 문제 서술형

15 평행사변형 ㄱㄴㄷㄹ의 넓이는 $65.52\ cm^2$입니다. 평행사변형 ㄱㄴㄷㄹ의 둘레는 몇 cm인지 풀이 과정을 쓰고 답을 구해 보세요.

39쪽 유형 4

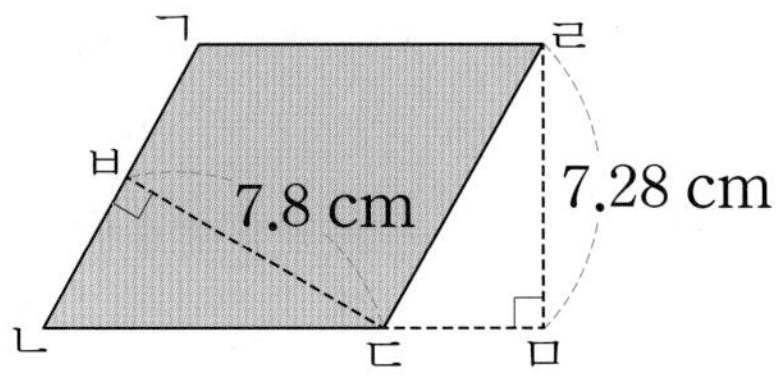

풀이

답

AI가 뽑은 정답률 낮은 문제

16 1부터 9까지의 자연수 중에서 □ 안에 들어갈 수 있는 수를 모두 구해 보세요.

40쪽 유형 5

$41.44 \div 7.4 < 5.\square 1$

( )

17 다음 나눗셈이 나누어떨어질 때, □ 안에 알맞은 수를 써넣으세요.

$$\begin{array}{r} \square\ 4 \\ 2.4 \overline{\smash{)}\ 3\ \square .6} \end{array}$$

18 3분 15초 동안 물이 82.55 L 나오는 가 수도와 5분 30초 동안 물이 147.4 L 나오는 나 수도가 있습니다. 두 수도 모두 물이 일정한 빠르기로 나올 때 1분 동안 물이 더 많이 나오는 수도는 가 수도와 나 수도 중 어느 수도인지 구해 보세요.

( )

AI가 뽑은 정답률 낮은 문제 서술형

19 휘발유 1.6 L로 19.36 km를 갈 수 있는 자동차가 있습니다. 휘발유가 1 L에 1650원일 때, 이 자동차가 242 km를 가는 데 필요한 휘발유의 값은 얼마인지 풀이 과정을 쓰고 답을 구해 보세요.

42쪽 유형 10

풀이

답

20 2.5일 동안 18분씩 늦게 가는 시계가 있습니다. 이 시계를 4월 1일 오전 9시에 정확히 맞추어 놓았다면 일주일 후 오전 9시에 이 시계가 가리키는 시각은 오전 몇 시 몇 분 몇 초인지 구해 보세요.

( )

2 단원

3회 7번 | 4회 11번

유형 1 몫을 자연수까지 구하고, 남는 수 구하기

나눗셈의 몫을 자연수까지 구하고 남는 수를 구해 보세요.

$7\overline{)\,22.6}$

몫	
남는 수	

Tip 몫을 자연수까지 구하고 남는 수의 소수점의 위치는 나누어지는 수의 소수점의 위치와 같음에 주의해요.

1-1 나눗셈의 몫을 자연수까지 구하고 남는 수를 구해 보세요.

$6\overline{)\,58.4}$

몫	
남는 수	

1-2 나눗셈의 몫을 자연수까지 구하여 □ 안에 써넣고 남는 수는 ○ 안에 써넣으세요.

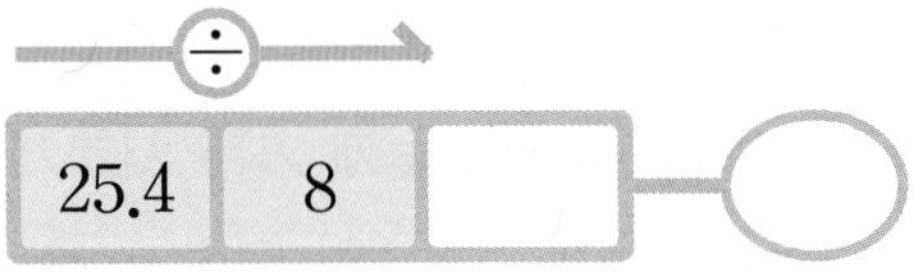

1-3 몫을 자연수까지 구했을 때 남는 수가 큰 것부터 차례대로 기호를 써 보세요.

㉠ $31.8 \div 9$	㉡ $47.2 \div 8$
㉢ $55.5 \div 7$	㉣ $71.1 \div 6$

(　　　　　　　　)

2회 14번

유형 2 곱셈과 나눗셈의 관계 이용하기

□ 안에 알맞은 수를 써넣으세요.

$\square \times 2.6 = 4.68$

Tip 곱셈과 나눗셈의 관계를 이용해요.

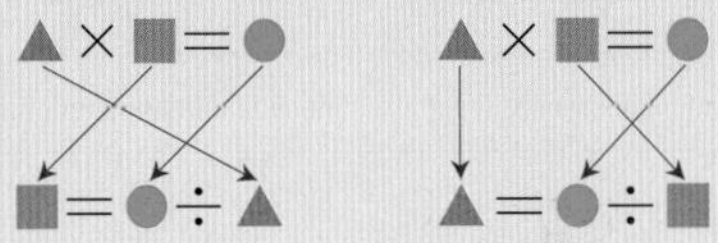

2-1 □ 안에 알맞은 수를 써넣으세요.

$\square \times 1.25 = 5$

2-2 어떤 수에 6.4를 곱했더니 14.08이 되었습니다. 어떤 수를 구해 보세요.

(　　　　　　　　)

2-3 □ 안에 알맞은 수가 더 큰 것의 기호를 써 보세요.

㉠ $\square \times 4.5 = 18.9$

㉡ $6.3 \times \square = 25.2$

(　　　　　　　　)

2회 18번

유형 3 남김없이 모두 나누어 줄 때 더 필요한 양 구하기

음료수 34.2 L를 한 사람에게 0.8 L씩 나누어 주려고 합니다. 이 음료수를 남김없이 모두 나누어 주려면 음료수는 적어도 몇 L 더 필요한지 구해 보세요.

(　　　　　　　　)

Tip 몫을 자연수까지 구하고 남는 수를 이용해요.

3-1 소금 68.5 kg을 한 봉지에 4 kg씩 담아 판매하려고 합니다. 이 소금을 봉지에 담아 남김없이 모두 판매하려면 소금은 적어도 몇 kg 더 필요한지 구해 보세요.

(　　　　　　　　)

3-2 오일 750.5 mL를 한 병에 8.5 mL씩 담아 판매하려고 합니다. 이 오일을 남김없이 모두 판매하려면 오일은 적어도 몇 mL 더 필요한지 구해 보세요.

(　　　　　　　　)

3-3 어느 분식집에서 수제비 한 그릇을 만드는 데 밀가루 반죽을 0.2 kg씩 사용합니다. 이 가게에서 밀가루 반죽 3.3 kg씩 3봉지로 수제비를 만들어 남김없이 모두 판매하려면 밀가루 반죽은 적어도 몇 kg 더 필요한지 구해 보세요.

(　　　　　　　　)

1회 14번 4회 15번

유형 4 도형에서 변의 길이와 넓이 구하기

삼각형 ㄱㄴㄷ에서 변 ㄱㄴ은 몇 cm인지 구해 보세요.

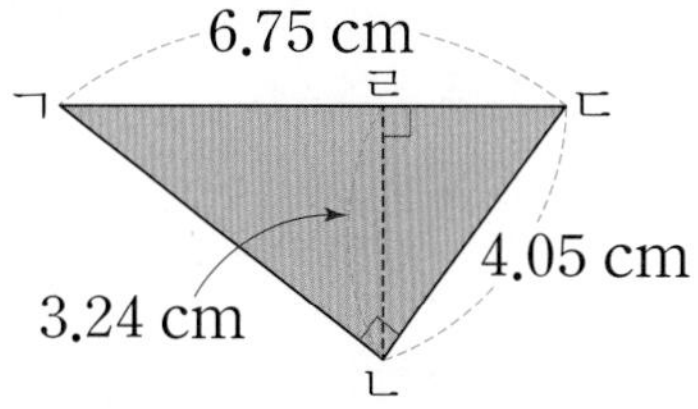

(　　　　　　　　)

Tip (삼각형의 넓이)
=(밑변의 길이)×(높이)÷2에서 어느 변을 밑변으로 정하는지에 따라 높이가 달라져요.

4-1 평행사변형 ㄱㄴㄷㄹ에서 변 ㄱㄴ의 길이는 몇 m인지 구해 보세요.

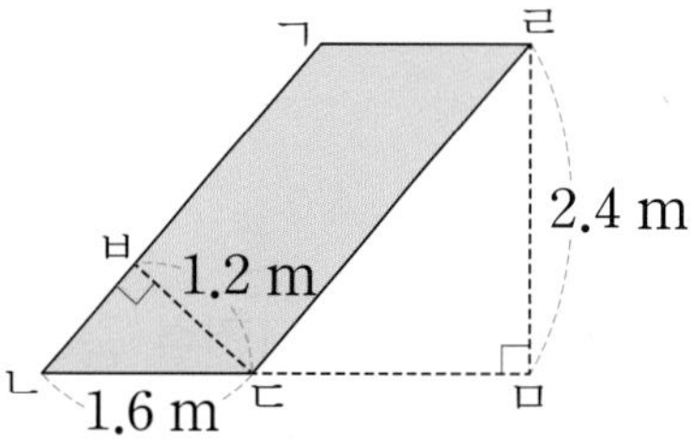

(　　　　　　　　)

4-2 평행사변형 ㉠의 넓이가 12.6 cm^2일 때, 사다리꼴 ㉡의 넓이는 몇 cm^2인지 구해 보세요.

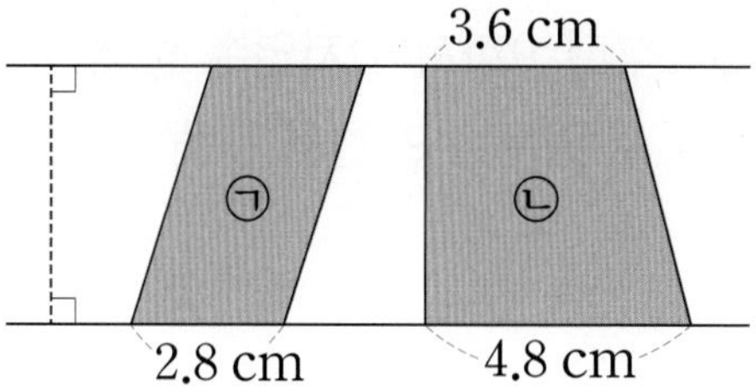

(　　　　　　　　)

2회 13번 3회 14번 4회 16번

유형 5 □ 안에 들어갈 수 있는 수 구하기

1부터 9까지의 자연수 중에서 □ 안에 들어갈 수 있는 수를 모두 구해 보세요.

$20.4 \div 3.4 < \square$

(　　　　　　　　　　)

Tip 계산할 수 있는 나눗셈을 먼저 계산해요.

5-1 □ 안에 들어갈 수 있는 자연수는 모두 몇 개인지 구해 보세요.

$46.8 \div 5.2 < \square < 49 \div 3.5$

(　　　　　　　　　　)

5-2 1부터 9까지의 자연수 중에서 □ 안에 들어갈 수 있는 수를 모두 구해 보세요.

$24.05 \div 6.5 < 3.\square 7$

(　　　　　　　　　　)

5-3 1부터 9까지의 자연수 중에서 □ 안에 들어갈 수 있는 수의 합을 구해 보세요.

$13.32 \div 2.4 > 5.\square 5$

(　　　　　　　　　　)

1회 15번

유형 6 바르게 계산한 값 구하기

어떤 수를 3.2로 나누어야 할 것을 잘못하여 어떤 수에 3.2를 곱했더니 40.96이 되었습니다. 바르게 계산한 값을 구해 보세요.

(　　　　　　　　　　)

Tip 어떤 수를 □라고 하고 잘못 계산한 식을 세운 다음 어떤 수를 먼저 구해요.

6-1 어떤 수를 0.8로 나누어야 할 것을 잘못하여 어떤 수에 0.8을 곱했더니 22.4가 되었습니다. 바르게 계산한 값을 구해 보세요.

(　　　　　　　　　　)

6-2 2.1을 어떤 수로 나누어야 할 것을 잘못하여 2.1에 어떤 수를 곱했더니 2.94가 되었습니다. 바르게 계산한 값을 구해 보세요.

(　　　　　　　　　　)

6-3 어떤 수를 2.4로 나누어야 할 것을 잘못하여 24로 나누었더니 몫이 6, 나머지가 0.8이었습니다. 바르게 계산했을 때의 몫을 반올림하여 소수 첫째 자리까지 나타내어 보세요.

(　　　　　　　　　　)

1회 17번

유형 7 몫의 규칙을 찾아 몫의 소수 ■째 자리 숫자 구하기

몫의 소수 35째 자리 숫자를 구해 보세요.

$15.2 \div 2.7$

(　　　　　　　　　　)

Tip 몫의 소수점 아래 숫자가 반복되는 규칙을 찾아요.

7-1 몫의 소수 99째 자리 숫자를 구해 보세요.

$58.1 \div 11.1$

(　　　　　　　　　　)

7-2 몫을 소수 11째 자리까지 구할 때 몫의 각 자리의 숫자의 합은 얼마인지 구해 보세요.

$3.8 \div 1.5$

(　　　　　　　　　　)

7-3 몫을 반올림하여 소수 12째 자리까지 구할 때 몫의 소수 12째 자리 숫자를 구해 보세요.

$18.2 \div 3.3$

(　　　　　　　　　　)

3회 18번

유형 8 수 카드로 나눗셈식 만들기

수 카드 5장을 모두 사용하여 다음과 같은 나눗셈식을 만들려고 합니다. 만든 나눗셈식의 계산 결과가 가장 작을 때의 몫을 반올림하여 소수 둘째 자리까지 나타내어 보세요.

2　3　5　7　9

→ □.□)□□□

(　　　　　　　　　　)

Tip 계산 결과가 가장 작은 나눗셈식을 만들려면 나누어지는 수는 가장 작게, 나누는 수는 가장 크게 만들어야 해요.

8-1 수 카드 3장을 모두 사용하여 다음과 같은 나눗셈식을 만들려고 합니다. 만든 나눗셈식의 계산 결과가 가장 클 때의 몫을 구해 보세요.

4　5　8 → □.□□ ÷ 0.7

(　　　　　　　　　　)

8-2 수 카드 6장을 모두 사용하여 다음과 같은 나눗셈식을 만들려고 합니다. 만든 나눗셈식의 계산 결과가 가장 클 때의 몫을 구해 보세요.

0　2　5　7　8　9

→ □.□□)□□.□

(　　　　　　　　　　)

2 단원

2회 19번

유형 9 일정한 간격으로 놓인 것의 개수 구하기

길이가 88.2 m인 직선 도로의 한쪽에 처음부터 끝까지 2.45 m 간격으로 나무를 심으려고 합니다. 필요한 나무는 모두 몇 그루인지 구해 보세요. (단, 나무의 두께는 생각하지 않습니다.)

(　　　　　　　　)

Tip 처음부터 끝까지 나무를 심을 때, 나무 사이의 간격이 ★군데이면 필요한 나무는 (★+1)그루임을 이용해요.

9-1 길이가 98 m인 직선 도로의 양쪽에 처음부터 끝까지 3.5 m 간격으로 가로등을 세우려고 합니다. 필요한 가로등은 모두 몇 개인지 구해 보세요. (단, 가로등의 두께는 생각하지 않습니다.)

(　　　　　　　　)

9-2 둘레가 70.4 m인 원 모양의 호수 둘레에 4.4 m 간격으로 나무를 심으려고 합니다. 필요한 나무는 모두 몇 그루인지 구해 보세요.
(단, 나무의 두께는 생각하지 않습니다.)

(　　　　　　　　)

9-3 둘레가 448 m인 원 모양의 공원 둘레에 10.8 m 간격으로 의자를 설치하려고 합니다. 길이가 2 m인 의자를 설치한다면 필요한 의자는 모두 몇 개인지 구해 보세요.

(　　　　　　　　)

4회 19번

유형 10 가격에 대한 문제 해결하기

휘발유 1.3 L로 17.68 km를 갈 수 있는 자동차가 있습니다. 휘발유가 1 L에 1710원일 때, 이 자동차가 408 km를 가는 데 필요한 휘발유의 값은 얼마인지 구해 보세요.

(　　　　　　　　)

Tip 먼저 휘발유 1 L로 갈 수 있는 거리를 구해요.

10-1 주스의 가격이 가 가게는 0.6 L당 1410원이고, 나 가게는 1.6 L당 3680원입니다. 같은 양의 주스를 산다면 가 가게와 나 가게 중 어느 가게에서 사는 것이 더 저렴한지 구해 보세요.

(　　　　　　　　)

10-2 어느 사탕 가게에서는 무게를 달아 사탕을 판매하는데 사탕의 종류에 따라 가격이 다르다고 합니다. 다연, 준우, 태리가 이 가게에서 각각 다음과 같이 사탕을 샀을 때, 무게당 가격이 가장 비싼 사탕을 산 사람은 누구인지 이름을 써 보세요.

다연	준우	태리
달콤 사탕 0.25 kg → 9500원	새콤 사탕 0.18 kg → 6930원	막대 사탕 0.12 kg → 4590원

(　　　　　　　　)

1회 20번

유형 11 시간에 대한 문제 해결하기

2시간 30분 동안 32.5 km를 일정한 빠르기로 흐르는 강이 있습니다. 흐르지 않는 강에서 한 시간에 55.8 km를 갈 수 있는 배가 강물이 흐르는 반대 방향으로 128.4 km를 가는 데 몇 시간이 걸리는지 구해 보세요.

(　　　　　　)

Tip 배가 1시간에 ★ km씩 가고 강물이 1시간에 ♥ km씩 흐를 때, 배가 강물이 흐르는 반대 방향으로 이동하면 1시간에 (★－♥) km 이동해요.

11-1 1시간 15분 동안 25 km씩 일정한 빠르기로 흐르는 강이 있습니다. 흐르지 않는 강에서 한 시간에 57.4 km씩 갈 수 있는 배가 강물이 흐르는 반대 방향으로 74.8 km를 가는 데 몇 시간이 걸리는지 구해 보세요.

(　　　　　　)

11-2 번개가 친 곳으로부터 21 km 떨어진 곳에서는 번개가 친 지 약 1분 뒤에 천둥소리를 들을 수 있습니다. 번개가 친 곳으로부터 6 km 떨어진 곳에서는 번개가 친 지 몇 분 뒤에 천둥소리를 들을 수 있는지 반올림하여 소수 첫째 자리까지 나타내어 보세요.

(　　　　　　)

3회 20번

유형 12 나누어떨어지게 만들기

다음 나눗셈은 나누어떨어지지 않습니다. 이 나눗셈의 나누어지는 수에 가장 작은 수 ㉠을 더하여 나눗셈의 몫이 소수 첫째 자리에서 나누어떨어지게 만들려고 합니다. ㉠을 구해 보세요.

$$6.2 \div 1.3$$

(　　　　　　)

Tip 몫의 소수 첫째 자리 숫자가 ●일 때 나누어떨어지도록 가장 작은 수를 더해야 하므로 더한 후 몫의 소수 첫째 자리 숫자는 ●＋1이에요.

12-1 다음 나눗셈은 나누어떨어지지 않습니다. 이 나눗셈의 나누어지는 수에서 가장 작은 수 ㉠을 빼서 나눗셈의 몫이 소수 첫째 자리에서 나누어떨어지게 만들려고 합니다. ㉠을 구해 보세요.

$$10 \div 0.7$$

(　　　　　　)

12-2 다음 나눗셈은 나누어떨어지지 않습니다. 이 나눗셈의 나누어지는 수에 가장 작은 수 ㉠을 더하여 나눗셈의 몫이 소수 둘째 자리에서 나누어떨어지게 만들려고 합니다. ㉠을 구해 보세요.

$$32 \div 5.3$$

(　　　　　　)

3

공간과 입체

개념정리 3단원

공간과 입체

개념 1 어느 방향에서 보았는지 알아보기

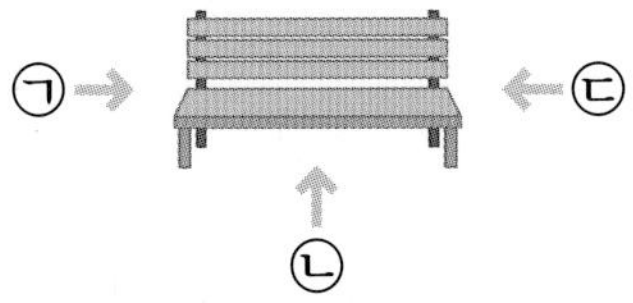

모양		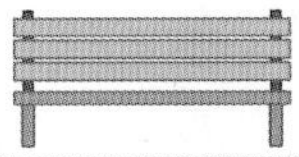	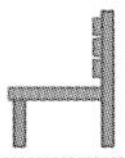
방향	㉠	㉡	□

개념 2 위에서 본 모양을 보고 쌓기나무의 개수 구하기

쌓은 모양에서 보이는 위의 면과 위에서 본 모양이 같으므로 숨겨진 쌓기나무가 없어요.

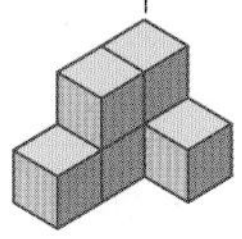

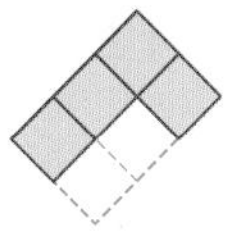

위에서 본 모양

1층: 4개, 2층: 2개

➡ (쌓기나무의 개수)=4+2=□(개)

참고

쌓은 모양에서 보이는 위의 면과 위에서 본 모양이 다르면 숨겨진 쌓기나무가 있어요.

개념 3 위, 앞, 옆에서 본 모양 그리기

위에서 본 모양은 □층에 쌓은 모양과 같게 그리고, 앞과 옆에서 본 모양은 각 방향에서 각 줄의 가장 높은 층만큼 그립니다.

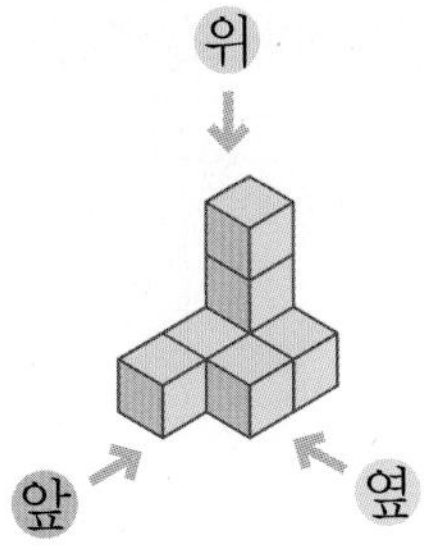

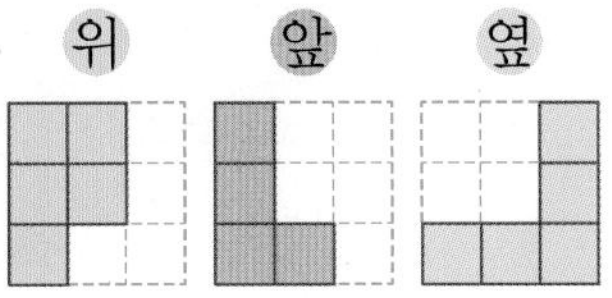

개념 4 위에서 본 모양에 수를 써서 나타내기

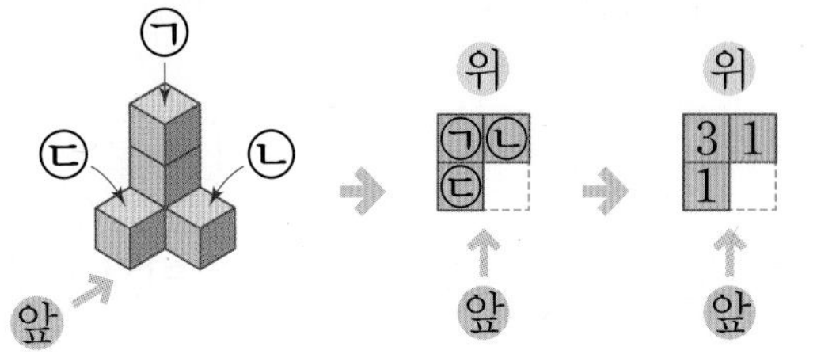

➡ (쌓기나무의 개수)=3+1+1=□(개)

개념 5 층별로 나타낸 모양 그리기

층별로 나타낸 모양에서 같은 위치에 쌓은 쌓기나무는 같은 위치의 칸에 그립니다.

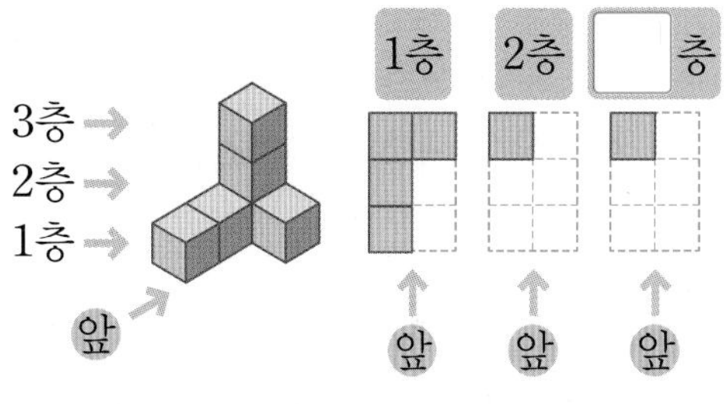

개념 6 여러 가지 모양 만들기

◆**1개를 더 붙여서 만들기**

쌓기나무 3개로 만든 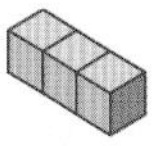 모양에 1개를 더 붙여서 만든 모양은 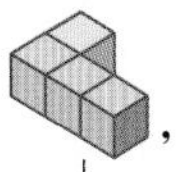, 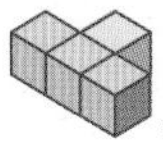, 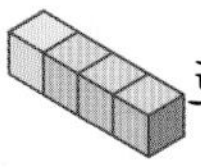로 □가지입니다.

뒤집거나 돌려서 모양이 같으면 같은 모양이에요.

◆**두 가지 모양으로 새로운 모양 만들기**

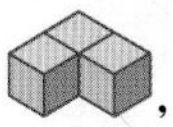,  모양으로 새로운 모양을 만들 수 있습니다.

예 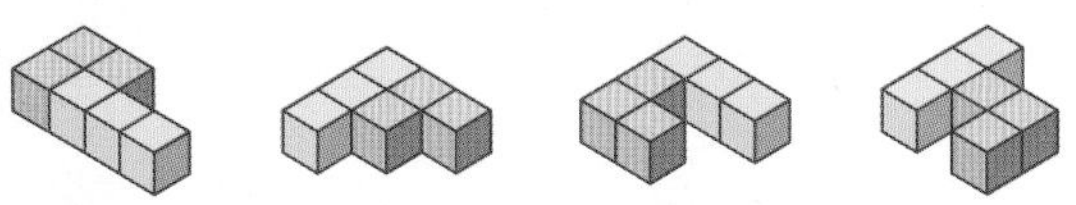

정답 ❶ ㉢ ❷ 6 ❸ 1 ❹ 5 ❺ 3 ❻ 3

AI 가 추천한 단원 평가 1회

점수

58~63쪽에서 같은 유형의 문제를 더 풀 수 있어요.

01~02 쌓기나무로 쌓은 모양과 위에서 본 모양입니다. 물음에 답해 보세요.

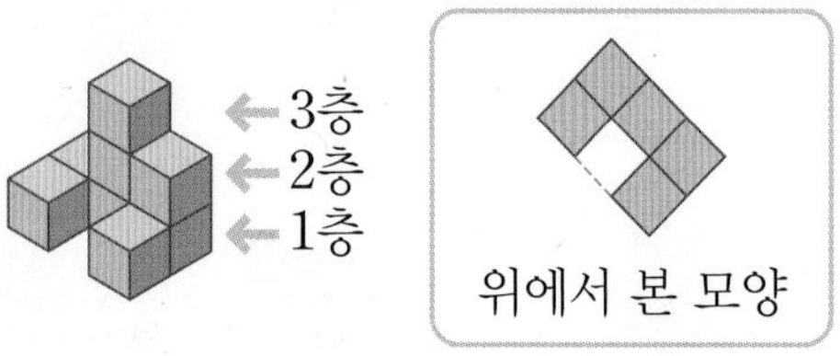

01 각 층별 쌓기나무의 개수를 빈칸에 알맞게 써넣으세요.

층	1층	2층	3층
쌓기나무의 개수(개)			

02 똑같은 모양으로 쌓는 데 필요한 쌓기나무는 몇 개인지 구해 보세요.

( )

03 쌓기나무로 쌓은 모양을 보고 위에서 본 모양에 수를 쓴 것입니다. 관계있는 것끼리 이어 보세요.

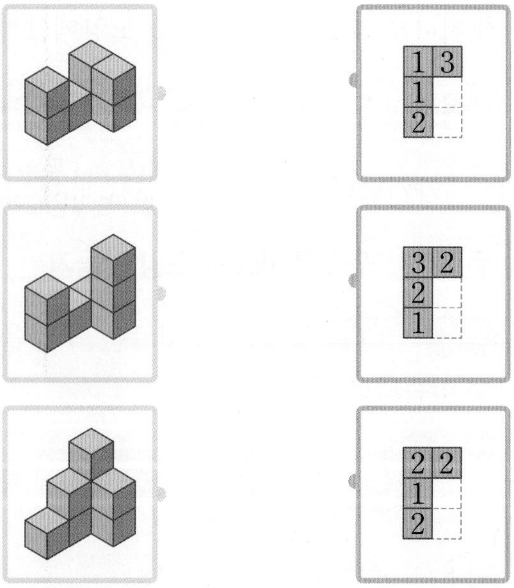

04 쌓기나무로 쌓은 모양과 위에서 본 모양입니다. 앞과 옆에서 본 모양을 각각 그려 보세요.

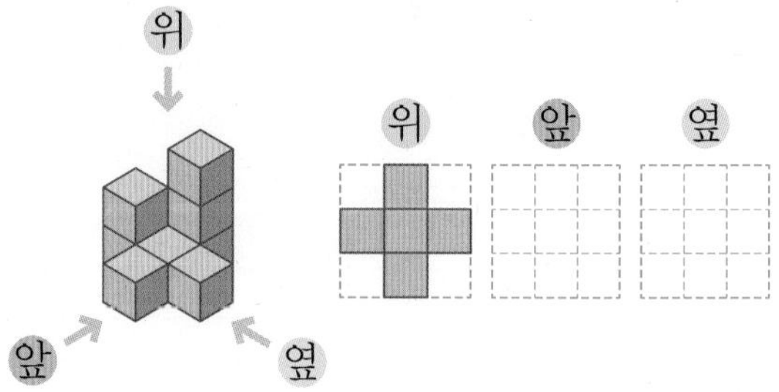

05 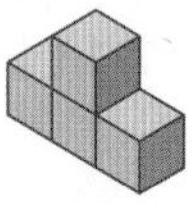 모양에 쌓기나무 1개를 더 붙여서 만들 수 있는 모양이 아닌 것을 찾아 기호를 써 보세요.

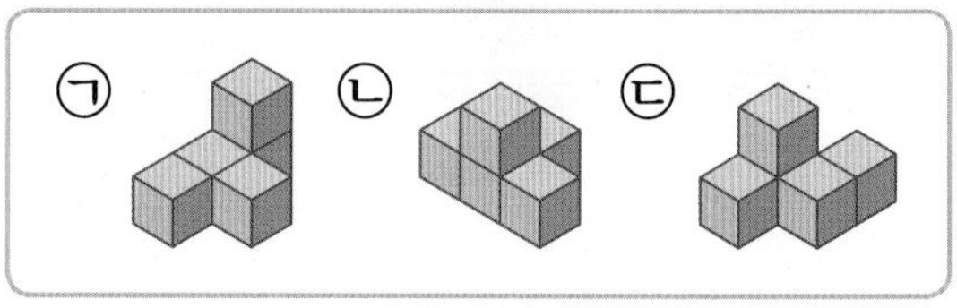

( )

06 쌓기나무로 쌓은 모양을 보고 위에서 본 모양에 수를 쓴 것입니다. 2층에 쌓은 쌓기나무는 몇 개인지 구해 보세요.

위

		1
	3	2
1	2	1
3	1	2

( )

07 쌓기나무로 쌓은 모양을 위, 앞, 옆에서 본 모양입니다. 똑같은 모양으로 쌓는 데 필요한 쌓기나무는 몇 개인지 구해 보세요.

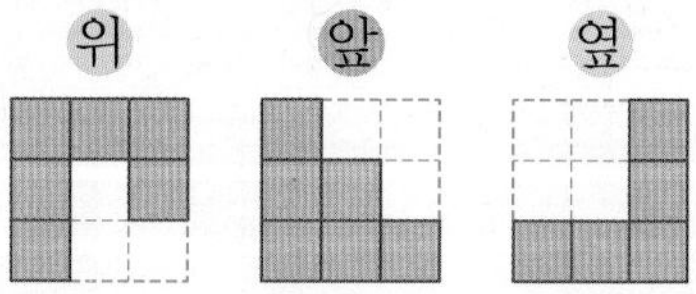

( )

서술형

08 쌓기나무가 15개 있습니다. 주어진 모양과 똑같이 쌓는다면 쌓고 남는 쌓기나무는 몇 개인지 풀이 과정을 쓰고 답을 구해 보세요.

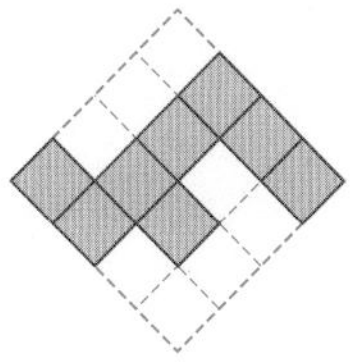

위에서 본 모양

풀이

답

09 쌓기나무 10개로 쌓은 모양을 위, 앞, 옆에서 볼 때 각각 보이는 쌓기나무의 면의 수의 합은 몇 개인지 구해 보세요.

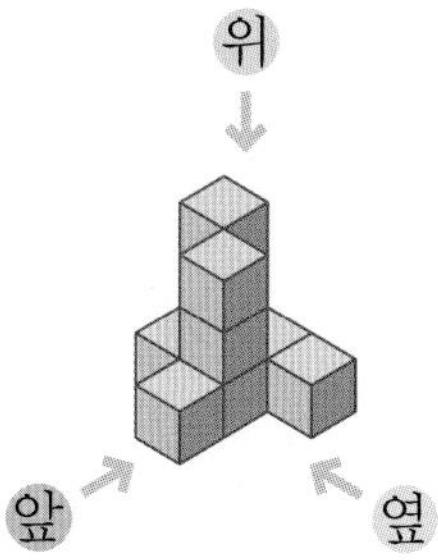

(　　　　　　　　)

10 쌓기나무 4개로 만든 두 가지 모양을 사용하여 오른쪽 모양을 만들었습니다. 빈칸에 알맞은 모양을 찾아 기호를 써 보세요.

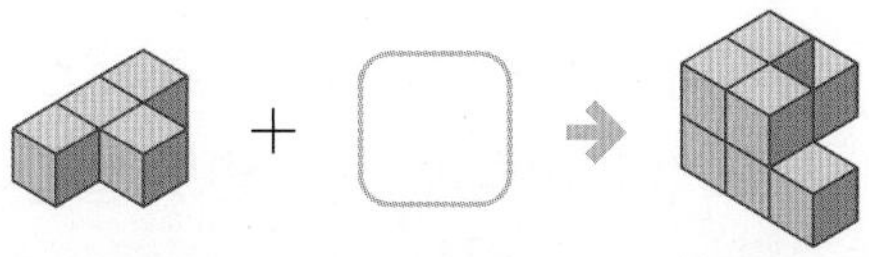

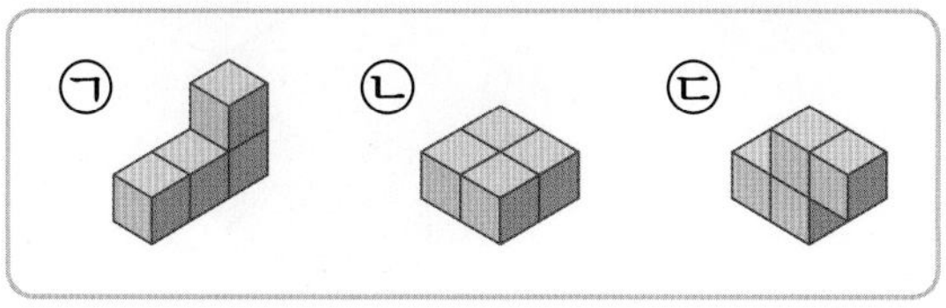

(　　　　　　　　)

11 쌓기나무로 쌓은 모양을 위와 앞에서 본 모양입니다. 옆에서 본 모양을 그려 보세요.

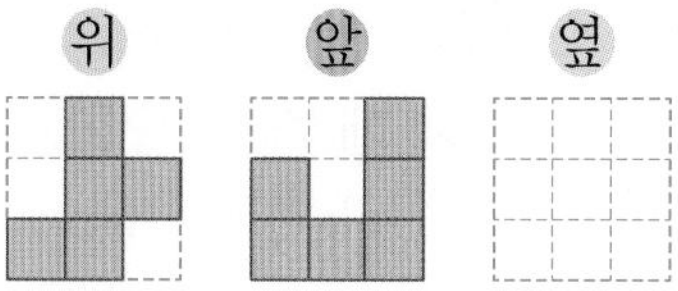

12 쌓기나무 5개로 만든 모양입니다. 같은 모양을 찾아 기호를 써 보세요.

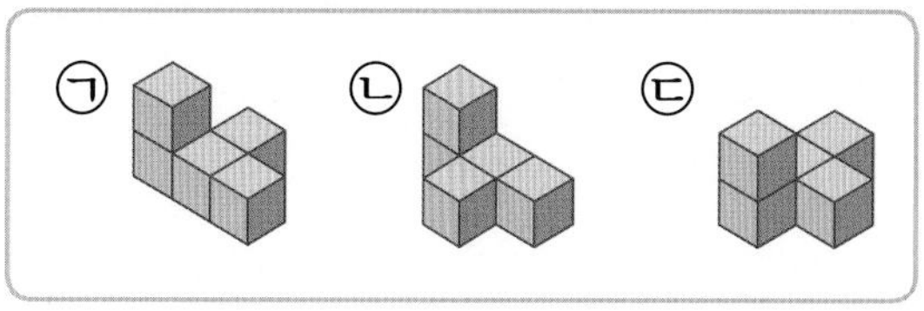

(　　　　　　　　)

AI가 뽑은 정답률 낮은 문제

13 쌓기나무로 쌓은 모양을 보고 위에서 본 모양에 수를 쓴 것입니다. 앞에서 볼 때 보이지 않는 쌓기나무는 몇 개인지 구해 보세요.

58쪽 유형 1

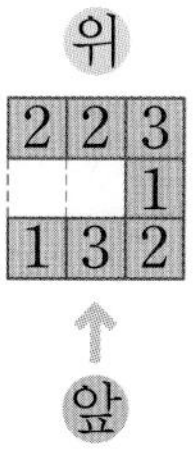

(　　　　　　　　)

14 쌓기나무로 쌓은 모양을 보고 위에서 본 모양에 수를 쓴 것입니다. 앞과 옆에서 본 모양이 똑같은 것의 기호를 써 보세요.

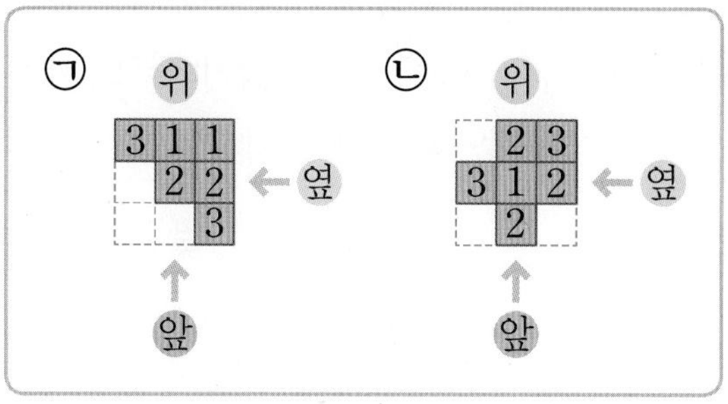

(　　　　　　　　)

3 단원

AI가 뽑은 정답률 낮은 문제 서술형

15 쌓기나무로 쌓은 모양과 위에서 본 모양입니다. 쌓은 모양에 쌓기나무를 더 쌓아 가장 작은 정육면체 모양을 만들려고 합니다. 쌓기나무는 몇 개 더 필요한지 풀이 과정을 쓰고 답을 구해 보세요.

59쪽 유형 3

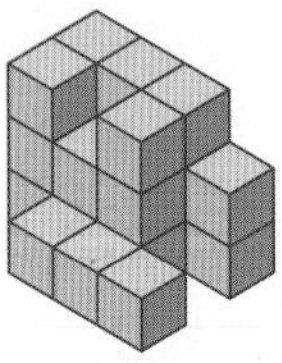

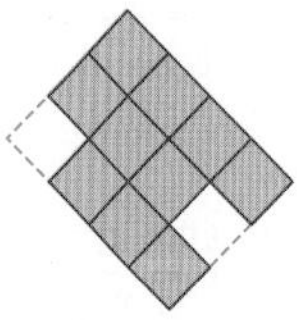

위에서 본 모양

풀이

답

16 쌓기나무 9개로 쌓은 2층짜리 모양을 위에서 본 모양입니다. 쌓을 수 있는 모양은 모두 몇 가지인지 구해 보세요. (단, 돌렸을 때 같은 모양은 한 가지로 생각합니다.)

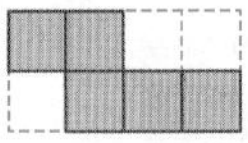

(　　　　　　)

AI가 뽑은 정답률 낮은 문제

17 쌓기나무로 쌓은 모양을 앞과 옆에서 본 모양입니다. 쌓은 쌓기나무가 가장 많은 경우와 가장 적은 경우의 쌓기나무의 개수의 차는 몇 개인지 구해 보세요.

61쪽 유형 8

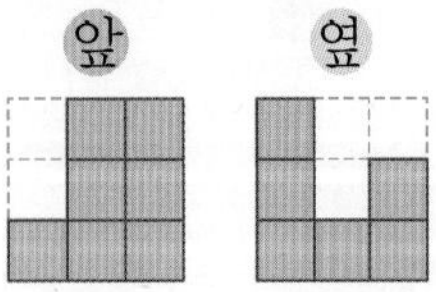

(　　　　　　)

18 쌓기나무 12개로 쌓은 모양입니다. 빨간색 쌓기나무를 3개 빼냈을 때 위, 앞, 옆에서 본 모양을 각각 그려 보세요.

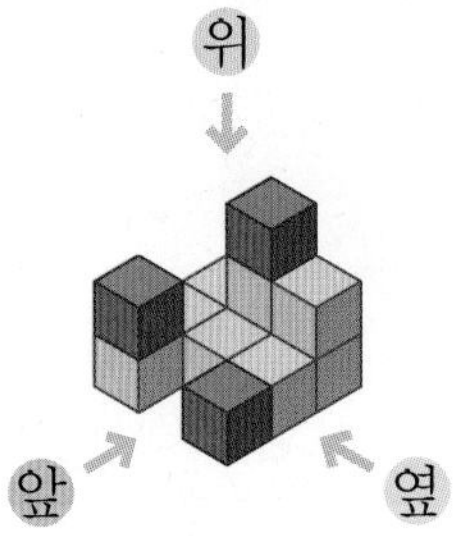

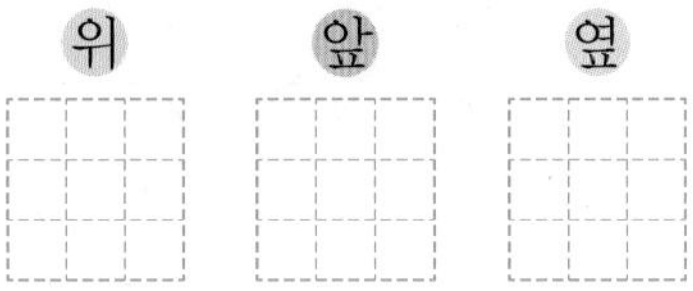

19 가, 나 모양에 각각 쌓기나무 1개를 더 붙여서 같은 모양을 만들려고 합니다. 쌓기나무를 붙여야 할 곳을 찾아 각각 기호를 써 보세요.

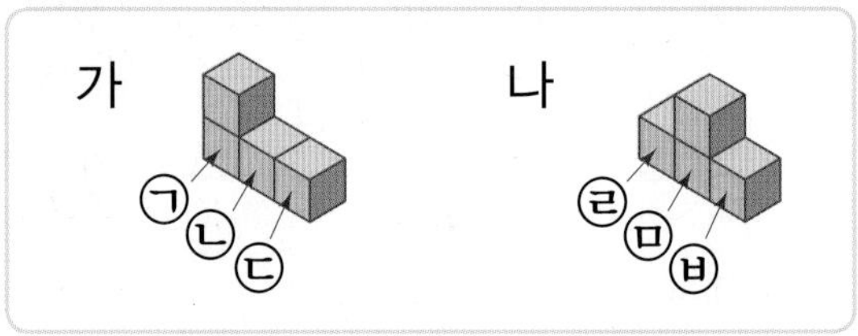

(　　　　　　,　　　　　　)

AI가 뽑은 정답률 낮은 문제

20 다음과 같이 직육면체 모양으로 쌓은 쌓기나무의 바깥쪽 면에 페인트를 칠했습니다. 한 면이 칠해진 쌓기나무와 두 면이 칠해진 쌓기나무의 개수의 합은 몇 개인지 구해 보세요. (단, 바닥에 닿는 면도 칠합니다.)

62쪽 유형 10

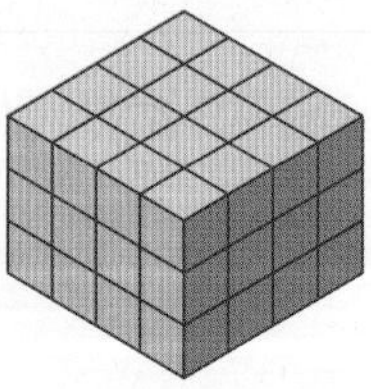

(　　　　　　)

01 오른쪽 사진을 찍은 방향을 찾아 기호를 써 보세요.

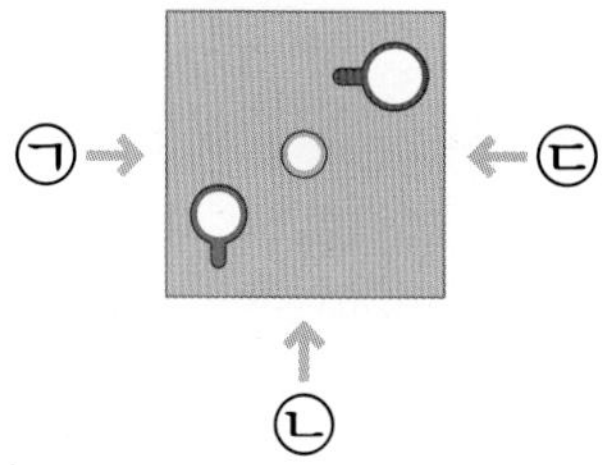

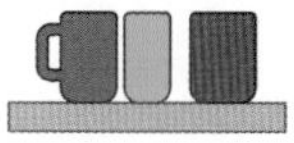

( )

02 쌓기나무로 쌓은 모양을 층별로 나타낸 모양입니다. 똑같은 모양으로 쌓는 데 필요한 쌓기나무는 몇 개인지 구해 보세요.

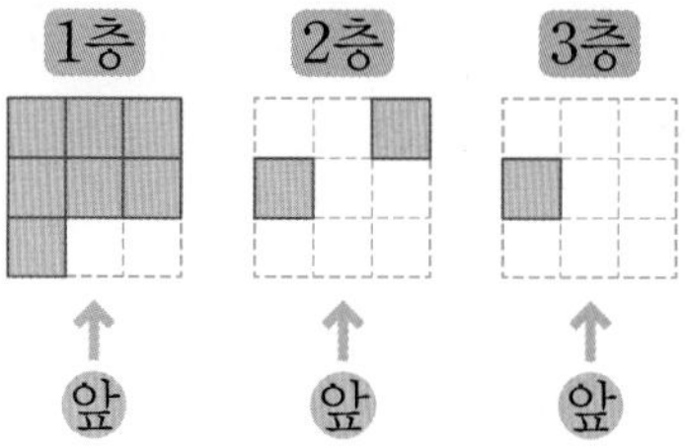

( )

03 오른쪽 모양을 보고 위에서 본 모양이 될 수 있는 것을 모두 찾아 기호를 써 보세요.

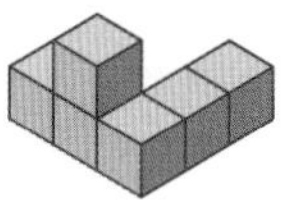

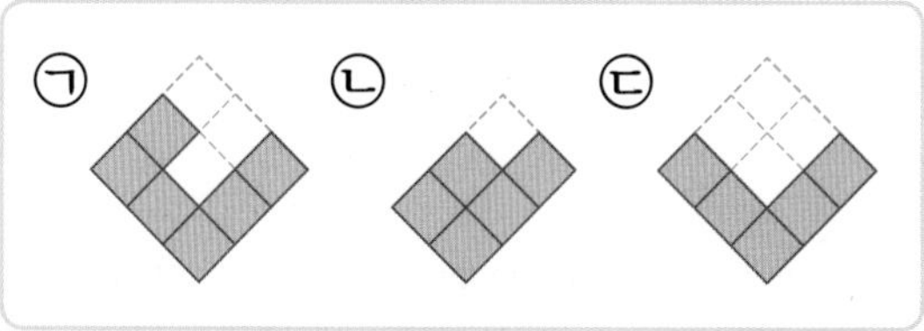

( )

04 왼쪽과 같은 모양이면 ○표, 아니면 ×표 해 보세요.

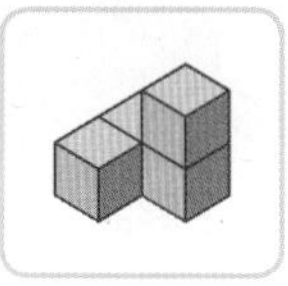
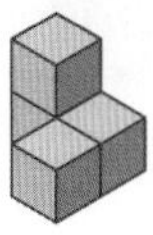
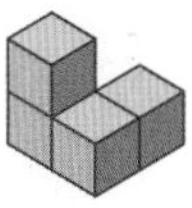

( ) ( )

05~06 쌓기나무로 쌓은 모양을 보고 위에서 본 모양에 수를 쓴 것입니다. 물음에 답해 보세요.

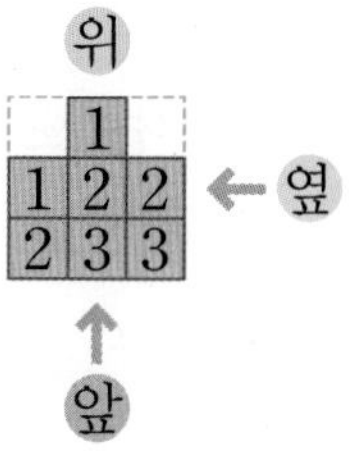

05 앞과 옆에서 본 모양을 각각 그려 보세요.

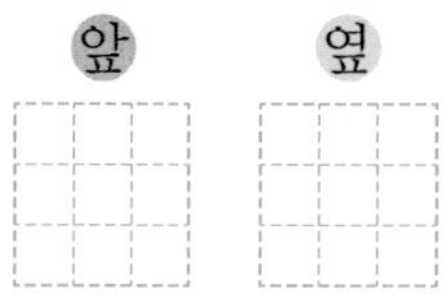

06 똑같은 모양으로 쌓는 데 필요한 쌓기나무는 몇 개인지 구해 보세요.

( )

07 주어진 모양과 똑같이 쌓는 데 필요한 쌓기나무는 몇 개인지 구해 보세요.

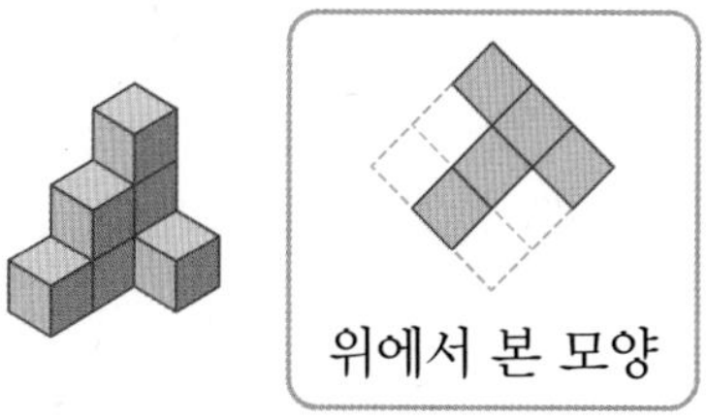

( )

08 왼쪽은 쌓기나무로 쌓은 모양을 보고 위에서 본 모양에 수를 쓴 것입니다. 오른쪽 모양은 ㉠~㉢ 중 어느 방향에서 본 것인지 찾아 기호를 써 보세요.

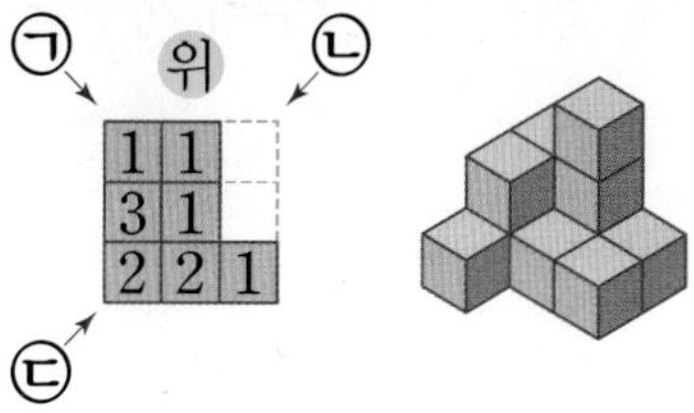

( )

서술형

09 쌓기나무로 쌓은 모양을 보고 위에서 본 모양에 수를 쓴 것입니다. 3층 이상에 쌓은 쌓기나무는 모두 몇 개인지 풀이 과정을 쓰고 답을 구해 보세요.

풀이

답

10 쌓기나무 4개로 만든 오른쪽 두 가지 모양을 사용하여 만들 수 있는 모양을 모두 찾아 기호를 써 보세요.

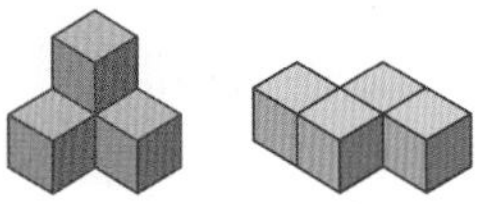

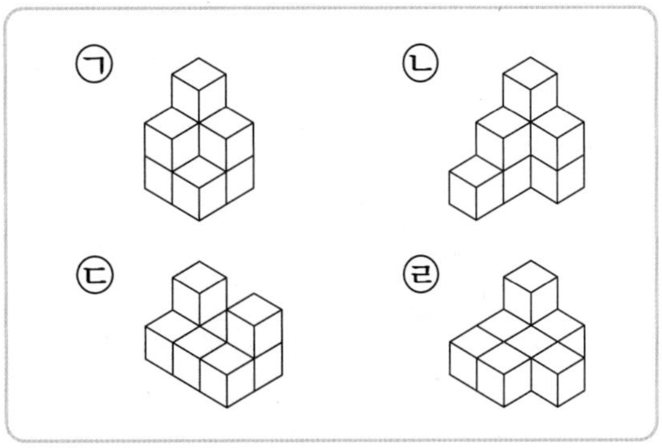

( )

11 쌓기나무로 쌓은 모양을 층별로 나타낸 모양입니다. 위에서 본 모양을 그리고, 각 자리에 쌓은 쌓기나무의 개수를 써넣으세요.

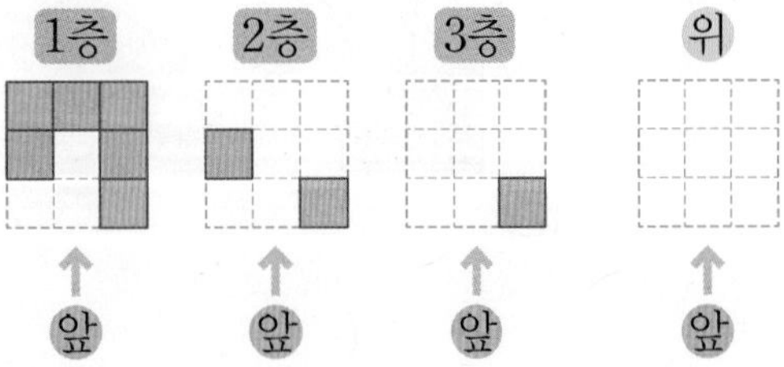

12 쌓기나무로 쌓은 모양을 위와 앞에서 본 모양입니다. 옆에서 본 모양을 그려 보세요.

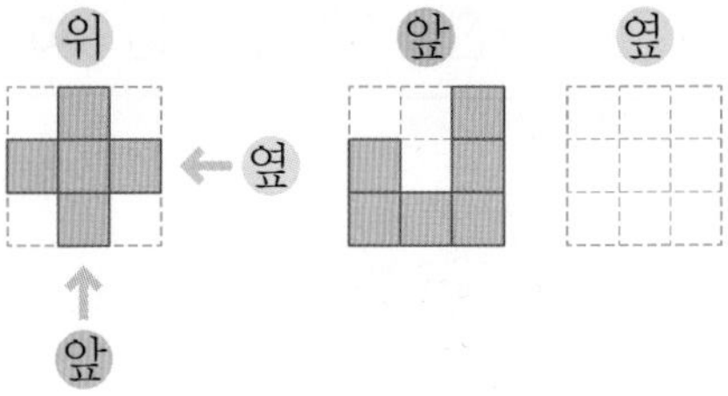

13 쌓기나무 15개로 쌓은 모양을 위에서 본 모양의 일부분에 수를 쓴 것입니다. 앞에서 본 모양을 그려 보세요.

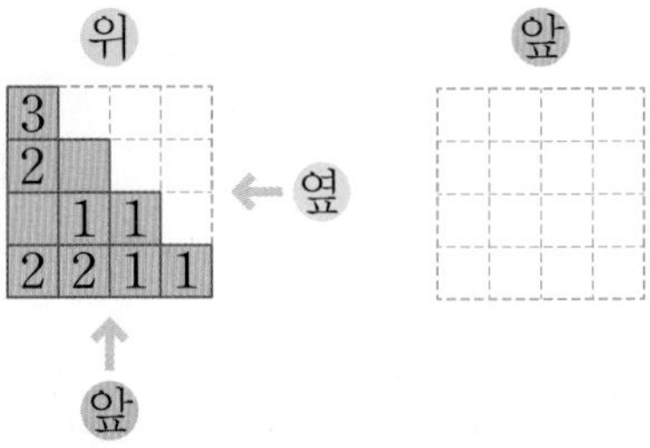

AI가 뽑은 정답률 낮은 문제

14 왼쪽 정육면체 모양에서 쌓기나무 몇 개를 빼냈더니 오른쪽과 같았습니다. 빼낸 쌓기나무는 몇 개인지 구해 보세요.

58쪽 유형 2

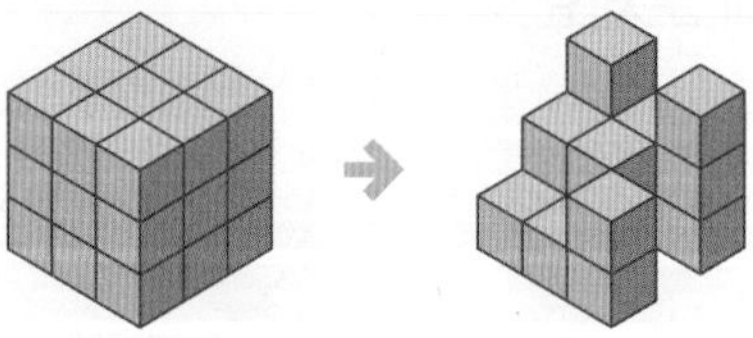

( )

AI가 뽑은 정답률 낮은 문제

15 쌓기나무 8개를 사용하여 **조건**을 모두 만족하는 모양을 몇 가지 만들 수 있는지 구해 보세요. (단, 돌렸을 때 같은 모양은 한 가지로 생각합니다.)

59쪽 유형 4

조건

- 쌓기나무로 쌓은 모양은 3층입니다.
- 각 층의 쌓기나무의 개수는 모두 다릅니다.
- 위에서 본 모양은 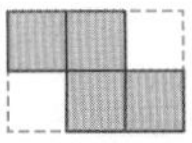 입니다.

( )

16 쌓기나무 4개로 만들 수 있는 서로 다른 모양은 모두 몇 가지인지 구해 보세요.

( )

17 쌓기나무로 쌓은 모양에서 쌓기나무 1개를 빼내려고 합니다. 앞과 옆에서 본 모양이 변하지 않을 때 빼내야 하는 쌓기나무를 찾아 기호를 써 보세요.

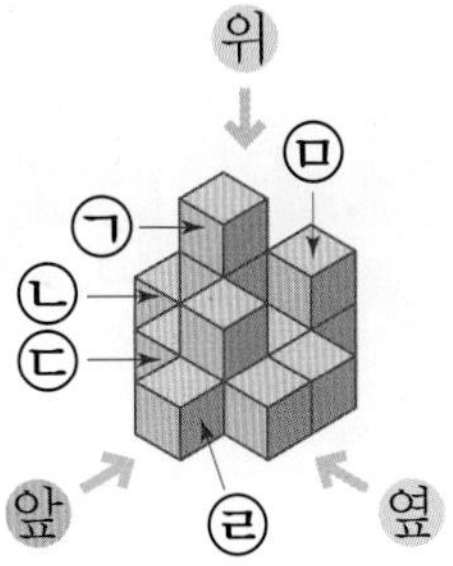

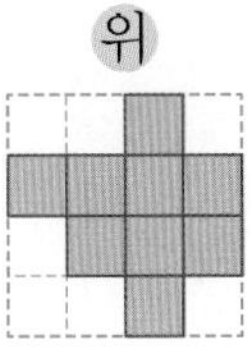

( )

서술형

18 한 모서리의 길이가 2 cm인 쌓기나무 15개를 사용하여 오른쪽과 같은 모양으로 쌓은 다음 쌓기나무로 쌓은 모양의 바깥쪽 면에 페인트를 칠했습니다. 페인트를 칠한 면의 넓이는 모두 몇 cm^2인지 풀이 과정을 쓰고 답을 구해 보세요. (단, 바닥에 닿는 면도 칠합니다.)

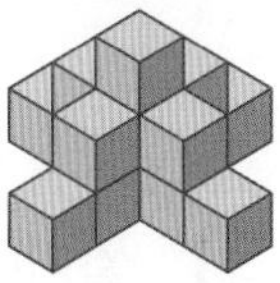

풀이

답

AI가 뽑은 정답률 낮은 문제

19 쌓기나무로 쌓은 모양을 위, 앞, 옆에서 본 모양입니다. 쌓은 쌓기나무가 가장 많은 경우와 가장 적은 경우의 쌓기나무의 개수는 몇 개인지 차례대로 써 보세요.

61쪽 유형 7

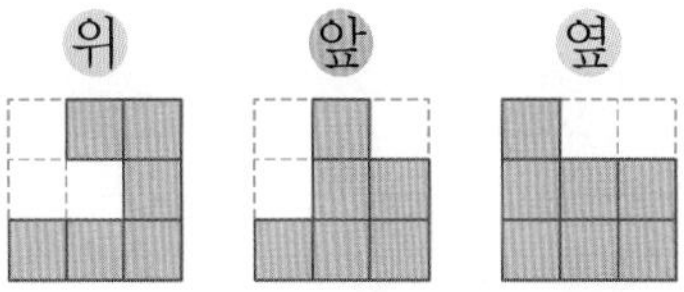

(,)

20 쌓기나무로 쌓은 모양을 보고 위에서 본 모양에 수를 쓴 것입니다. 쌓은 모양의 바깥쪽 면에 페인트를 칠했을 때 두 면이 칠해진 쌓기나무는 모두 몇 개인지 구해 보세요.

위

2	2	3
3	2	1
1		

(단, 바닥에 닿는 면도 칠합니다.)

( )

3 단원

01 쌓기나무로 쌓은 모양과 1층 모양을 보고 2층과 3층 모양을 각각 그려 보세요.

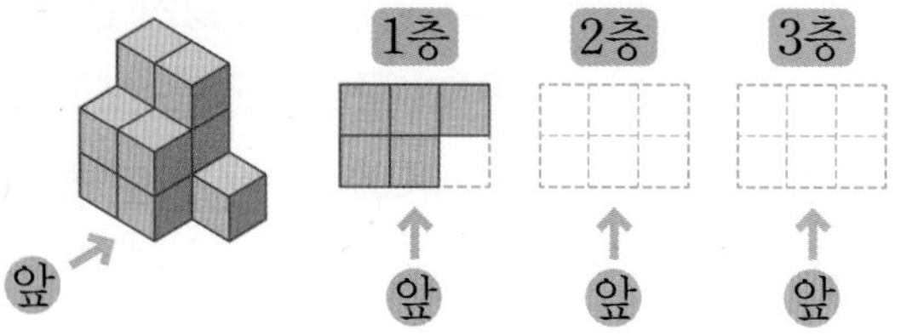

02 쌓기나무 7개로 쌓은 모양입니다. 앞에서 본 모양이 다른 하나를 찾아 ○표 해 보세요.

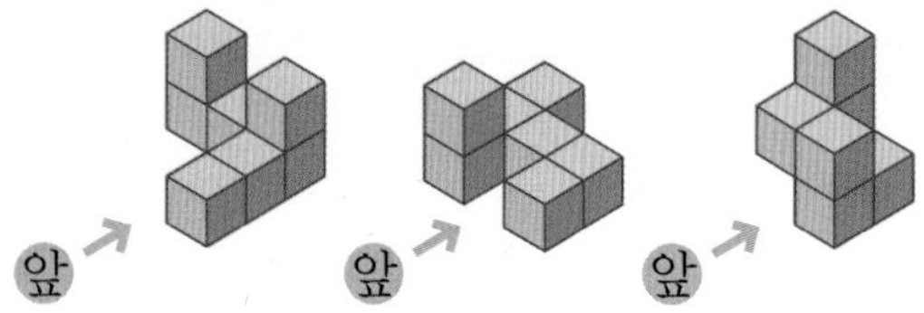

(　　　) (　　　) (　　　)

03 쌓기나무로 쌓은 모양을 층별로 나타낸 모양입니다. 이 모양을 보고 위에서 본 모양에 수를 쓰려고 할 때, ㉠, ㉡에 알맞은 수를 차례대로 써 보세요.

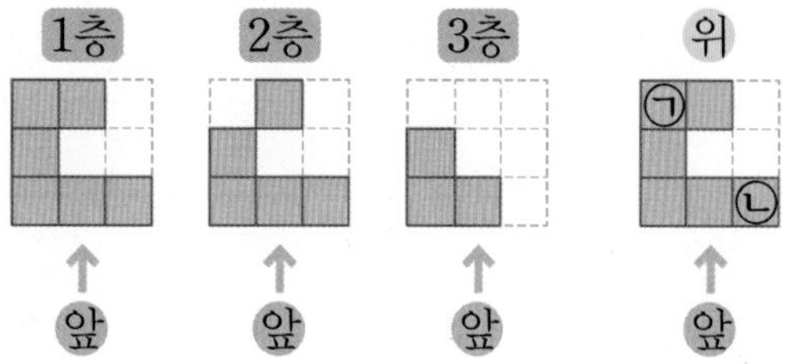

(　　　　, 　　　　)

04 오른쪽 모양을 보고 위에서 본 모양이 될 수 없는 것을 찾아 기호를 써 보세요.

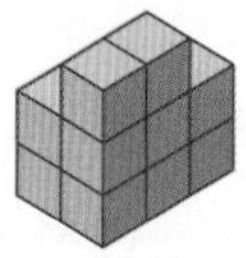

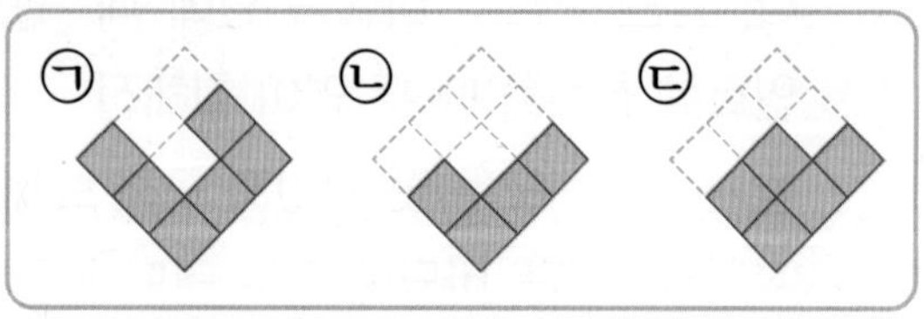

(　　　　　　)

05 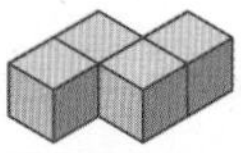 모양에 쌓기나무 1개를 더 붙여서 만들 수 없는 모양은 무엇인가요? (　　　)

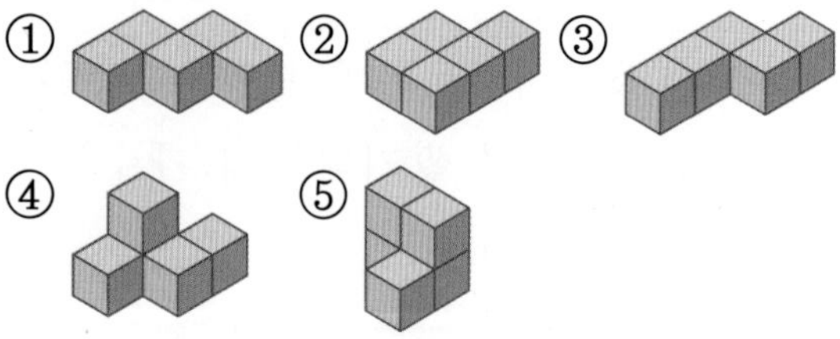

06 쌓기나무로 쌓은 모양과 위에서 본 모양입니다. 앞과 옆에서 본 모양을 각각 그려 보세요.

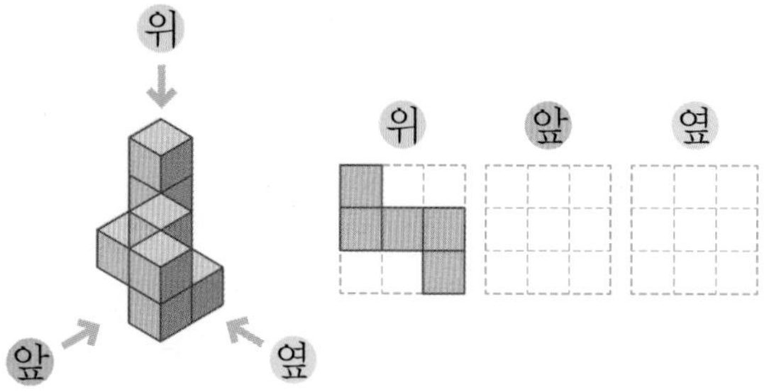

07 쌓기나무로 쌓은 모양을 보고 잘못 말한 사람은 누구인지 이름을 써 보세요.

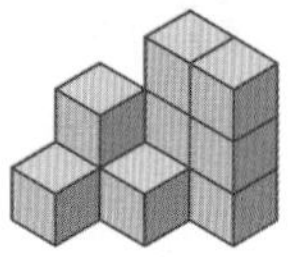

• 민서: 쌓기나무는 10개가 확실해.
• 재인: 쌓기나무가 가장 적은 경우가 10개야.

(　　　　　　)

08 쌓기나무 14개로 쌓은 모양입니다. 위에서 본 모양에 수를 쓰려고 할 때, ㉠에 알맞은 수를 구해 보세요.

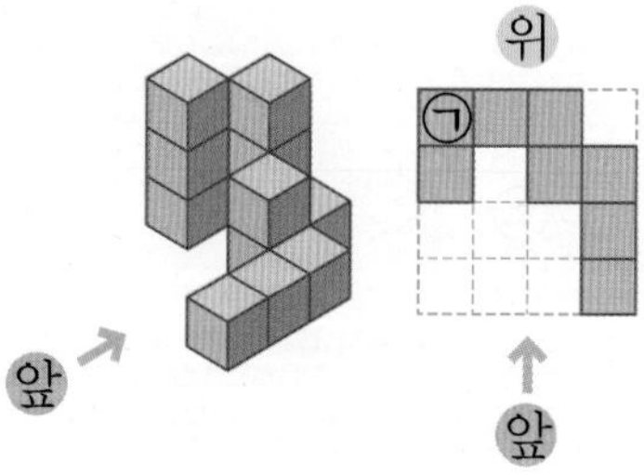

(　　　　　　)

09 쌓기나무로 쌓은 모양을 보고 위에서 본 모양에 수를 쓴 것입니다. 앞과 옆에서 본 모양을 각각 그려 보세요.

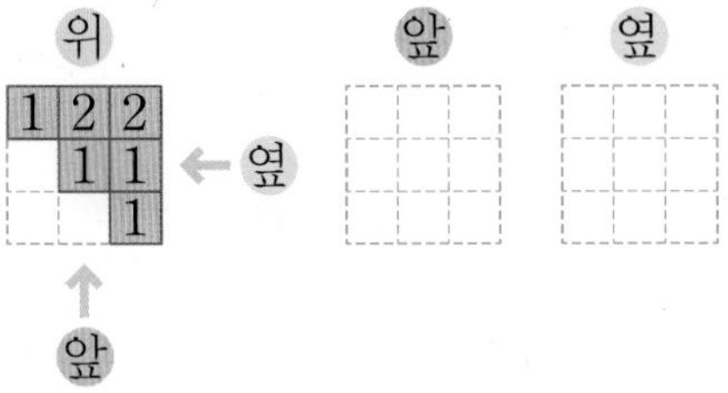

서술형

10 주어진 모양과 똑같이 쌓는 데 필요한 쌓기나무는 몇 개인지 두 가지 방법으로 구해 보세요.

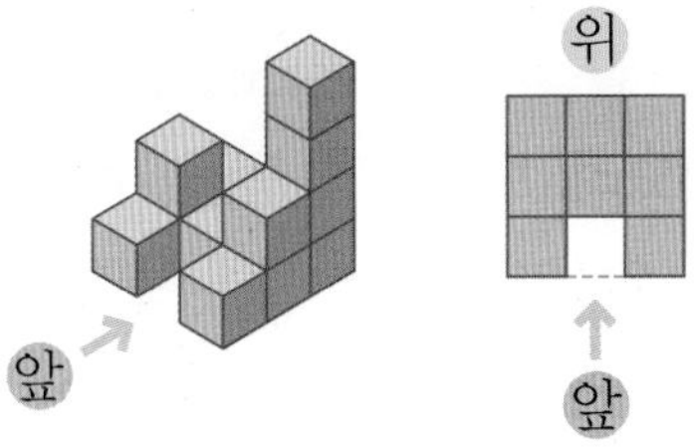

방법 1 위에서 본 모양에 수를 써서 구하기

방법 2 각 층별로 나누어 구하기

11 쌓기나무 8개로 쌓은 모양을 위, 앞, 옆에서 본 모양입니다. 위에서 본 모양에 수를 써 보세요.

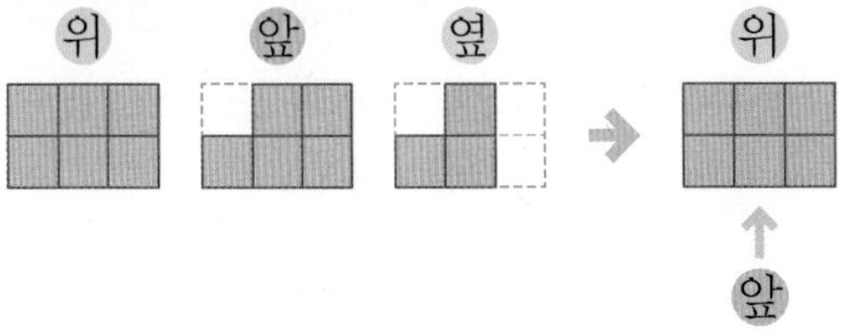

12 쌓기나무로 쌓은 모양을 층별로 나타낸 모양입니다. 쌓은 모양을 찾아 기호를 써 보세요.

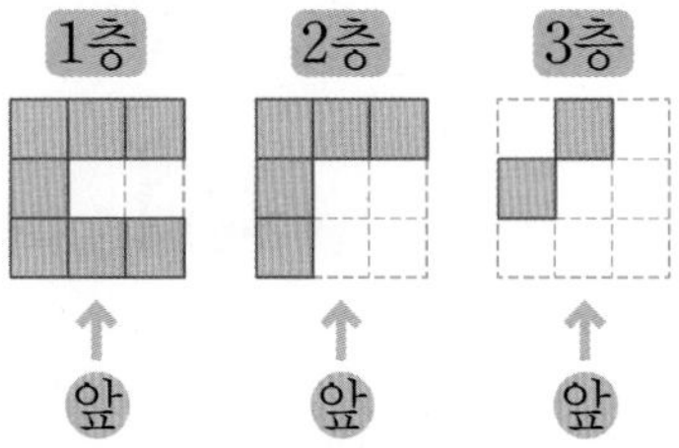

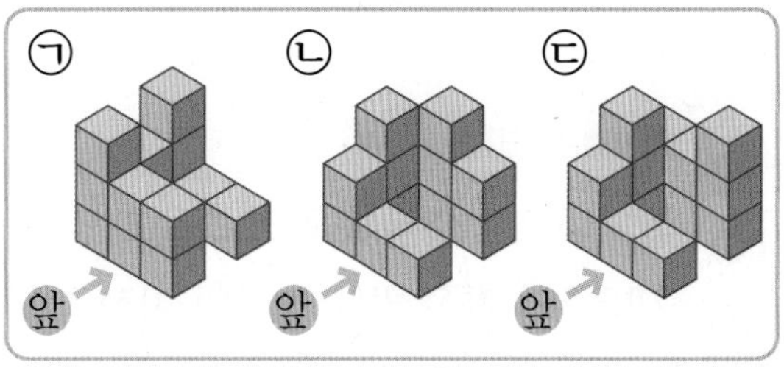

(　　　　　　　　)

13 오른쪽은 쌓기나무 5개로 만든 모양을 두 번 사용하여 만든 모양입니다. 사용한 쌓기나무 모양의 기호를 써 보세요.

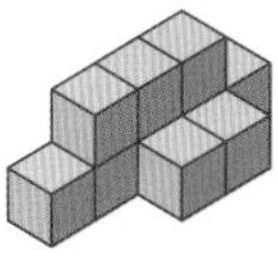

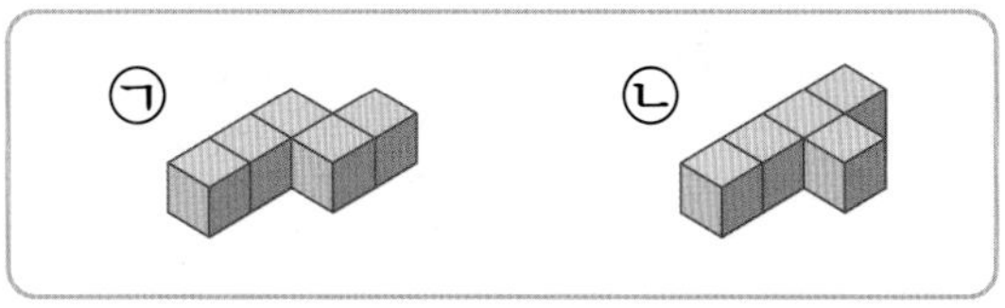

(　　　　　　　　)

14 쌓기나무 6개 사용하여 다음을 모두 만족하도록 쌓았을 때, 위에서 본 모양에 수를 써 보세요.

- 쌓기나무로 쌓은 모양은 3층입니다.
- 앞과 옆에서 본 모양은 같습니다.

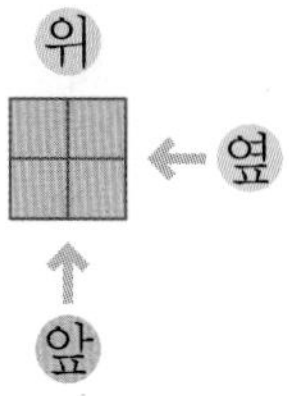

3 단원

AI가 뽑은 정답률 낮은 문제

15 60쪽 유형 5

주어진 모양에 쌓기나무 1개를 더 붙여서 만들 수 있는 서로 다른 모양은 모두 몇 가지인지 구해 보세요. (단, 돌렸을 때 같은 모양은 한 가지로 생각합니다.)

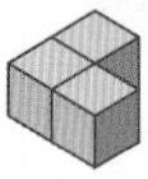

(　　　　　　　　)

AI가 뽑은 정답률 낮은 문제 서술형

16 62쪽 유형 9

쌓기나무로 쌓은 모양이 다음과 같을 때 쌓기나무가 가장 많은 경우와 가장 적은 경우의 쌓기나무의 개수의 차는 몇 개인지 풀이 과정을 쓰고 답을 구해 보세요. (단, 뒤쪽에 쌓인 쌓기나무는 보이지 않을 수 있습니다.)

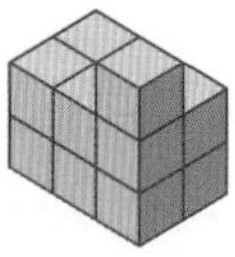

풀이

답

17 쌓기나무로 쌓은 모양을 위, 앞, 옆에서 본 모양을 그렸는데 어느 방향에서 그린 것인지를 표시하지 않았습니다. 똑같은 모양으로 쌓는 데 필요한 쌓기나무는 몇 개인지 구해 보세요.

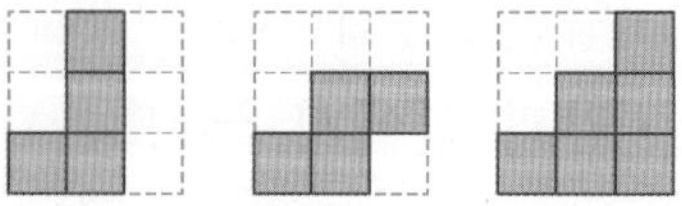

(　　　　　　　　)

18 쌓기나무 13개로 만든 모양입니다. 빨간색 쌓기나무를 3개 빼냈을 때 위에서 본 모양을 그리고, 각 자리에 쌓은 쌓기나무의 개수를 써넣으세요.

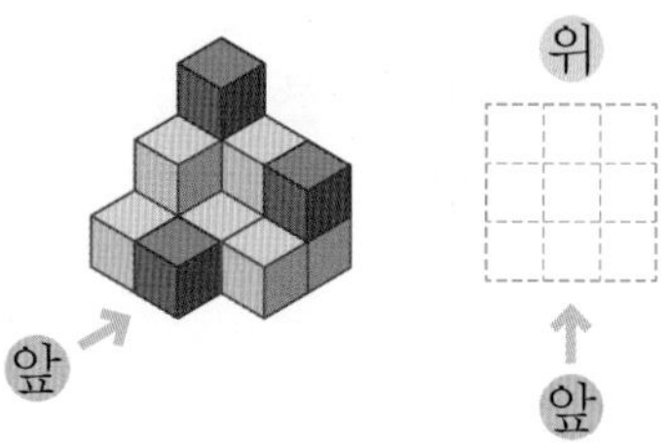

19 위, 앞, 옆에서 본 모양을 보고 쌓기나무를 쌓으려고 합니다. 만들 수 있는 모양은 모두 몇 가지인지 구해 보세요. (단, 돌렸을 때 같은 모양은 한 가지로 생각합니다.)

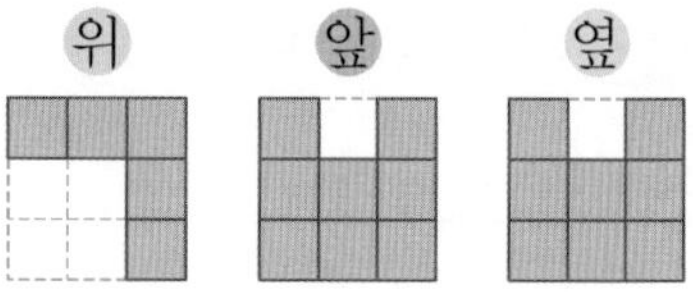

(　　　　　　　　)

AI가 뽑은 정답률 낮은 문제

20 63쪽 유형 11

오른쪽은 한 모서리의 길이가 2 cm인 쌓기나무로 쌓은 모양을 보고 위에서 본 모양에 수를 쓴 것입니다. 쌓은 모양의 바깥쪽 면에 페인트를 칠한다면 칠해야 할 면의 넓이는 모두 몇 cm^2인지 구해 보세요. (단, 바닥에 닿는 면도 칠합니다.)

위

3	2	1	1
			3
	1	2	2

(　　　　　　　　)

58~63쪽에서 같은 유형의 문제를 더 풀 수 있어요.

01~03 쌓기나무로 쌓은 모양입니다. 물음에 답해 보세요.

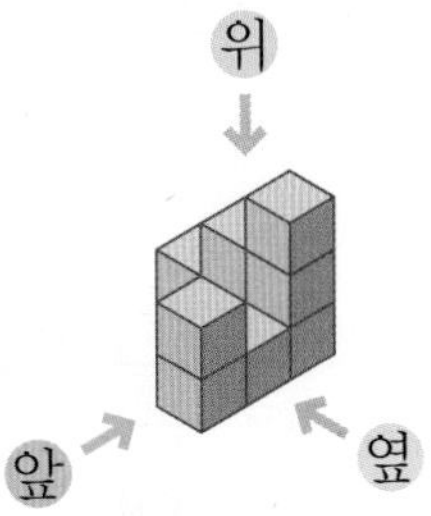

01 위에서 본 모양의 각 자리에 쌓은 쌓기나무의 개수를 써넣으세요.

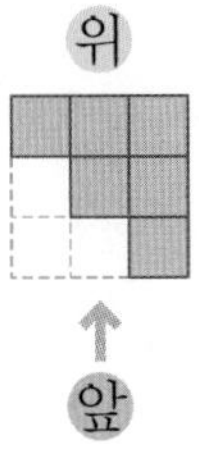

02 앞에서 본 모양이면 '앞', 옆에서 본 모양이면 '옆'을 써 보세요.

(　　　) (　　　)

03 똑같은 모양으로 쌓는 데 필요한 쌓기나무는 몇 개인지 구해 보세요.

(　　　　　　　　)

04 위에서 본 모양을 찾아 기호를 써 보세요.

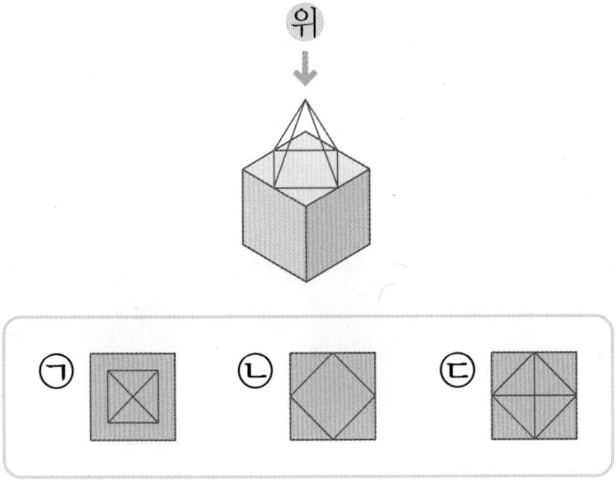

(　　　　　　　　)

05 왼쪽 모양에 쌓기나무 1개를 더 붙여서 만든 모양의 기호를 써 보세요.

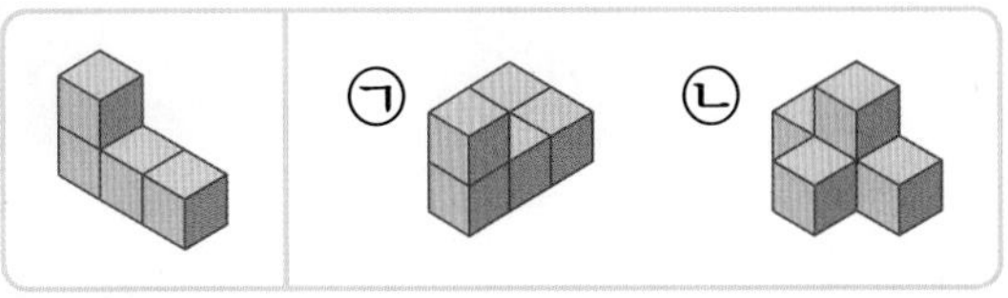

(　　　　　　　　)

06 옆에서 본 모양이 다른 것을 찾아 ○표 해 보세요.

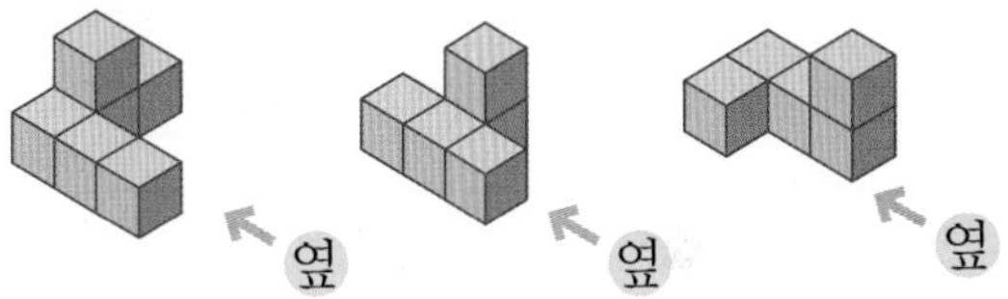

(　　　) (　　　) (　　　)

07 쌓기나무로 쌓은 모양과 1층 모양을 보고 2층과 3층 모양을 각각 그려 보세요.

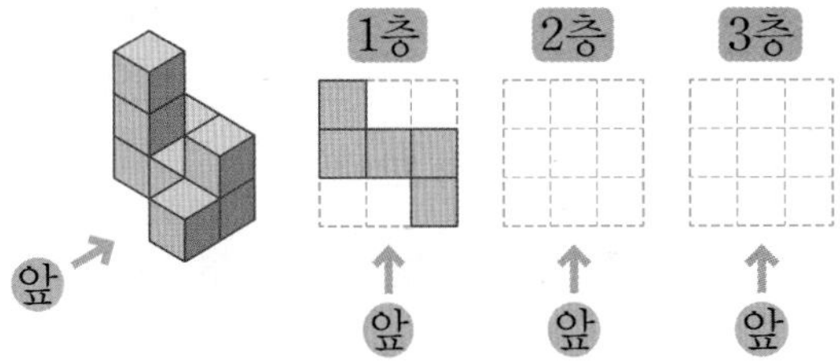

08 쌓기나무 9개로 쌓은 모양을 위, 앞, 옆에서 본 모양입니다. 쌓은 모양을 찾아 기호를 써 보세요.

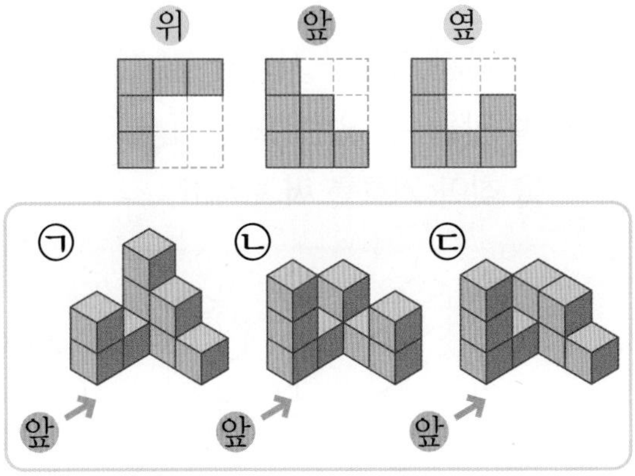

(　　　　　　　　)

서술형

09 도연이와 민준이가 쌓기나무로 쌓은 모양입니다. 쌓기나무를 누가 몇 개 더 많이 사용했는지 풀이 과정을 쓰고 답을 구해 보세요.

도연

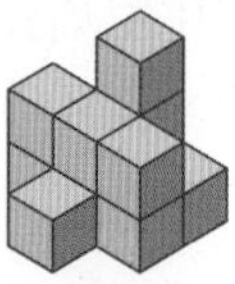

민준

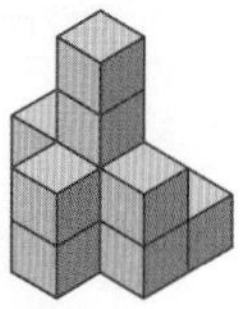

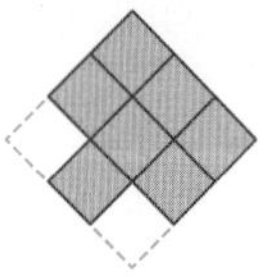

위에서 본 모양

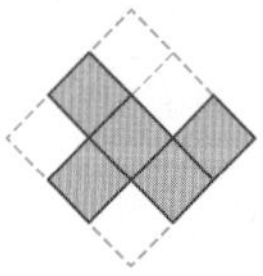

위에서 본 모양

풀이 ▶

____

____

____

답 ▶ ________ , ________

10 쌓기나무로 쌓은 모양을 층별로 나타낸 모양입니다. 쌓기나무로 쌓은 모양을 앞에서 본 모양을 그려 보세요.

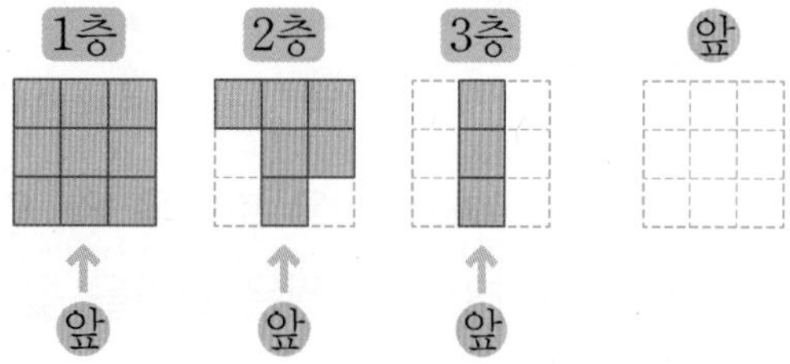

11 두 가지 모양을 사용하여 만들 수 있는 모양을 찾아 기호를 써 보세요.

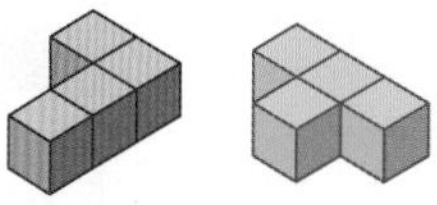

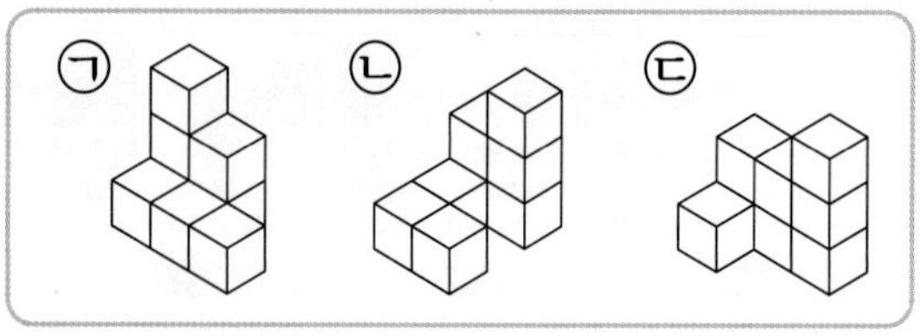

( )

AI가 뽑은 정답률 낮은 문제

12 쌓기나무 15개로 쌓은 모양을 위, 앞, 옆에서 본 모양입니다. 쌓은 모양을 앞에서 볼 때 보이지 않는 쌓기나무는 몇 개인지 구해 보세요.

58쪽 유형 1

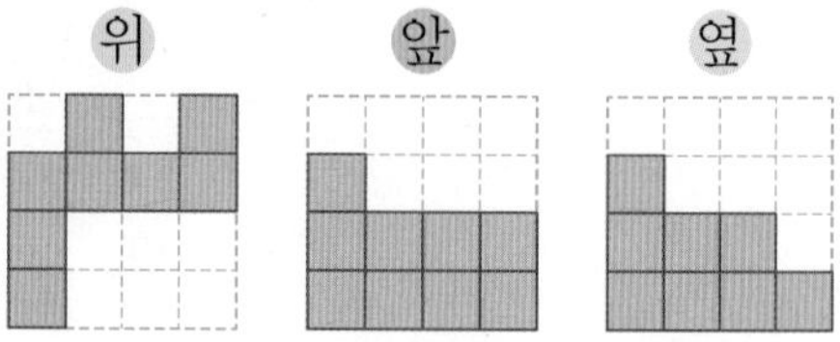

( )

13 쌓기나무 7개로 만든 모양을 오른쪽과 같은 구멍이 있는 상자에 넣으려고 합니다. 상자에 넣을 수 있는 모양을 모두 찾아 기호를 써 보세요.

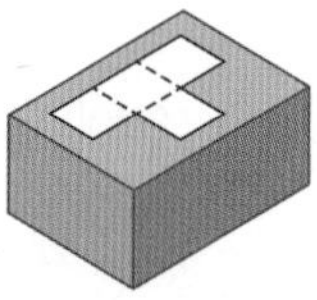

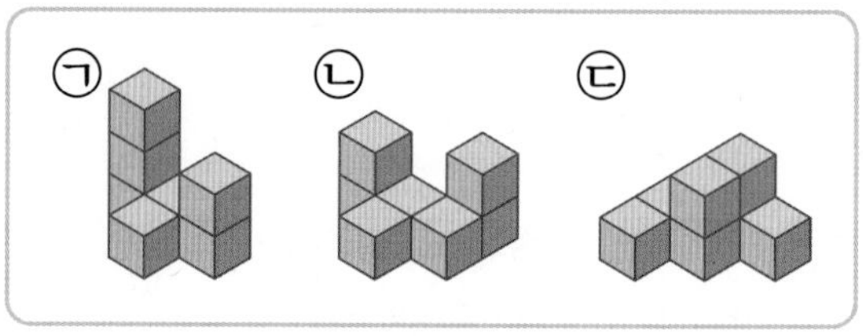

( )

AI가 뽑은 정답률 낮은 문제

14 쌓기나무를 최대한 많이 사용하여 다음과 같은 모양을 만들려고 합니다. 필요한 쌓기나무는 몇 개인지 구해 보세요.

60쪽 유형 6

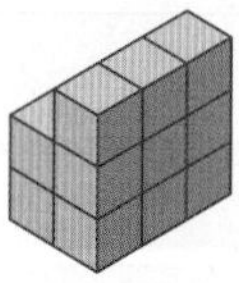

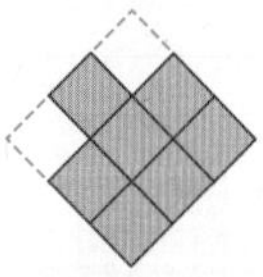

위에서 본 모양

( )

AI가 뽑은 정답률 낮은 문제

15 쌓기나무로 쌓은 모양을 위, 앞, 옆에서 본 모양이 모두 다음과 같습니다. 쌓은 쌓기나무가 가장 많은 경우와 가장 적은 경우의 쌓기나무의 개수의 차는 몇 개인지 구해 보세요.

61쪽 유형 7

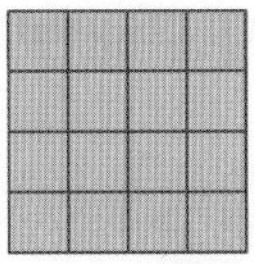

(　　　　　　　　　　)

16 가, 나 모양에 각각 쌓기나무 1개를 더 붙여서 같은 모양을 만들려고 합니다. 쌓기나무를 붙여야 할 곳을 찾아 각각 기호를 써 보세요.

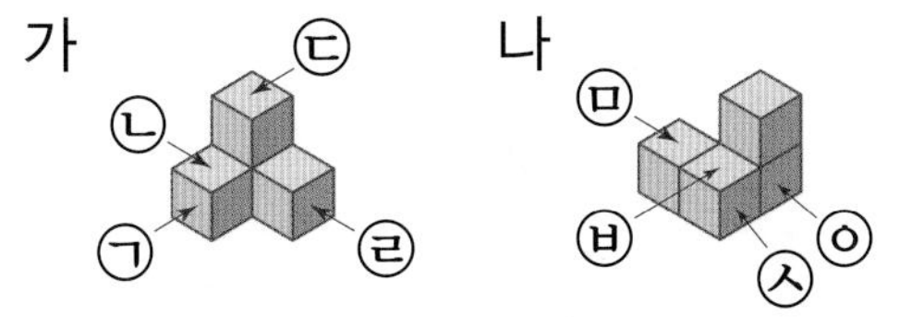

(　　　　　　,　　　　　　)

17 쌓기나무 4개로 만든 두 가지 모양을 사용하여 오른쪽과 같은 모양을 만들었습니다. 사용한 두 가지 모양을 찾아 기호를 써 보세요.

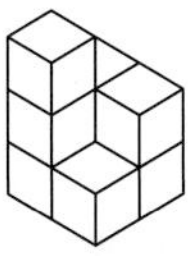

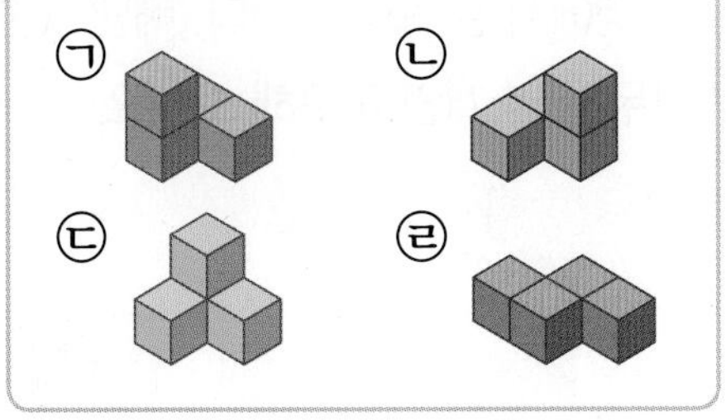

(　　　　　　　　　　)

18 쌓기나무 12개로 쌓은 모양을 층별로 나타낸 모양과 앞에서 본 모양입니다. 3층의 모양을 그려 보세요.

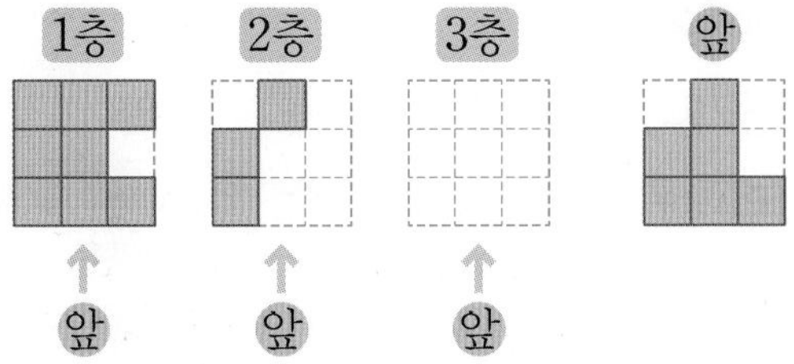

서술형

19 오른쪽 정육면체 모양에서 쌓기나무를 몇 개 빼내고 남은 모양을 위, 앞, 옆에서 본 모양입니다. 쌓기나무를 최소 몇 개 뺀 것인지 풀이 과정을 쓰고 답을 구해 보세요.

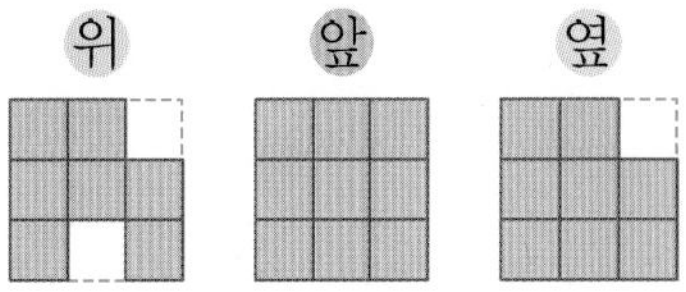

풀이

답

AI가 뽑은 정답률 낮은 문제

20 오른쪽과 같이 정육면체 모양으로 쌓기나무를 쌓고 빨간색으로 색칠된 8개의 면에서 반대쪽 면 끝까지 구멍을 뚫었습니다. 구멍이 뚫린 쌓기나무는 모두 몇 개인지 구해 보세요.

63쪽 유형 12

(　　　　　　　　　　)

1회 13번 4회 12번

유형 1 보이지 않는 쌓기나무의 개수 구하기

쌓기나무로 쌓은 모양을 보고 위에서 본 모양에 수를 쓴 것입니다. 옆에서 볼 때 보이지 않는 쌓기나무는 몇 개인지 구해 보세요.

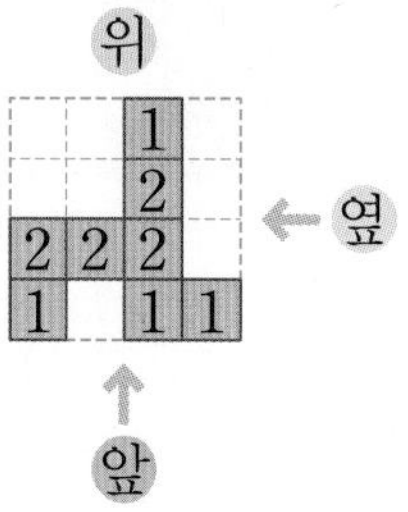

( )

Tip 전체 쌓기나무의 개수에서 옆에서 볼 때 보이는 쌓기나무의 개수를 빼면 보이지 않는 쌓기나무의 개수를 구할 수 있어요.

1-1 쌓기나무로 쌓은 모양을 보고 위에서 본 모양에 수를 쓴 것입니다. 앞에서 볼 때 보이지 않는 쌓기나무는 몇 개인지 구해 보세요.

( )

1-2 쌓기나무 13개로 쌓은 모양을 위, 앞, 옆에서 본 모양입니다. 쌓은 모양을 앞에서 볼 때 보이지 않는 쌓기나무는 몇 개인지 구해 보세요.

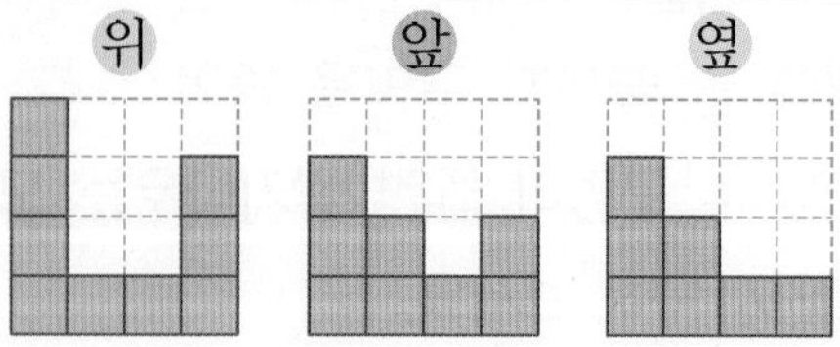

( )

2회 14번

유형 2 빼낸 쌓기나무의 개수 구하기

왼쪽 정육면체 모양에서 쌓기나무 몇 개를 빼냈더니 오른쪽과 같았습니다. 빼낸 쌓기나무는 몇 개인지 구해 보세요.

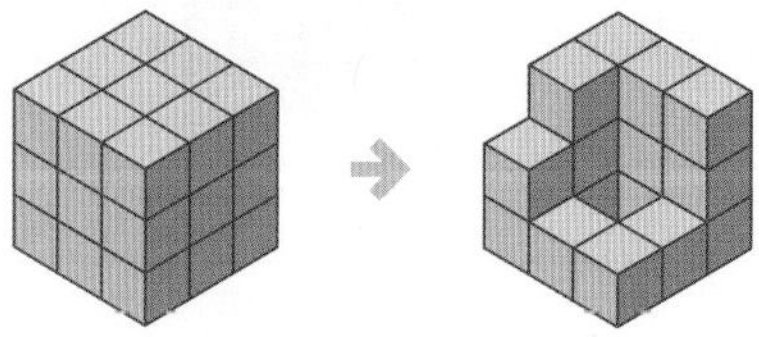

( )

Tip 처음 쌓기나무의 개수에서 남은 쌓기나무의 개수를 빼면 빼낸 쌓기나무의 개수를 알 수 있어요.

2-1 왼쪽 정육면체 모양에서 쌓기나무 몇 개를 빼냈더니 오른쪽과 같았습니다. 빼낸 쌓기나무는 몇 개인지 구해 보세요.

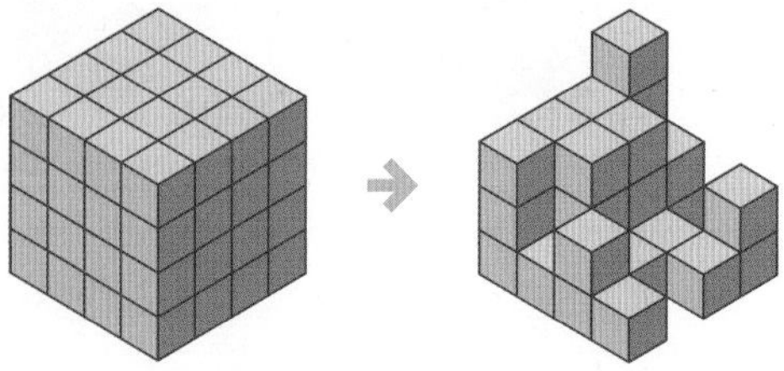

( )

2-2 오른쪽 정육면체 모양에서 쌓기나무 몇 개를 빼내고 남은 모양을 위, 앞, 옆에서 본 모양입니다. 빼낸 쌓기나무는 몇 개인지 구해 보세요.

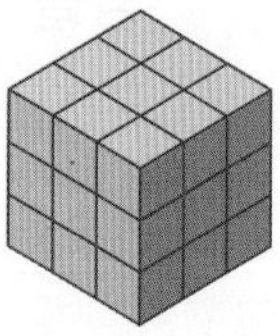

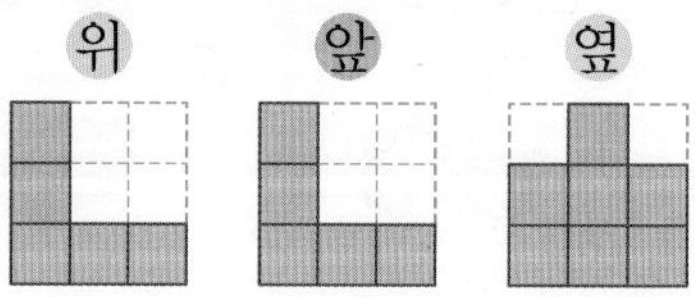

( )

1회 15번

유형 3 가장 작은 정육면체 모양 만들기

쌓기나무로 쌓은 모양과 위에서 본 모양입니다. 쌓은 모양에 쌓기나무를 더 쌓아 가장 작은 정육면체 모양을 만들려고 합니다. 쌓기나무는 몇 개 더 필요한지 구해 보세요.

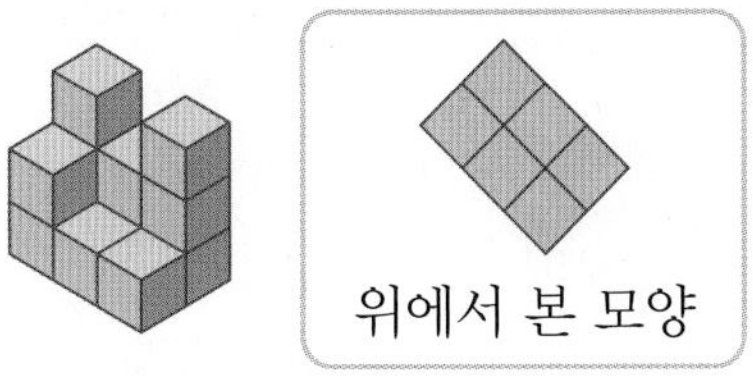

( )

Tip 가장 작은 정육면체 모양일 때 필요한 쌓기나무의 개수에서 쌓인 쌓기나무의 개수를 빼면 돼요.

3-1 쌓기나무로 쌓은 모양과 위에서 본 모양입니다. 쌓은 모양에 쌓기나무를 더 쌓아 가장 작은 정육면체 모양을 만들려고 합니다. 쌓기나무는 몇 개 더 필요한지 구해 보세요.

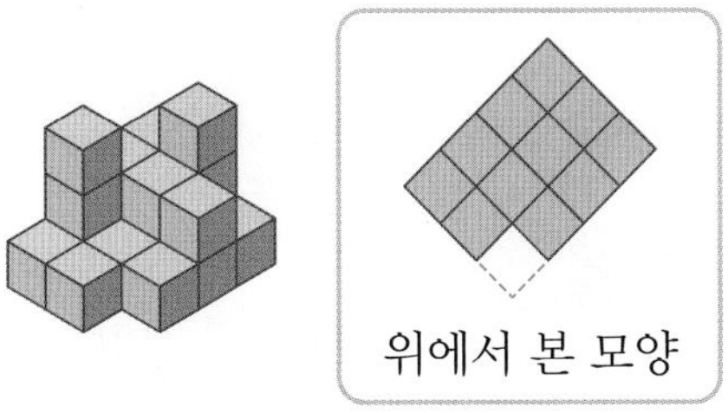

( )

3-2 쌓기나무를 가장 적게 사용하여 쌓은 모양을 위, 앞, 옆에서 본 모양입니다. 쌓은 모양에 쌓기나무를 더 쌓아 가장 작은 정육면체 모양을 만들려고 합니다. 쌓기나무는 몇 개 더 필요한지 구해 보세요.

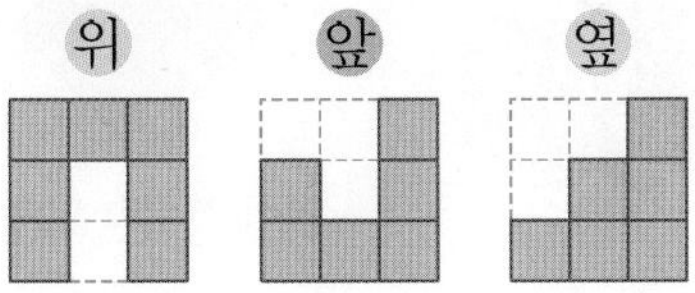

( )

2회 15번

유형 4 만들 수 있는 모양의 개수 구하기

쌓기나무 6개를 사용하여 **조건**을 모두 만족하는 모양을 몇 가지 만들 수 있는지 구해 보세요. (단, 돌렸을 때 같은 모양은 한 가지로 생각합니다.)

조건
- 쌓기나무로 쌓은 모양은 3층입니다.
- 각 층의 쌓기나무의 개수는 모두 다릅니다.
- 위에서 본 모양은 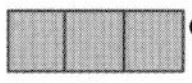입니다.

( )

Tip 위에서 본 모양에 수를 써서 나타내요.

4-1 쌓기나무 7개를 사용하여 쌓은 모양으로 2층이고, 위에서 본 모양은 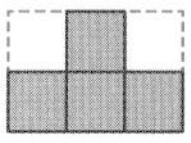인 모양을 몇 가지 만들 수 있는지 구해 보세요. (단, 돌렸을 때 같은 모양은 한 가지로 생각합니다.)

( )

4-2 쌓기나무 8개를 사용하여 **조건**을 모두 만족하는 모양을 몇 가지 만들 수 있는지 구해 보세요. (단, 돌렸을 때 같은 모양은 한 가지로 생각합니다.)

조건
- 쌓기나무로 쌓은 모양은 4층입니다.
- 위에서 본 모양의 각 자리에 쌓인 쌓기나무의 개수는 모두 다릅니다.
- 위에서 본 모양은 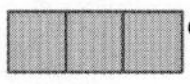입니다.

( )

3회 15번

유형 5 1개를 더 붙여서 만들 수 있는 모양의 개수 구하기

주어진 모양에 쌓기나무 1개를 더 붙여서 만들 수 있는 서로 다른 모양은 모두 몇 가지인지 구해 보세요.

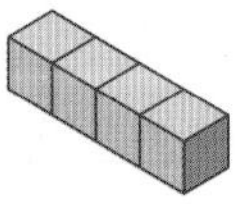

( )

Tip 뒤집거나 돌렸을 때 모양이 같으면 같은 모양임에 주의해요.

5-1 주어진 모양에 쌓기나무 1개를 더 붙여서 만들 수 있는 서로 다른 모양은 모두 몇 가지인지 구해 보세요.

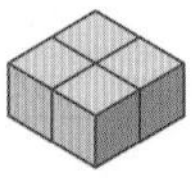

( )

5-2 주어진 모양에 쌓기나무 1개를 더 붙여서 만들 수 있는 서로 다른 모양은 모두 몇 가지인지 구해 보세요.

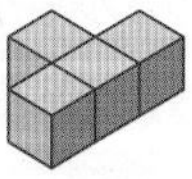

( )

4회 14번

유형 6 위에서 본 모양이 주어질 때 쌓기나무의 최대 개수 구하기

쌓기나무를 최대한 많이 사용하여 다음과 같은 모양을 만들려고 합니다. 필요한 쌓기나무는 몇 개인지 구해 보세요.

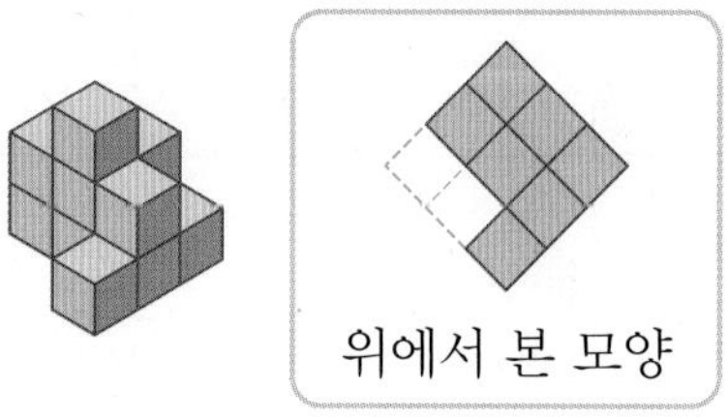

( )

Tip 위에서 본 모양에 확실히 알 수 있는 쌓기나무의 개수를 써넣고, 숨겨진 쌓기나무의 최대 개수를 생각해요.

6-1 쌓기나무를 최대한 많이 사용하여 다음과 같은 모양을 만들려고 합니다. 필요한 쌓기나무는 몇 개인지 구해 보세요.

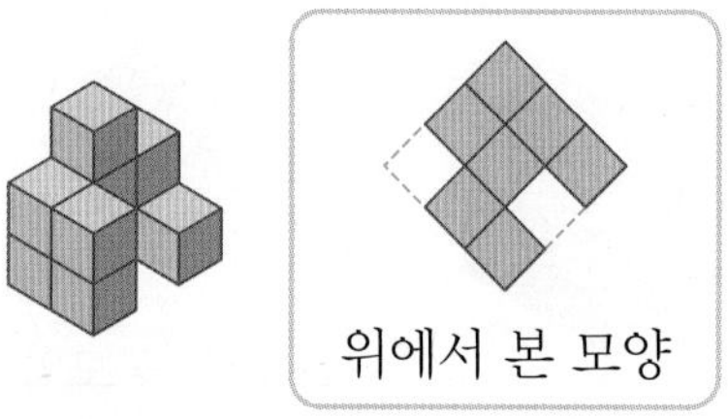

( )

6-2 쌓기나무를 최대한 많이 사용하여 다음과 같은 모양을 만들려고 합니다. 필요한 쌓기나무는 몇 개인지 구해 보세요.

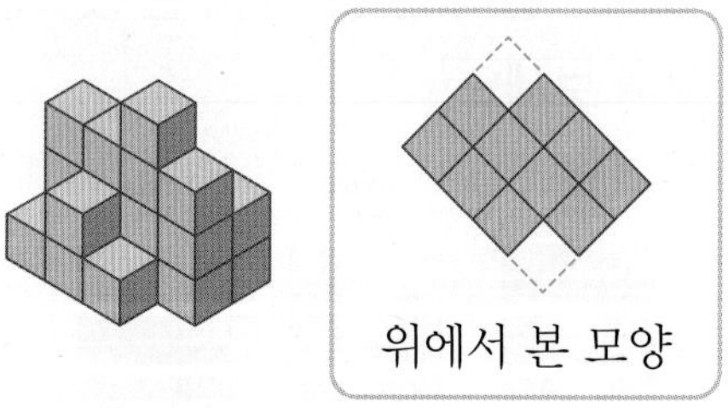

( )

2회 19번 4회 15번

유형 7 쌓기나무의 최대, 최소 개수 구하기 – 위, 앞, 옆에서 본 모양이 주어진 경우

쌓기나무로 쌓은 모양을 위, 앞, 옆에서 본 모양입니다. 쌓은 쌓기나무가 가장 많은 경우와 가장 적은 경우의 쌓기나무의 개수는 각각 몇 개인지 차례대로 써 보세요.

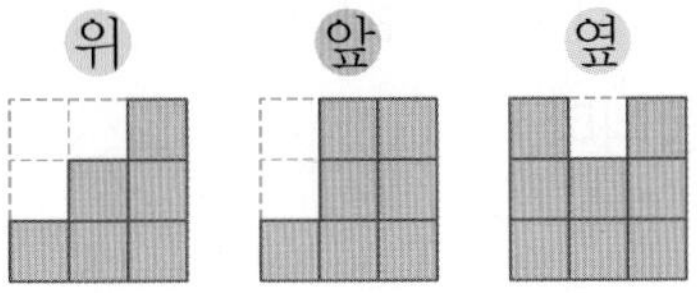

(　　　　　　,　　　　　　)

Tip 위에서 본 모양에 확실히 알 수 있는 쌓기나무의 개수를 먼저 써넣어요.

7-1 쌓기나무로 쌓은 모양을 위, 앞, 옆에서 본 모양입니다. 쌓은 쌓기나무가 가장 많은 경우와 가장 적은 경우의 쌓기나무의 개수는 각각 몇 개인지 차례대로 써 보세요.

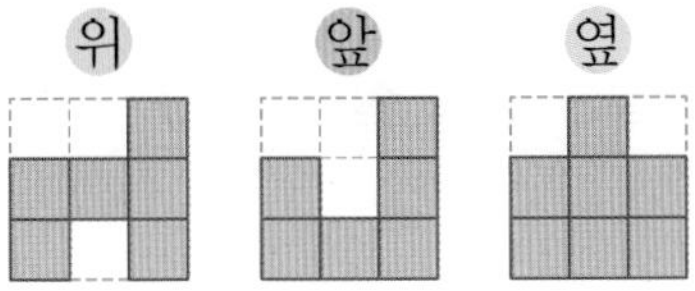

(　　　　　　,　　　　　　)

7-2 쌓기나무로 쌓은 모양을 위, 앞, 옆에서 본 모양이 모두 오른쪽과 같습니다. 쌓은 쌓기나무가 가장 많은 경우와 가장 적은 경우의 쌓기나무의 개수의 차는 몇 개인지 구해 보세요.

(　　　　　　)

1회 17번

유형 8 쌓기나무의 최대, 최소 개수 구하기 – 앞과 옆에서 본 모양이 주어진 경우

쌓기나무로 쌓은 모양을 앞과 옆에서 본 모양입니다. 쌓은 쌓기나무가 가장 많은 경우와 가장 적은 경우의 쌓기나무의 개수의 차는 몇 개인지 구해 보세요.

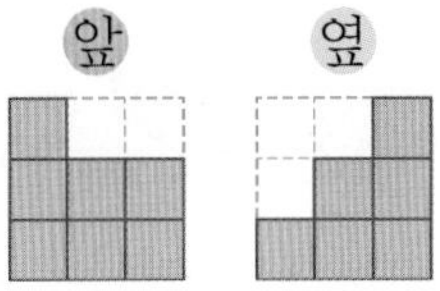

(　　　　　　)

Tip 쌓기나무가 가장 많은 경우는 가능한 많은 자리에 쌓기나무가 최대 개수로 있어야 하고, 가장 적은 경우는 되도록 적은 자리에 쌓기나무가 최소 개수로 있어야 해요.

8-1 쌓기나무로 쌓은 모양을 앞과 옆에서 본 모양입니다. 쌓은 쌓기나무가 가장 많은 경우와 가장 적은 경우의 쌓기나무의 개수의 차는 몇 개인지 구해 보세요.

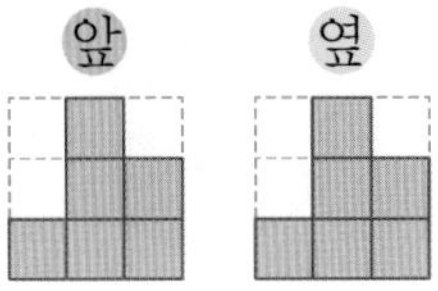

(　　　　　　)

8-2 쌓기나무로 쌓은 모양을 앞과 옆에서 본 모양입니다. 쌓은 쌓기나무가 가장 많은 경우와 가장 적은 경우의 쌓기나무의 개수의 차는 몇 개인지 구해 보세요.

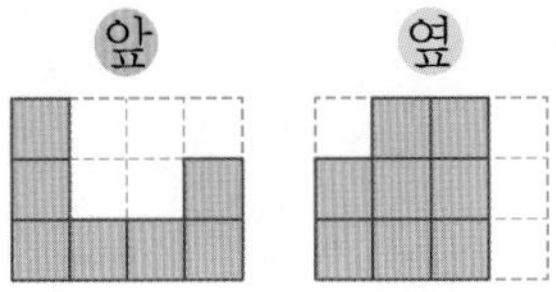

(　　　　　　)

3회 16번

유형 9 쌓기나무의 최대, 최소 개수 구하기

쌓기나무로 쌓은 모양이 다음과 같을 때 쌓기나무가 가장 많은 경우와 가장 적은 경우의 쌓기나무의 개수의 차는 몇 개인지 구해 보세요. (단, 뒤쪽에 쌓인 쌓기나무는 보이지 않을 수 있습니다.)

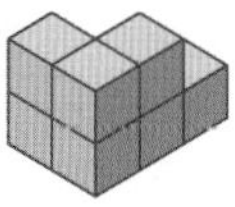

( )

Tip 보이는 부분에만 쌓기나무가 있다고 생각하여 최소 개수를 구하고, 보이지 않는 부분에 가능한 많은 쌓기나무가 있을 경우를 생각하여 최대 개수를 구해요.

9-1 쌓기나무로 쌓은 모양이 다음과 같을 때 쌓기나무가 가장 많은 경우와 가장 적은 경우의 쌓기나무의 개수의 차는 몇 개인지 구해 보세요. (단, 뒤쪽에 쌓인 쌓기나무는 보이지 않을 수 있습니다.)

( )

9-2 쌓기나무를 다음과 같이 쌓았더니 뒤쪽의 쌓기나무가 보이지 않습니다. 쌓기나무가 가장 많은 경우 쌓기나무는 몇 개인지 구해 보세요.

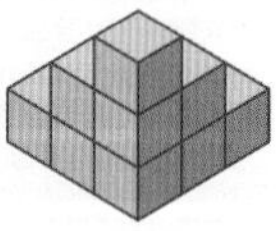

( )

1회 20번

유형 10 칠해진 쌓기나무의 개수 구하기

오른쪽과 같이 직육면체 모양으로 쌓은 쌓기나무의 바깥쪽 면에 페인트를 칠했습니다. 한 면이 칠해진 쌓기나무와 두 면이 칠해진 쌓기나무의 개수의 합은 몇 개인지 구해 보세요. (단, 바닥에 닿는 면도 칠합니다.)

( )

Tip 직육면체는 면이 6개, 모서리가 12개이므로 각 면에서 한 면이 칠해진 쌓기나무를, 각 모서리에서 두 면이 칠해진 쌓기나무의 개수를 생각해요.

10-1 오른쪽과 같이 정육면체 모양으로 쌓은 쌓기나무의 바깥쪽 면에 페인트를 칠했습니다. 한 면이 칠해진 쌓기나무와 두 면이 칠해진 쌓기나무의 개수의 차는 몇 개인지 구해 보세요. (단, 바닥에 닿는 면도 칠합니다.)

( )

10-2 오른쪽과 같이 직육면체 모양으로 쌓은 쌓기나무의 바깥쪽 면에 페인트를 칠했습니다. 한 면도 칠해지지 않는 쌓기나무와 세 면이 칠해진 쌓기나무의 개수의 합은 몇 개인지 구해 보세요. (단, 바닥에 닿는 면도 칠합니다.)

( )

3회 20번

유형 11 위에서 본 모양이 주어질 때 칠해야 할 면의 넓이 구하기

오른쪽은 한 모서리의 길이가 2 cm인 쌓기나무로 쌓은 모양을 보고 위에서 본 모양에 수를 쓴 것입니다. 쌓은 모양의 바깥쪽 면에 페인트를 칠한다면 칠해야 할 면의 넓이는 모두 몇 cm^2인지 구해 보세요. (단, 바닥에 닿는 면도 칠합니다.)

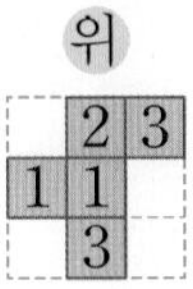

( )

Tip 쌓기나무로 쌓은 모양의 위, 앞, 옆에서 보이는 면의 수와 어느 방향에서도 보이지 않는 면의 수를 더해서 바깥쪽 면의 수를 구해요.

11-1 오른쪽은 한 모서리의 길이가 1 cm인 쌓기나무로 쌓은 모양을 보고 위에서 본 모양에 수를 쓴 것입니다. 쌓은 모양의 바깥쪽 면에 페인트를 칠한다면 칠해야 할 면의 넓이는 모두 몇 cm^2인지 구해 보세요. (단, 바닥에 닿는 면도 칠합니다.)

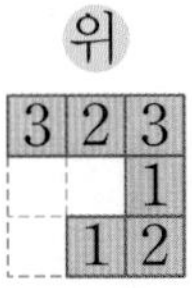

( )

11-2 오른쪽은 한 모서리의 길이가 3 cm인 쌓기나무로 쌓은 모양을 보고 위에서 본 모양에 수를 쓴 것입니다. 쌓은 모양의 바깥쪽 면에 페인트를 칠한다면 칠해야 할 면의 넓이는 모두 몇 cm^2인지 구해 보세요. (단, 바닥에 닿는 면도 칠합니다.)

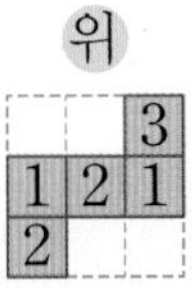

( )

4회 20번

유형 12 구멍이 뚫린 쌓기나무의 개수 구하기

오른쪽과 같이 정육면체 모양으로 쌓기나무를 쌓고 빨간색으로 색칠된 4개의 면에서 반대쪽 면 끝까지 구멍을 뚫었습니다. 구멍이 뚫린 쌓기나무는 모두 몇 개인지 구해 보세요.

( )

Tip 각 층마다 구멍이 뚫린 쌓기나무의 개수를 구해요.

12-1 오른쪽과 같이 정육면체 모양으로 쌓기나무를 쌓고 빨간색으로 색칠된 6개의 면에서 반대쪽 면 끝까지 구멍을 뚫었습니다. 구멍이 뚫린 쌓기나무는 모두 몇 개인지 구해 보세요.

( )

12-2 오른쪽과 같이 정육면체 모양으로 쌓기나무를 쌓고 빨간색으로 색칠된 10개의 면에서 반대쪽 면 끝까지 구멍을 뚫었습니다. 구멍이 뚫린 쌓기나무는 모두 몇 개인지 구해 보세요.

( )

4

비례식과 비례배분

개념 정리 4단원 비례식과 비례배분

개념 1 비의 성질

◆전항과 후항

비 1 : 2에서 기호 ':' 앞에 있는 1을 전항, 뒤에 있는 2를 후항이라고 합니다.

◆비의 성질

- 비의 전항과 후항에 0이 아닌 같은 수를 곱해도 비율은 같습니다.
- 비의 전항과 후항을 0이 아닌 같은 수로 나누어도 비율은 같습니다.

비 1 : 2 → ×2, ×2 → 비 2 : □

비율 $\frac{1}{2}$, 비율 $\frac{2}{4}=\frac{1}{2}$ 비율은 같습니다.

개념 2 간단한 자연수의 비로 나타내기

- (자연수) : (자연수)는 전항과 후항을 두 수의 공약수로 나눕니다.

  예 4 : 2 ➔ (4÷2) : (2÷2) ➔ 2 : 1
- (소수) : (소수)는 전항과 후항에 10, 100, 1000……을 곱합니다.

  예 0.1 : 0.2 ➔ (0.1×10) : (0.2×10) ➔ 1 : 2
- (분수) : (분수)는 전항과 후항에 두 분모의 공배수를 곱합니다.

  예 $\frac{1}{2}:\frac{1}{3}$ ➔ $\left(\frac{1}{2}\times\square\right):\left(\frac{1}{3}\times6\right)$ ➔ 3 : 2

참고

소수와 분수의 비는 분수를 소수로 바꾸거나 소수를 분수로 바꾼 후 간단한 자연수의 비로 나타내요.

개념 3 비례식

◆비례식

비율이 같은 두 비를 기호 '='를 사용하여 나타낸 식을 비례식이라고 합니다.

비례식에서 바깥쪽에 있는 두 항을 외항, 안쪽에 있는 두 항을 내항이라고 합니다.

◆비례식의 성질

비례식에서 외항의 곱과 내항의 곱은 같습니다.

2 : 3 = 4 : 6 ➔ 2×6=12 → 외항의 곱, 3×4=□ → 내항의 곱

◆비례식의 활용

① 구하려는 것을 ■라 하고 비례식 세우기

② 비례식의 성질이나 비의 성질을 이용하여 ■의 값 구하기

③ 문제에 알맞은 답 구하기

개념 4 비례배분

- 전체를 주어진 비로 배분하는 것을 비례배분이라고 합니다.
- 12를 1 : 2로 비례배분 하기

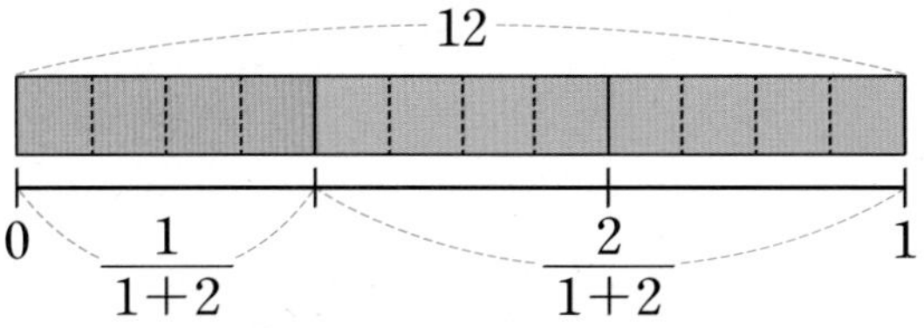

➔ $12\times\frac{1}{1+2}=12\times\frac{1}{3}=4$

$12\times\frac{2}{1+2}=12\times\frac{2}{3}=\square$

정답 ❶ 4 ❷ 6 ❸ 12 ❹ 8

4 단원

점수

78~83쪽에서 같은 유형의 문제를 더 풀 수 있어요.

01 □ 안에 알맞은 말을 써넣으세요.

전체를 주어진 비로 배분하는 것을 □(이)라고 합니다.

02 비례식에서 외항과 내항을 각각 찾아 써 보세요.

32 : 24=4 : 3

외항 □, □

내항 □, □

03 알맞은 말에 ○표 해 보세요.

비례식 4 : 6=6 : 9에서 4 : 6과 6 : 9의 비율은 (같습니다 , 다릅니다).

04 간단한 자연수의 비로 나타내려고 합니다. □ 안에 알맞은 수를 써넣으세요.

$\frac{3}{8} : \frac{5}{12}$ → (×□, ×24) → □ : □

05 비율이 같은 두 비를 찾아 비례식을 세워 보세요.

3 : 5　　8 : 10
15 : 20　　21 : 35

(　　　　　　　　)

06 길이가 91 cm인 끈을 주어진 비로 나누면 각각 몇 cm가 되는지 구해 보세요.

7 : 6 → □ cm, □ cm

07 잘못 설명한 것을 찾아 기호를 써 보세요.

㉠ 4 : 7=8 : 14는 비례식입니다.
㉡ 2 : 3=6 : 9에서 전항은 2, 3이고, 후항은 6, 9입니다.
㉢ 1 : 2=5 : 10에서 1과 10을 외항, 2와 5를 내항이라고 합니다.

(　　　　　　　　)

08 간단한 자연수의 비로 나타내어 보세요.

$\frac{1}{6} : \frac{4}{5}$

(　　　　　　　　)

09 지수네 집에서 학교까지의 거리와 지수네 집에서 병원까지의 거리의 비를 간단한 자연수의 비로 나타내어 보세요.

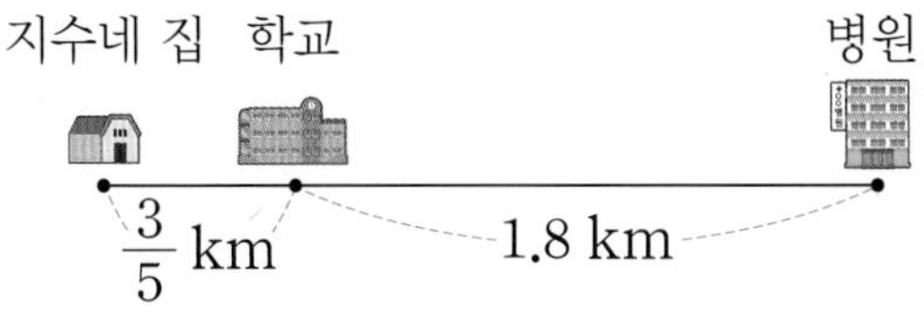

( )

10 □ 안에 알맞은 소수를 써넣으세요.

4 : 1.5=0.8 : □

11 비례식에서 외항의 곱이 252일 때, ㉠과 ㉡에 알맞은 수를 각각 구해 보세요.

12 : 7=㉠ : ㉡

㉠ ( )

㉡ ( )

12 □ 안에 알맞은 수를 써넣으세요.

10 : 3=(□+5) : 6

13 어떤 부품을 만드는 데 가 기계는 6일, 나 기계는 4일이 걸린다고 합니다. 가 기계와 나 기계가 하루에 하는 일의 양의 비를 간단한 자연수의 비로 나타내어 보세요.

( )

서술형

14 어느 날 낮과 밤의 길이의 비가 5 : 7이라면 밤은 낮보다 몇 시간 더 긴지 풀이 과정을 쓰고 답을 구해 보세요.

풀이 ▶

답 ▶

AI가 뽑은 정답률 낮은 문제

15 둘레가 48 cm이고, 가로와 세로의 비가 3 : 5인 직사각형이 있습니다. 이 직사각형의 넓이는 몇 cm^2인지 구해 보세요.

79쪽 유형 3

( )

16 바둑돌이 184개 있습니다. 검은색 바둑돌 수가 흰색 바둑돌 수의 3배라면 검은색 바둑돌은 흰색 바둑돌보다 몇 개 더 많은지 구해 보세요.

( )

17 6분에 15 L의 물이 일정하게 나오는 수도가 있습니다. 이 수도로 들이가 155 L인 빈 수조에 물을 가득 채우려면 몇 시간 몇 분이 걸리는지 구해 보세요.

( )

18 조건을 만족하는 두 수를 구해 보세요.

조건
- 두 수의 비는 6 : 5입니다.
- 두 수의 곱은 480입니다.

(,)

AI가 뽑은 정답률 낮은 문제 서술형

19 맞물려 돌아가는 두 톱니바퀴 ㉮와 ㉯가 있습니다. ㉮의 톱니는 16개이고, ㉯의 톱니는 28개입니다. ㉮가 21바퀴 도는 동안 ㉯는 몇 바퀴 도는지 풀이 과정을 쓰고 답을 구해 보세요.

82쪽 유형 9

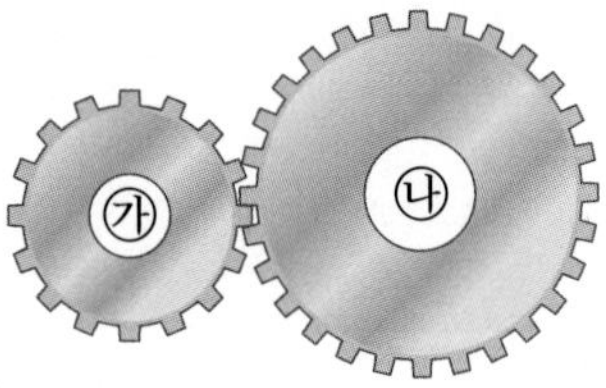

풀이

답

AI가 뽑은 정답률 낮은 문제

20 가 회사와 나 회사가 각각 720만 원, 600만 원을 투자하여 얻은 이익금 308만 원을 투자한 금액의 비로 나누어 가졌습니다. 가 회사와 나 회사가 받은 이익금은 각각 얼마인지 구해 보세요.

83쪽 유형 11

가 회사 ( )
나 회사 ( )

01 비례식은 어느 것인가요? (　　　)

① 4 : 3
② $12\times5=36+24$
③ $18:3=6:2$
④ $\frac{2}{9}=\frac{6}{27}$
⑤ $4:5=12:15$

02 전항이 3인 비를 모두 찾아 기호를 써 보세요.

㉠ 0.3 : 0.6	㉡ 3 : 7
㉢ 3 : 0.3	㉣ $\frac{1}{2}:3$

(　　　　　　　)

03 $0.4:\frac{1}{2}$을 간단한 자연수의 비로 나타내려고 합니다. □ 안에 알맞은 수를 써넣으세요.

$$0.4=\frac{\square}{10}$$

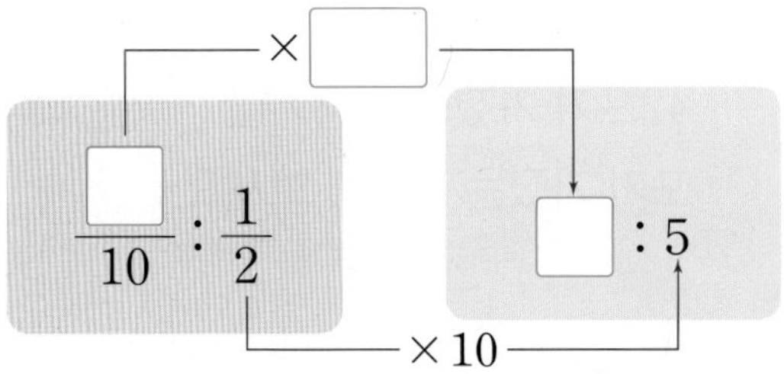

04 비율이 다른 하나를 찾아 기호를 써 보세요.

㉠ 28 : 24	㉡ 42 : 36
㉢ 35 : 32	㉣ 14 : 12

(　　　　　　　)

05 수 카드 중 3장을 골라 □ 안에 한 번씩 써넣어 비례식을 완성해 보세요.

4　6　8　9

3 : □ = □ : □

06~07 72를 주어진 비로 나누어 보세요.

06 4 : 5 → □, □

07 11 : 7 → □, □

08 해찬이네 학교 전체 학생은 860명이고 이 중 여학생은 420명입니다. 해찬이네 학교 남학생과 여학생 수의 비를 간단한 자연수의 비로 나타내어 보세요.

(　　　　　　　)

4 단원

09 □ 안에 알맞은 수를 써넣으세요.

$$20 : \square = 4 : \frac{2}{5}$$

10 식을 보고 ㉠ : ㉡을 간단한 자연수의 비로 나타내어 보세요.

$$㉠ \times \frac{1}{4} = ㉡ \times \frac{1}{3}$$

(　　　　　　　　)

서술형

11 준서와 은서가 꿀물을 만들었습니다. 꿀물을 만들 때 각각 사용한 꿀과 물의 양의 비를 간단한 자연수의 비로 나타내어 누가 만든 꿀물이 더 진한지 풀이 과정을 쓰고 답을 구해 보세요.

준서	은서
나는 꿀 0.4 L에 물 0.9 L를 넣었어.	나는 꿀 $\frac{3}{10}$ L에 물 $\frac{4}{5}$ L를 넣었어.

풀이

답

12 밀가루와 설탕을 8 : 5로 섞어 쿠키 반죽을 만들려고 합니다. 밀가루를 120 g 넣었다면 설탕은 몇 g 넣어야 하는지 구해 보세요.

(　　　　　　　　)

13 어떤 일을 끝내는 데 태호는 6일, 윤지는 8일이 걸렸다고 합니다. 태호와 윤지가 하루에 한 일의 양의 비를 간단한 자연수의 비로 나타내어 보세요. (단, 두 사람이 하루에 한 일의 양은 각각 일정합니다.)

(　　　　　　　　)

AI가 뽑은 정답률 낮은 문제

14 어떤 수를 9 : 5로 나누었더니 더 큰 수가 27이었습니다. 어떤 수를 구해 보세요.

79쪽 유형4

(　　　　　　　　)

15 시우네 가족 3명과 승기네 가족 4명이 함께 수확한 배추를 가족 수의 비로 나누어 가지기로 했습니다. 시우네 가족이 배추를 42포기 가졌다면 승기네 가족은 배추를 몇 포기 가졌는지 구해 보세요.

(　　　　　　　　)

AI가 뽑은 정답률 낮은 문제

16 조건에 맞게 □ 안에 알맞은 수를 써넣어 비례식을 완성해 보세요.

78쪽 유형 2

조건

- 비율은 $\frac{2}{3}$입니다.
- 외항의 곱은 108입니다.

□ : □ = 18 : □

17 타율은 타수에 대한 안타 수의 비율입니다. 어느 야구 선수의 타율이 0.24입니다. 이 선수가 안타를 12개 쳤다면 타수는 몇 번인지 구해 보세요.

(　　　　　　　　)

서술형

18 선아가 사탕 한 봉지를 사서 3개를 먹고, 남은 사탕을 빨간색 상자와 파란색 상자에 7 : 4로 나누어 넣었습니다. 파란색 상자에 넣은 사탕이 32개였을 때, 사탕 한 봉지에 들어 있던 사탕은 몇 개인지 풀이 과정을 쓰고 답을 구해 보세요.

풀이

답

AI가 뽑은 정답률 낮은 문제

19 태수는 집에서 846 m 떨어진 학교에 가는데 걸어가다가 어느 지점부터 뛰어가서 학교에 도착했습니다. 태수가 걸어간 거리는 뛰어간 거리의 $\frac{2}{7}$일 때, 뛰어간 거리는 몇 m인지 구해 보세요.

80쪽 유형 6

(　　　　　　　　)

AI가 뽑은 정답률 낮은 문제

20 두 원 ㉠, ㉡에서 겹쳐진 부분의 넓이는 ㉠의 $\frac{3}{8}$, ㉡의 40 %입니다. ㉠의 넓이가 48 cm^2일 때, ㉡의 넓이는 몇 cm^2인지 구해 보세요.

81쪽 유형 7

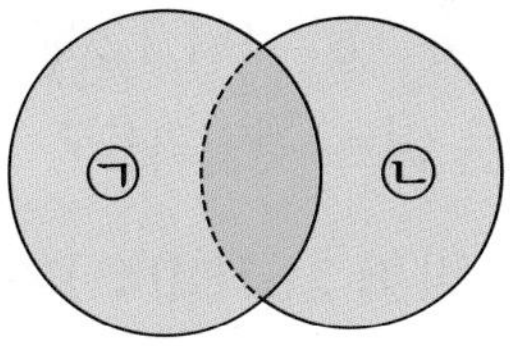

(　　　　　　　　)

점수

78~83쪽에서 같은 유형의 문제를 더 풀 수 있어요.

01 비례식에서 내항을 찾아 써 보세요.

5 : 15=25 : 75

(　　　　　　　　　　)

02 간단한 자연수의 비로 나타내려고 합니다. □ 안에 알맞은 수를 써넣으세요.

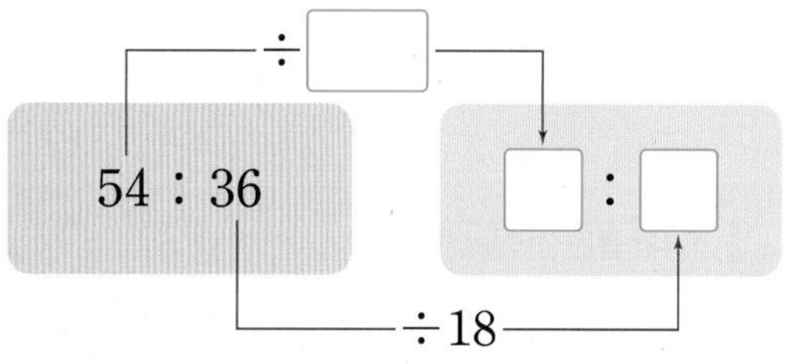

03 비례식 6 : 8=9 : 12에 대해 바르게 설명한 것은 어느 것인가요? (　　　)

① 두 비 6 : 8과 9 : 12의 전항은 6과 8이고 후항은 9와 12입니다.
② 외항의 곱은 108입니다.
③ 외항은 6과 12이고, 내항은 8과 9입니다.
④ 6 : 8의 비율과 9 : 12의 비율은 다릅니다.
⑤ 내항의 곱은 48입니다.

04 비율이 같은 두 비를 찾아 비례식을 세워 보세요.

36 : 16	0.9 : 0.5
45 : 25	0.2 : 0.08

(　　　　　　　　　　)

05~06 □ 안에 알맞은 수를 써넣으세요.

05 14 : 21=□ : 3

06 □ : 5=49 : 35

AI가 뽑은 정답률 낮은 문제

07 정사각형 ㉠과 ㉡의 넓이의 비를 간단한 자연수의 비로 나타내어 보세요.

78쪽 유형 1

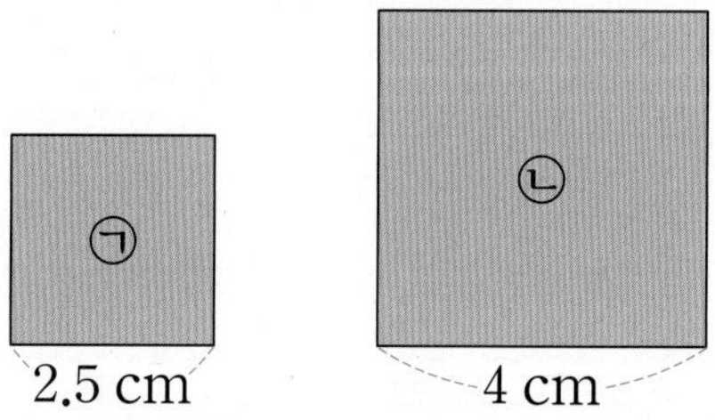

(　　　　　　　　　　)

08 비의 성질을 이용하여 비율이 같은 비를 2개 써 보세요.

45 : 15

(,)

09 $\frac{2}{7}$: 0.5와 0.4 : □를 각각 간단한 자연수의 비로 나타내면 비율이 서로 같습니다. □ 안에 알맞은 소수를 구해 보세요.

( )

10 비례식에서 외항의 곱이 20일 때, ㉠과 ㉡에 알맞은 수를 각각 구해 보세요.

㉠ : $\frac{1}{2}$ = ㉡ : $\frac{4}{5}$

㉠ ( )
㉡ ( )

11 오늘 고궁에 입장한 사람은 모두 1800명이고, 입장한 여자와 남자 수의 비는 5 : 4입니다. 오늘 고궁한 입장한 여자와 남자는 각각 몇 명인지 구해 보세요.

여자 ( )
남자 ( )

12 색종이를 주아는 78장 가지고 있고, 세아는 주아보다 13장 더 적게 가지고 있습니다. 주아와 세아가 가지고 있는 색종이 수의 비를 간단한 자연수의 비로 나타내어 보세요.

( )

13 오렌지 원액과 물의 양을 4 : 1로 하여 오렌지 주스를 만들려고 합니다. 오렌지 원액과 물을 합하여 10 L가 되도록 하려면 오렌지 원액은 몇 L를 넣어야 하는지 구해 보세요.

( )

서술형

14 성민이와 동생은 어머니의 생신 선물로 36000원짜리 화장품을 사려고 합니다. 돈을 성민이와 동생이 7 : 5로 나누어 내기로 했다면 누가 얼마를 더 많이 내야 하는지 차례대로 쓰려고 합니다. 풀이 과정을 쓰고 답을 구해 보세요.

풀이

답 ,

15 일주일 동안 아린이는 6시간, 언니는 9시간 동안 집안일을 돕고, 집안일을 도운 시간만큼 용돈을 받았습니다. 아린이가 받은 용돈이 32000원이라면 아린이와 언니가 받은 용돈은 모두 얼마인지 구해 보세요.

(　　　　　　　　　　)

16 윤서와 진아는 똑같은 문제집을 사려고 합니다. 이 문제집의 가격은 윤서가 가지고 있는 돈의 $\frac{1}{2}$이고, 진아가 가지고 있는 돈의 $\frac{2}{5}$입니다. 윤서와 진아가 가지고 있는 돈의 비을 간단한 자연수의 비로 나타내어 보세요.

(　　　　　　　　　　)

AI가 뽑은 정답률 낮은 문제

17 80쪽 유형 5

직선 가와 직선 나는 서로 평행합니다. 평행사변형과 삼각형의 넓이의 비가 6 : 5일 때, ㉠의 길이는 몇 cm인지 구해 보세요.

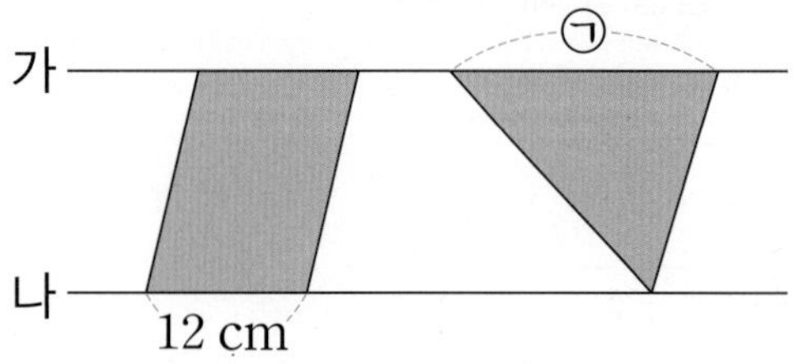

(　　　　　　　　　　)

18 가 페인트로 벽 6 m^2를 칠하는 데 450 mL가 필요하고, 나 페인트로 벽 3 m^2를 칠하는 데 180 mL가 필요합니다. 가 페인트 300 mL와 나 페인트 300 mL로 칠할 수 있는 벽의 넓이의 합은 몇 m^2인지 구해 보세요.

(　　　　　　　　　　)

19 **조건**을 만족하는 비의 전항과 후항의 합을 구해 보세요.

> 조건
> - 전항과 후항의 차가 9입니다.
> - 간단한 자연수의 비로 나타내면 7 : 4입니다.

(　　　　　　　　　　)

AI가 뽑은 정답률 낮은 문제　　서술형

20 82쪽 유형 10

지도에서의 거리와 실제 거리의 비가 1 : 5000인 지도에서 자로 거리를 재었더니 학교에서 공원까지는 3 cm, 공원에서 도서관까지는 2 cm였습니다. 학교에서 공원을 거쳐 도서관까지 가는 실제 거리는 몇 km인지 풀이 과정을 쓰고 답을 구해 보세요.

풀이

답

점수

78~83쪽에서 같은 유형의 문제를 더 풀 수 있어요.

01 두 비율을 보고 비례식을 세워 보세요.

$$\frac{7}{14}=\frac{35}{70}$$

(　　　　　　　　　　　　　　　　)

02 간단한 자연수의 비로 바르게 나타낸 것을 모두 찾아 기호를 써 보세요.

㉠ 1.5 : 4.5 ➔ 1 : 4
㉡ 27 : 6 ➔ 9 : 2
㉢ 400 : 20 ➔ 20 : 1
㉣ 3 : 8 ➔ 6 : 15

(　　　　　　　　　　　　　　　　)

03 간단한 자연수의 비로 나타내려고 합니다. □ 안에 알맞은 수를 써넣으세요.

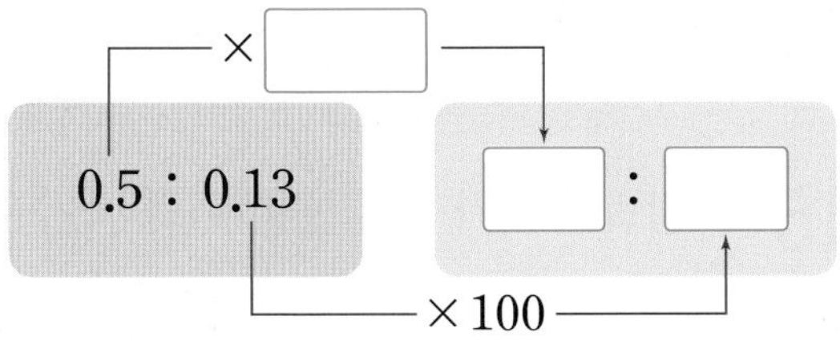

04 외항이 4와 120이고, 내항이 6과 8인 비례식을 세워 보세요.

(　　　　　　　　　　　　　　　　)

05 비율이 같은 두 비를 찾아 비례식을 세울 때, □ 안에 알맞은 비는 어느 것인가요?

(　　　　)

5 : 3=□

① 15 : 8　　② 15 : 9
③ 20 : 15　　④ 25 : 12
⑤ 25 : 20

06~07 108을 주어진 비로 나누어 보세요.

06 5 : 7 ➔ □, □

07 13 : 5 ➔ □, □

08 삼각형의 높이와 밑변의 길이의 비를 간단한 자연수의 비로 나타내어 보세요.

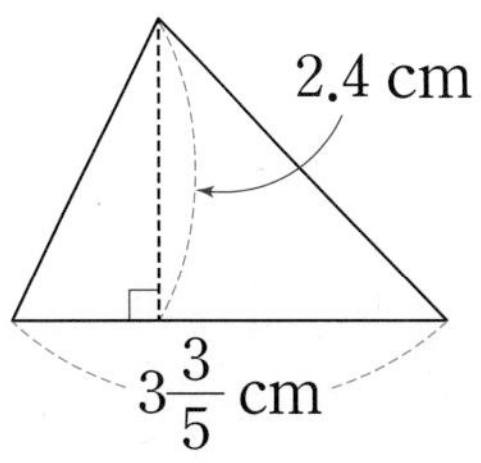

(　　　　　　　　　　)

09 전항이 6인 비의 비율이 $\frac{2}{7}$일 때, 후항은 얼마인지 구해 보세요.

( )

10 비례식에서 내항의 곱이 36일 때, □ 안에 알맞은 수를 써넣으세요.

12 : ㉠ = ㉡ : □

11 □ 안에 알맞은 수가 가장 작은 비례식을 찾아 기호를 써 보세요.

㉠ □ : 36 = $\frac{2}{3}$: 4

㉡ 7.2 : 9 = □ : 45

㉢ 20 : □ = 4 : $\frac{2}{5}$

( )

12 사탕이 24개에 8000원입니다. 같은 사탕 9개는 얼마인지 구해 보세요.

( )

13 밑변의 길이가 20 cm, 높이가 10 cm인 평행사변형을 넓이의 비가 7 : 3이 되도록 두 개의 평행사변형으로 나누었습니다. 더 넓은 부분의 넓이는 몇 cm^2인지 구해 보세요.

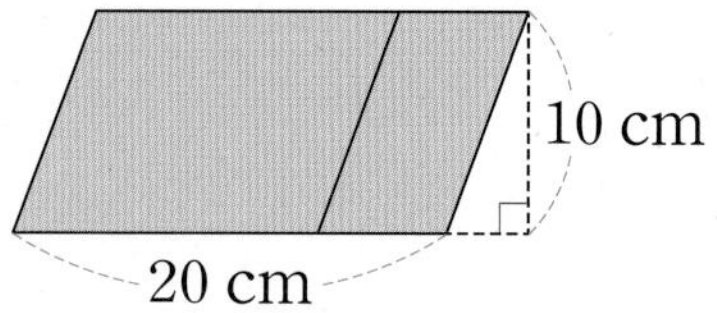

( )

AI가 뽑은 정답률 낮은 문제 서술형

14 어떤 수를 $\frac{1}{4}$: $\frac{1}{3}$로 나누었더니 더 큰 수가 120이었습니다. 어떤 수는 얼마인지 풀이 과정을 쓰고 답을 구해 보세요.

79쪽 유형4

풀이

답

15 모양과 크기가 다른 물통 가와 나가 있습니다. 가 물통에 들어 있는 물의 $\frac{3}{4}$을 빈 나 물통에 부었더니 $\frac{7}{8}$만큼 물이 찼습니다. 가 물통과 나 물통의 들이의 비를 간단한 자연수의 비로 나타내어 보세요.

( )

16 선분 ㄱㄴ을 7 : 3으로 나눈 곳을 점 ㄷ, 선분 ㄱㄴ을 3 : 2로 나눈 곳을 점 ㄹ로 표시했습니다. 선분 ㄱㄴ의 길이가 50 cm일 때, 선분 ㄹㄷ의 길이는 몇 cm인지 구해 보세요.

( )

17 우식이는 가지고 있던 연필 18자루 중 몇 자루를 동생에게 주었습니다. 동생에게 준 연필 수가 우식이에게 남은 연필 수의 0.8이라면 동생에게 준 연필은 몇 자루인지 구해 보세요.

( )

18 넓이가 315 cm^2이고, 가로와 세로의 비가 5 : 7인 직사각형이 있습니다. 이 직사각형의 가로는 몇 cm인지 구해 보세요.

( )

AI가 뽑은 정답률 낮은 문제 서술형

19 1 L의 휘발유로 14 km를 갈 수 있는 자동차가 1시간 12분 동안 84 km를 갔습니다. 이 자동차가 같은 빠르기로 2시간 동안 간다면 필요한 휘발유의 양은 몇 L인지 풀이 과정을 쓰고 답을 구해 보세요. (단, 1 km를 가는 데 사용하는 휘발유의 양은 일정합니다.)

81쪽 유형 8

풀이

답

AI가 뽑은 정답률 낮은 문제

20 운동장에 있던 남학생과 여학생 수의 비는 6 : 5였습니다. 남학생 몇 명이 교실로 들어가서 남학생과 여학생 수의 비가 4 : 5, 운동장에 있는 학생이 모두 45명이 되었습니다. 교실로 들어간 남학생은 몇 명인지 구해 보세요. (단, 운동장에 있는 여학생 수는 변함이 없습니다.)

83쪽 유형 12

( )

3회 7번

유형 1 도형의 넓이의 비를 간단한 자연수의 비로 나타내기

직사각형과 정사각형의 넓이의 비를 간단한 자연수의 비로 나타내어 보세요.

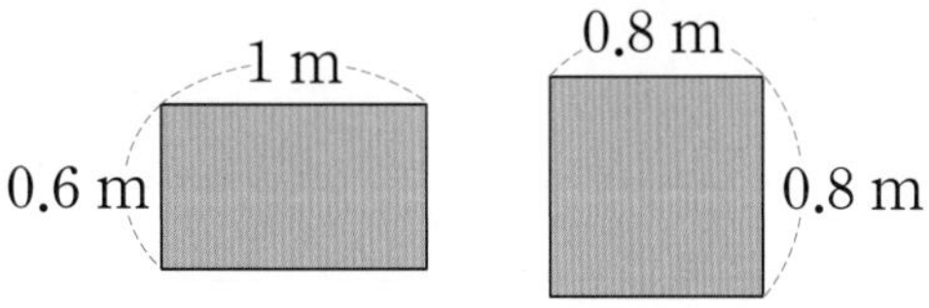

(　　　　　　　　)

Tip 먼저 도형의 넓이를 각각 구한 다음 두 도형의 넓이를 비로 나타내요.

1-1 직사각형과 정사각형의 넓이의 비를 간단한 자연수의 비로 나타내어 보세요.

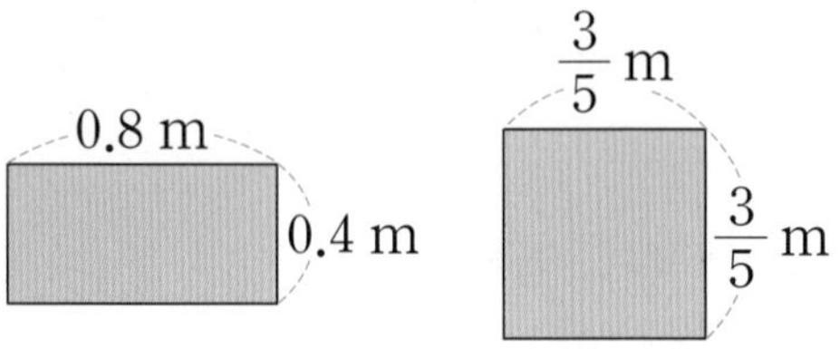

(　　　　　　　　)

1-2 한 모서리의 길이가 각각 2 cm, 3 cm인 두 정육면체의 겉넓이의 비를 간단한 자연수의 비로 나타내어 보세요.

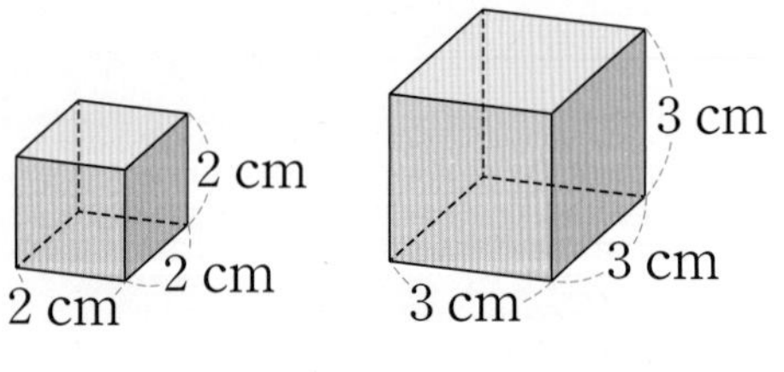

(　　　　　　　　)

2회 16번

유형 2 조건에 맞게 비례식 완성하기

조건에 맞게 □ 안에 알맞은 수를 써넣어 비례식을 완성해 보세요.

조건
- 비율은 $\frac{1}{4}$입니다.
- 내항의 곱은 192입니다.

$\square : \square = \square : 64$

Tip 비율을 비로 나타내고 조건에 맞는 비례식을 완성해요.

2-1 **조건**에 맞게 □ 안에 알맞은 수를 써넣어 비례식을 완성해 보세요.

조건
- 비율은 $\frac{3}{2}$입니다.
- 내항의 곱은 84입니다.

$21 : \square = \square : \square$

2-2 **조건**에 맞게 □ 안에 알맞은 수를 써넣어 비례식을 완성해 보세요.

조건
- 비율은 $\frac{2}{5}$입니다.
- 내항의 곱은 120입니다.

$\square : 15 = \square : \square$

1회 15번

유형 3 비례배분을 이용하여 도형의 넓이 구하기

길이가 44 cm인 끈을 겹치지 않게 모두 사용하여 가로와 세로의 비가 4 : 7인 직사각형을 만들었습니다. 만든 직사각형의 넓이는 몇 cm^2인지 구해 보세요.

(　　　　　　)

Tip 가로와 세로의 길이의 합을 전체로 생각하고 주어진 비로 비례배분 하여 가로와 세로가 각각 몇 cm인지 구해요.

3-1 길이가 84 cm의 실을 겹치지 않게 모두 사용하여 가로와 세로의 비가 5 : 2인 직사각형을 만들었습니다. 만든 직사각형의 넓이는 몇 cm^2인지 구해 보세요.

(　　　　　　)

3-2 길이가 60 cm의 철사를 겹치지 않게 모두 사용하여 가로와 세로의 비가 2 : 3인 직사각형을 만들었습니다. 만든 직사각형의 넓이는 몇 cm^2인지 구해 보세요.

(　　　　　　)

3-3 길이가 56 cm인 털실을 겹치지 않게 모두 사용하여 둘레의 비가 3 : 4인 정사각형과 마름모를 각각 만들었습니다. 만든 정사각형과 마름모의 넓이의 비가 3 : 4일 때, 마름모의 넓이는 몇 cm^2인지 구해 보세요.

(　　　　　　)

2회 14번 4회 14번

유형 4 비례배분 하기 전의 전체 양 구하기

어떤 수를 2 : 3으로 나누었더니 더 큰 수가 210이었습니다. 어떤 수를 구해 보세요.

(　　　　　　)

Tip 어떤 수를 □라고 하여 비례배분을 이용해요.

4-1 어떤 수를 4 : 3으로 나누었더니 더 큰 수가 96이었습니다. 어떤 수를 구해 보세요.

(　　　　　　)

4-2 용돈을 연아와 동생이 6 : 5로 나누어 가졌더니 더 많이 가져간 사람이 7200원을 가졌습니다. 처음에 있던 용돈은 얼마였는지 구해 보세요.

(　　　　　　)

4-3 친구 두 명이 구슬을 7 : 6으로 나누어 가졌더니 더 많이 가져간 사람이 42개를 가졌습니다. 처음 구슬은 몇 개이고, 구슬을 더 많이 가져간 친구가 몇 개를 주면 두 사람의 구슬의 개수가 같아지는지 차례대로 써 보세요.

(　　　　　,　　　　　)

3회 17번

유형 5 평행한 두 직선 사이에 있는 도형의 변의 길이 구하기

직선 가와 직선 나는 서로 평행합니다. 사다리꼴과 평행사변형의 넓이의 비가 3 : 2일 때, ㉠의 길이는 몇 cm인지 구해 보세요.

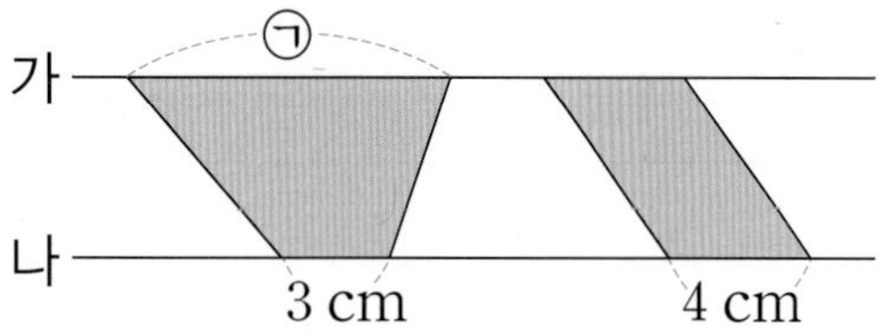

( )

Tip 평행한 두 직선이므로 사다리꼴과 평행사변형의 높이는 같음을 이용하여 넓이에 대한 비례식을 세워요.

5-1 직선 가와 직선 나는 서로 평행합니다. 삼각형과 직사각형의 넓이의 비가 4 : 3일 때, ㉠의 길이는 몇 cm인지 구해 보세요.

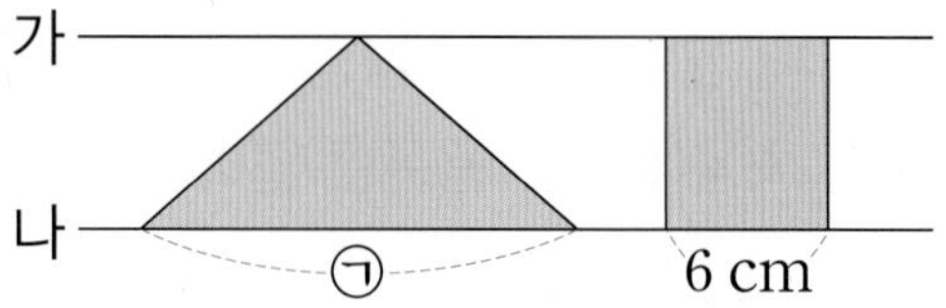

( )

5-2 직선 가와 직선 나는 서로 평행합니다. 삼각형과 직사각형의 넓이의 비가 3 : 7이고, 삼각형과 사다리꼴의 넓이의 비는 6 : 5입니다. ㉠의 길이는 몇 cm인지 구해 보세요.

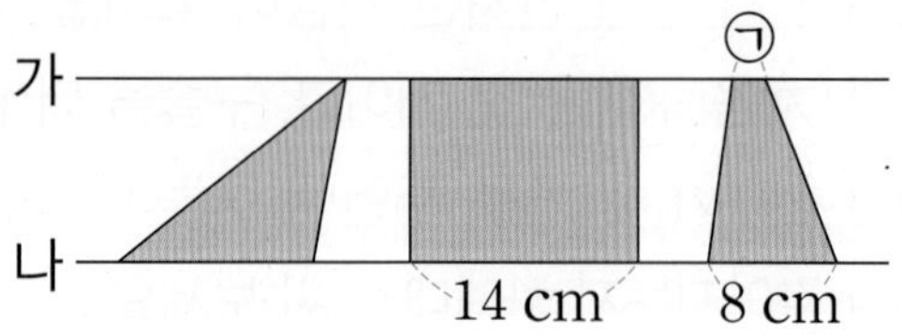

( )

2회 19번

유형 6 비로 나타내어 비례배분 하기

민지는 지하철과 버스를 타고 65 km 떨어진 삼촌 댁에 갔습니다. 지하철로 간 거리는 버스로 간 거리의 $\frac{5}{8}$일 때, 민지가 버스로 간 거리는 몇 km인지 구해 보세요.

( )

Tip 먼저 버스로 간 거리를 1로 생각하여 지하철로 간 거리와 버스로 간 거리의 비를 간단한 자연수의 비로 나타내요.

6-1 태산이는 기차와 택시를 타고 144 km 떨어진 할머니 댁에 갔습니다. 택시로 간 거리는 기차로 간 거리의 $\frac{2}{7}$일 때, 태산이가 기차로 간 거리는 몇 km인지 구해 보세요.

( )

6-2 연진이네 학교 학생은 375명입니다. 여학생 수는 남학생 수의 $\frac{7}{8}$일 때, 연진이네 학교 남학생은 몇 명인지 구해 보세요.

( )

6-3 수지와 동생은 거리가 612 m인 직선 도로의 양쪽 끝에서 서로 마주 보고 달리다가 만났습니다. 동생이 달린 거리는 수지가 달린 거리의 $\frac{5}{7}$일 때, 수지와 동생이 달린 거리의 차는 몇 m인지 구해 보세요.

( )

2회 20번

유형 7 겹쳐진 두 도형의 넓이의 비 구하기

삼각형 ㉠, ㉡에서 겹쳐진 부분의 넓이는 ㉠의 40 %, ㉡의 $\frac{3}{7}$입니다. ㉠과 ㉡의 넓이의 비를 간단한 자연수의 비로 나타내어 보세요.

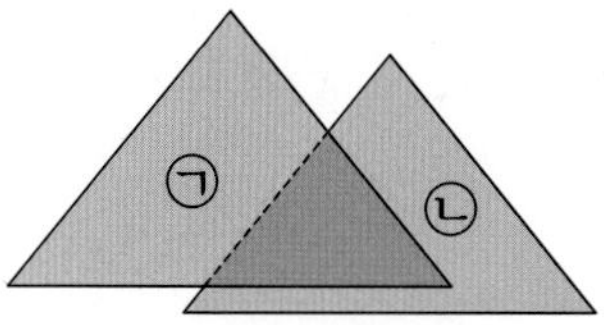

(　　　　　　　　)

Tip ㉠×■=㉡×▲를 비례식의 성질을 이용하여 비례식으로 나타내면 ㉠ : ㉡=▲ : ■예요.

7-1 삼각형 ㉠과 직사각형 ㉡에서 겹쳐진 부분의 넓이는 ㉠의 30 %, ㉡의 0.45입니다. ㉠과 ㉡의 넓이의 비를 간단한 자연수의 비로 나타내어 보세요.

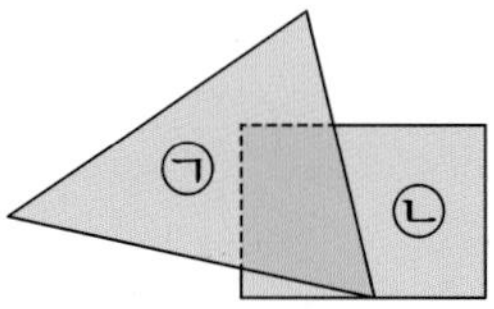

(　　　　　　　　)

7-2 원 ㉠과 사각형 ㉡이 겹쳐져 있습니다. ㉠과 ㉡의 넓이의 비는 3 : 2이고, 겹쳐진 부분의 넓이는 ㉠의 $\frac{2}{5}$입니다. 겹쳐진 부분의 넓이는 ㉡의 몇 %인지 구해 보세요.

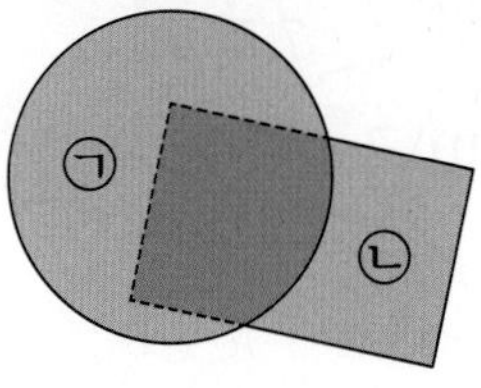

(　　　　　　　　)

4회 18번

유형 8 빠르기에 대한 문제 해결하기

1 L의 휘발유로 12 km를 갈 수 있는 자동차가 1시간 48분 동안 108 km를 갔습니다. 이 자동차가 같은 빠르기로 3시간 동안 간다면 필요한 휘발유의 양은 몇 L인지 구해 보세요. (단, 1 km를 가는 데 사용하는 휘발유의 양은 일정합니다.)

(　　　　　　　　)

Tip 일정한 빠르기로 달리는 자동차에서 시간과 거리의 비율은 같음을 이용해서 비례식을 세워요.

8-1 1 L의 휘발유로 16 km를 갈 수 있는 자동차가 2시간 동안 120 km를 갔습니다. 이 자동차가 같은 빠르기로 3시간 12분 동안 간다면 필요한 휘발유의 양은 몇 L인지 구해 보세요. (단, 1 km를 가는 데 사용하는 휘발유의 양은 일정합니다.)

(　　　　　　　　)

8-2 어느 기차가 길이가 260 m인 터널을 완전히 통과하는 데 8초가 걸리고, 길이가 580 m인 터널을 완전히 통과하는 데 16초가 걸립니다. 이 기차의 길이는 몇 m인지 구해 보세요. (단, 기차는 일정한 빠르기로 달립니다.)

(　　　　　　　　)

1회 19번

유형 9 톱니바퀴의 회전수 구하기

맞물려 돌아가는 두 톱니바퀴 ㉮와 ㉯가 있습니다. ㉮의 톱니는 15개이고, ㉯의 톱니는 20개입니다. ㉮가 24바퀴 도는 동안 ㉯는 몇 바퀴 도는지 구해 보세요.

(　　　　　　　　)

Tip 톱니 수의 비가 ■ : ▲이면 회전수의 비는 ▲ : ■예요.

9-1 맞물려 돌아가는 두 톱니바퀴 ㉮와 ㉯가 있습니다. ㉮의 톱니는 30개이고, ㉯의 톱니는 25개입니다. ㉮가 10바퀴 도는 동안 ㉯는 몇 바퀴 도는지 구해 보세요.

(　　　　　　　　)

9-2 맞물려 돌아가는 두 톱니바퀴 ㉮와 ㉯가 있습니다. ㉮가 21바퀴 도는 동안 ㉯는 28바퀴를 돕니다. ㉮의 톱니가 36개일 때, 두 톱니바퀴 중 어느 것의 톱니가 몇 개 더 많은지 차례대로 써 보세요.

(　　　　　,　　　　　)

3회 20번

유형 10 실제 거리 구하기

지도에서의 거리와 실제 거리의 비가 1 : 20000인 지도에서 자로 거리를 재었더니 찬우네 집에서 도서관까지는 2 cm, 도서관에서 공원까지는 6 cm였습니다. 찬우네 집에서 도서관을 거쳐 공원까지 가는 실제 거리는 몇 km인지 구해 보세요.

(　　　　　　　　)

Tip 실제 거리를 □ km라고 하고 비례식을 세워요. 이때 1 km＝100000 cm이므로 단위에 주의해요.

10-1 지도에서의 거리와 실제 거리의 비가 1 : 15000인 지도에서 자로 거리를 재었더니 약국에서 체육관까지는 5 cm, 체육관에서 영화관까지는 9 cm였습니다. 약국에서 체육관을 거쳐 영화관까지 가는 실제 거리는 몇 km인지 구해 보세요.

(　　　　　　　　)

10-2 지도에서의 거리와 실제 거리의 비가 1 : 500000인 지도에서 자로 가, 나, 다 마을 사이의 거리를 잰 것입니다. 가 마을에서 나 마을을 거쳐 다 마을까지 가는 실제 거리와 가 마을에서 다 마을까지 바로 가는 실제 거리의 차는 몇 km인지 구해 보세요.

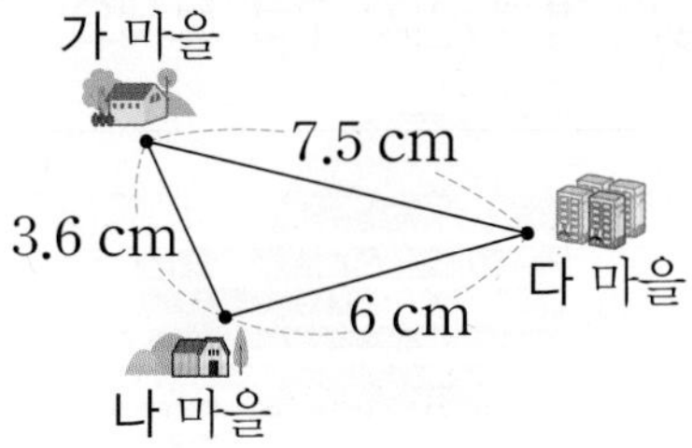

(　　　　　　　　)

1회 20번

유형 11 이익금을 배분하는 문제 해결하기

가 회사와 나 회사가 각각 320만 원, 400만 원을 투자하여 얻은 이익금 27만 원을 투자한 금액의 비로 나누어 가져습니다. 가 회사와 나 회사가 받은 이익금은 각각 얼마인지 구해 보세요.

가 회사 (　　　　　　　　)
나 회사 (　　　　　　　　)

Tip 가 회사와 나 회사가 투자한 금액의 비를 간단한 자연수의 비로 나타내고, 비례배분을 이용해요.

11-1 가 회사와 나 회사가 각각 720만 원, 560만 원을 투자하여 받은 이익금 96만 원을 투자한 금액의 비로 나누어 가졌습니다. 가 회사와 나 회사가 같은 비율로 다시 투자할 때 가 회사가 받을 수 있는 이익금이 108만 원이 되려면 가 회사는 얼마를 투자해야 하는지 구해 보세요. (단, 투자한 금액에 대한 이익금의 비율은 항상 일정합니다.)

(　　　　　　　　)

11-2 가 회사와 나 회사가 각각 420만 원, 300만 원을 투자하여 받은 이익금을 투자한 금액의 비로 나누어 투자금과 함께 돌려받기로 했습니다. 가 회사가 455만 원을 돌려받았을 때, 나 회사는 얼마를 돌려받았는지 구해 보세요.

(　　　　　　　　)

4회 20번

유형 12 비가 바뀔 때의 문제 해결하기

어느 초등학교의 남학생과 여학생 수의 비는 7 : 6이었습니다. 남학생 몇 명이 전학을 가서 남학생과 여학생 수의 비가 9 : 8, 전체 학생은 714명이 되었습니다. 전학을 간 남학생은 몇 명인지 구해 보세요. (단, 여학생 수는 변함이 없습니다.)

(　　　　　　　　)

Tip 전체 학생 수를 이용하여 현재 여학생과 남학생 수를 구한 후, 전학 가기 전 남학생 수를 □명이라 하여 비례식을 세워요.

12-1 지난달 경민이네 학교 6학년 남학생과 여학생 수의 비는 7 : 6이었습니다. 이번 달에 여학생 몇 명이 전학을 와서 남학생과 여학생 수의 비가 8 : 7, 전체 학생은 210명이 되었습니다. 전학을 온 여학생은 몇 명인지 구해 보세요. (단, 남학생 수는 변함이 없습니다.)

(　　　　　　　　)

12-2 민아가 가지고 있던 빨간색 구슬과 파란색 구슬 수의 비는 11 : 10이었습니다. 동생에게 빨간색 구슬을 몇 개 주었더니 구슬은 모두 198개, 빨간색 구슬과 파란색 구슬 수의 비는 4 : 5가 되었습니다. 동생에게 준 빨간색 구슬을 몇 개인지 구해 보세요. (단 파란색 구슬 수는 변함이 없습니다.)

(　　　　　　　　)

5 원의 넓이

개념 정리 5단원 원의 넓이

개념 1 원주와 지름의 관계

◆원주

원의 둘레를 **원주**라고 합니다. → 원의 지름이 길어지면 원주도 길어집니다.

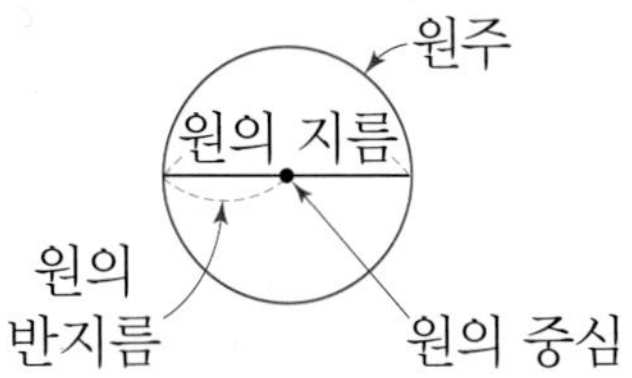

◆정다각형을 이용하여 지름과 원주 비교하기

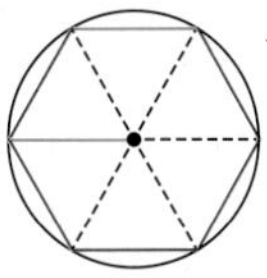

→ 정육각형의 둘레는 원의 지름의 3배입니다.

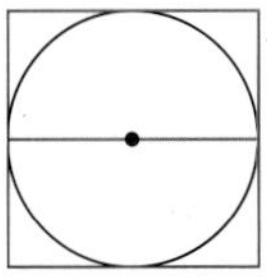

→ 정사각형의 둘레는 원의 지름의 4배입니다.

원주는 원의 지름의 3배보다 길고, 원의 지름의 □배보다 짧습니다.

개념 2 원주율

◆원주율

원의 지름에 대한 원주의 비율을 **원주율**이라고 합니다.

$$(\square)=(원주)\div(지름)$$

원주율을 소수로 나타내면 3.1415926535……와 같이 끝없이 계속되므로 필요에 따라 3, 3.1, 3.14 등으로 어림하여 사용하기도 합니다.

> **참고**
> 원의 크기와 상관없이 원주율은 항상 일정해요.

개념 3 원주와 지름 구하기

◆지름을 알 때, 원주 구하기

(원주)=(지름)×(원주율)

◆원주를 알 때, 지름 구하기

(지름)=(원주)÷(□)

개념 4 원의 넓이 어림하기

◆반지름이 5 cm인 원의 넓이 어림하기

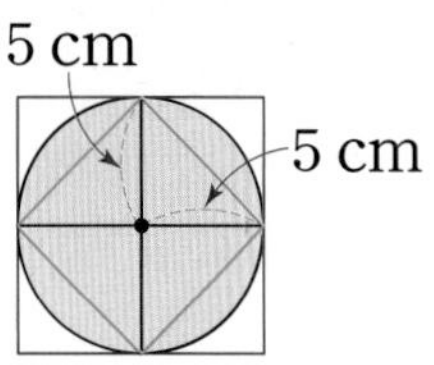

원의 넓이는 원 안의 초록색 마름모의 넓이 50 cm²보다 넓고, 원 밖의 빨간색 정사각형의 넓이 □ cm²보다 좁습니다.

개념 5 원의 넓이 구하는 방법

◆원을 직사각형으로 바꾸어 원의 넓이 구하기

원을 한없이 잘게 잘라서 이어 붙이면 직사각형이 됩니다.

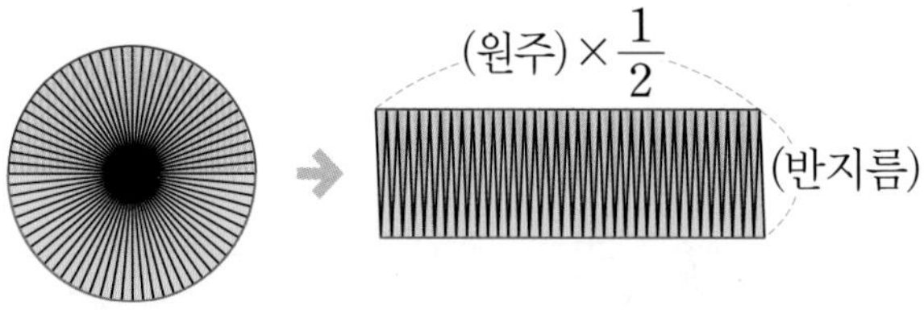

$$(원의 넓이)=(원주)\times\square\times(반지름)$$
$$=(원주율)\times(지름)\times\frac{1}{2}\times(반지름)$$
$$=(반지름)\times(반지름)\times(원주율)$$

개념 6 원의 넓이 활용하기

◆색칠한 부분의 넓이 구하기 (원주율: 3)

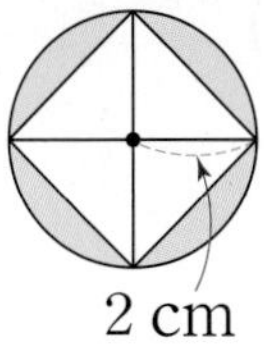

(원의 넓이)−(마름모의 넓이)

$=\square\times2\times3-4\times4\div2$

$=4(cm^2)$

정답 ❶ 4 ❷ 원주율 ❸ 원주율 ❹ 100 ❺ $\frac{1}{2}$ ❻ 2

점수

98~103쪽에서 같은 유형의 문제를 더 풀 수 있어요.

01 빈칸에 알맞은 수를 써넣으세요.

원주(cm)	지름(cm)	(원주)÷(지름)
6.28	2	
9.42	3	

AI가 뽑은 정답률 낮은 문제

02 지름이 10 cm인 원의 넓이를 어림하려고 합니다. □ 안에 알맞은 수를 써넣으세요.

98쪽 유형 1

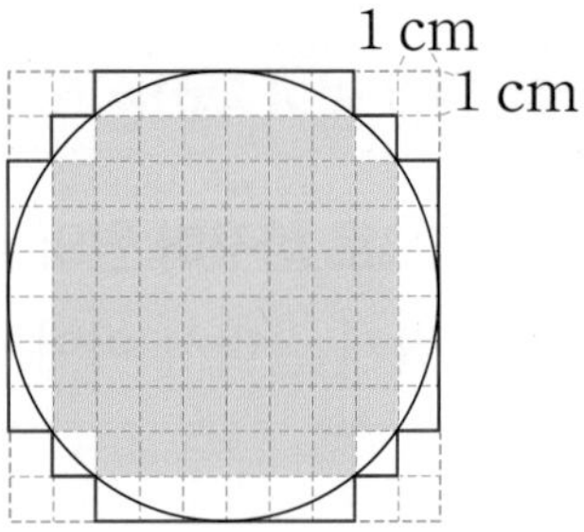

원 안의 초록색 모눈은 □칸이고, 원 밖의 빨간색 선 안쪽 모눈은 □칸입니다.
따라서 원의 넓이는 □ cm^2보다 넓고, □ cm^2보다 좁습니다.

03 반지름이 4 cm인 원의 원주는 몇 cm인지 구해 보세요. (원주율: 3.14)

(   )

04 지름이 14 cm인 원의 넓이는 몇 cm^2인지 구해 보세요. (원주율: 3.1)

(   )

05 설명이 잘못된 것을 찾아 기호를 써 보세요.

㉠ 원의 둘레를 원주라고 합니다.
㉡ 원주율을 반올림하여 소수 둘째 자리까지 나타내면 3.14입니다.
㉢ 원주율은 항상 일정합니다.
㉣ 원주에 대한 원의 지름의 비율을 원주율이라고 합니다.

(   )

06 원을 한없이 잘게 잘라서 이어 붙이면 직사각형이 됩니다. □ 안에 알맞은 수를 써넣으세요. (원주율: 3.1)

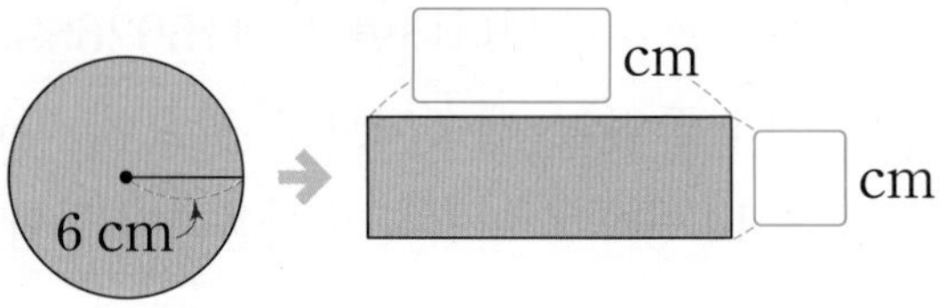

07 넓이가 77.5 cm^2인 원의 반지름은 몇 cm인지 구해 보세요. (원주율: 3.1)

(   )

08 길이가 124 cm인 종이띠를 겹치지 않게 붙여서 원을 만들었습니다. 만든 원의 지름은 몇 cm인지 구해 보세요. (원주율: 3.1)

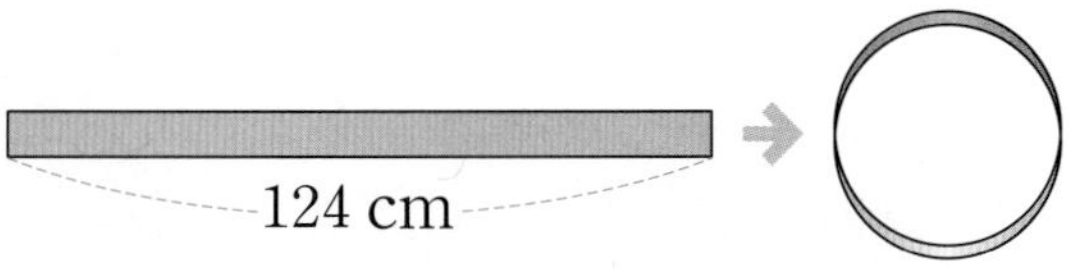

(　　　　　　　　　　)

AI가 뽑은 정답률 낮은 문제

09 두 원의 크기를 비교하여 ◯ 안에 >, =, <를 알맞게 써넣으세요. (원주율: 3)

98쪽 유형 2

원주가 66 cm인 원	◯	지름이 24 cm인 원

10 반원의 둘레는 몇 cm인지 구해 보세요. (원주율: 3.1)

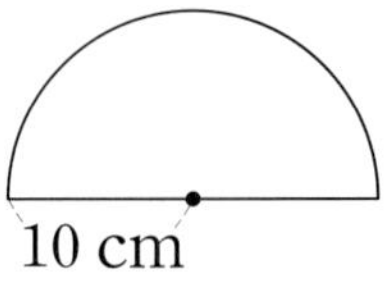

(　　　　　　　　　　)

서술형

11 지름이 28 cm인 원 모양의 굴렁쇠를 몇 바퀴 굴렸더니 3 m 36 cm만큼 굴러갔습니다. 굴렁쇠를 몇 바퀴 굴린 것인지 풀이 과정을 쓰고 답을 구해 보세요. (원주율: 3)

풀이

답

AI가 뽑은 정답률 낮은 문제

12 직사각형 모양의 종이를 잘라 만들 수 있는 가장 큰 원의 넓이는 몇 cm^2인지 구해 보세요. (원주율: 3.1)

101쪽 유형 7

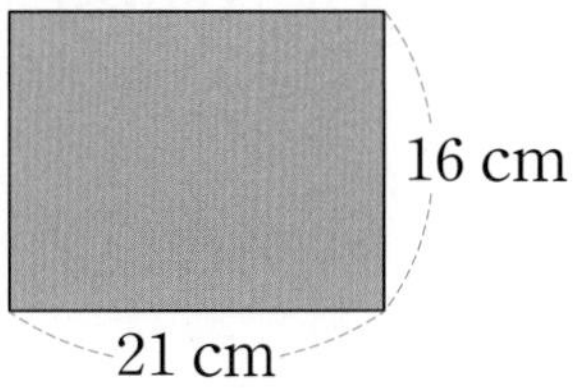

(　　　　　　　　　　)

AI가 뽑은 정답률 낮은 문제

13 색칠한 부분의 둘레는 몇 cm인지 구해 보세요. (원주율: 3.1)

101쪽 유형 8

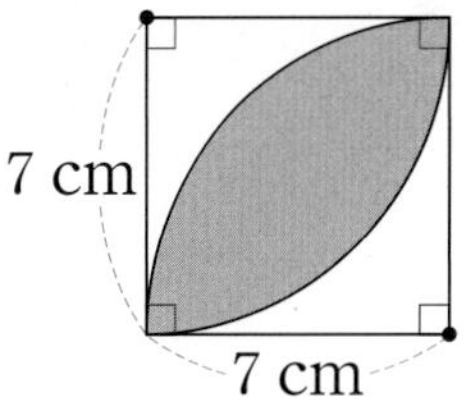

(　　　　　　　　　　)

14 컴퍼스를 이용하여 그림과 같이 나비 문양을 그렸습니다. 그린 문양의 넓이는 몇 cm^2인지 구해 보세요. (원주율: 3.1)

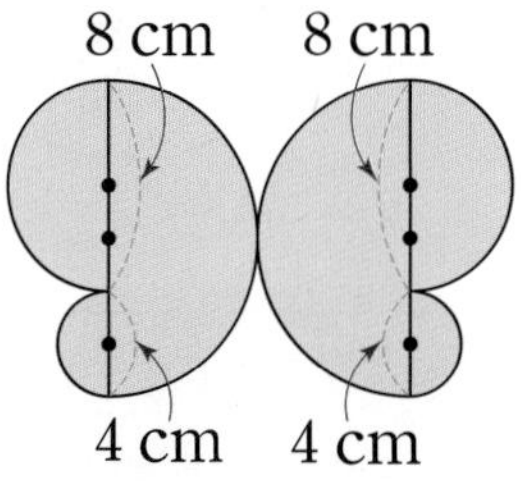

(　　　　　　　　　　)

15 넓이가 $198.4\ cm^2$인 원의 둘레에 0.8 cm 간격으로 점을 찍으려고 합니다. 점은 모두 몇 개 찍을 수 있는지 구해 보세요. (단, 점의 두께는 생각하지 않습니다.)

(원주율: 3.1)

(　　　　　　　　)

16 정사각형 안에 원주가 24.8 cm인 원 4개를 꼭 맞게 그렸습니다. 색칠하지 않은 부분의 넓이는 몇 cm^2인지 구해 보세요.

(원주율: 3.1)

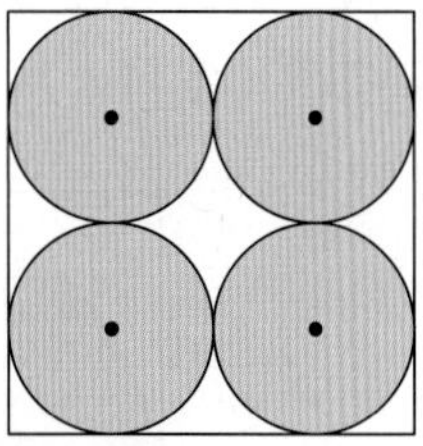

(　　　　　　　　)

서술형

17 색칠한 부분의 넓이는 몇 cm^2인지 풀이 과정을 쓰고 답을 구해 보세요.

(원주율: 3.14)

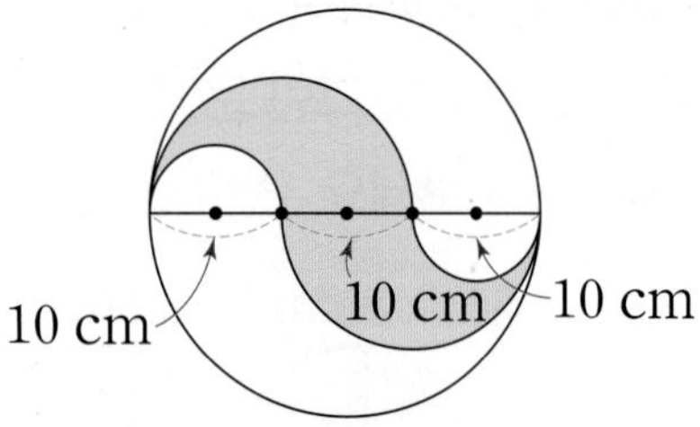

풀이

답

18 지은이는 두꺼운 종이 두 장을 오려서 그림과 같이 만들었습니다. 사용한 종이의 넓이는 몇 cm^2인지 구해 보세요. (원주율: 3)

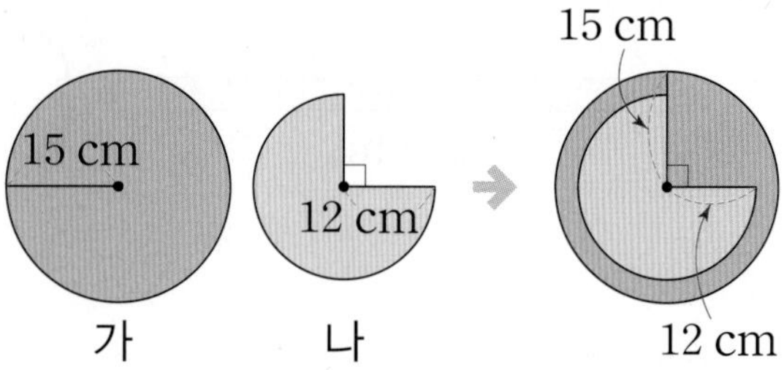

(　　　　　　　　)

19 반지름이 3 cm인 원이 직선을 한 바퀴 굴러 이동할 때, 원이 지나간 자리의 넓이는 몇 cm^2인지 구해 보세요. (원주율: 3)

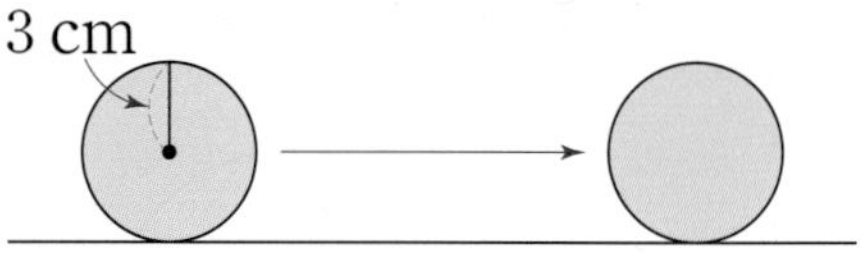

(　　　　　　　　)

20 ㉠과 ㉡의 넓이의 차는 몇 cm^2인지 구해 보세요. (원주율: 3)

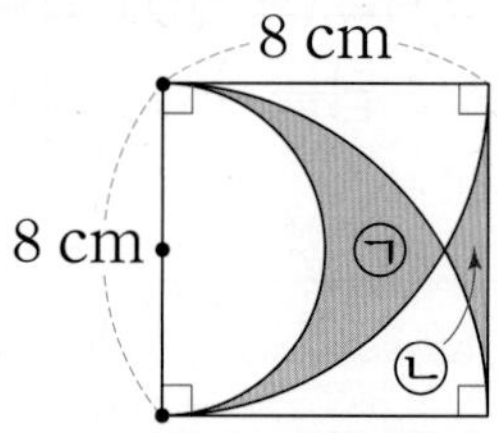

(　　　　　　　　)

점수

98~103쪽에서 같은 유형의 문제를 더 풀 수 있어요.

01 지름이 6 cm인 원의 둘레를 어림하려고 합니다. 한 변의 길이가 3 cm인 정육각형, 한 변의 길이가 6 cm인 정사각형을 보고 □ 안에 알맞은 수를 써넣으세요.

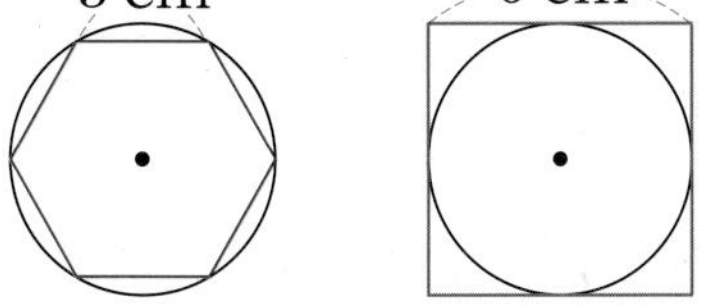

정육각형의 둘레는 □ cm이고,
정사각형의 둘레는 □ cm입니다.
따라서 원주는 □ cm보다 길고,
□ cm보다 짧습니다.

02 지름이 13 cm인 원 모양의 컵 받침대의 원주는 몇 cm인지 구해 보세요.

(원주율: 3.1)

( )

03 컴퍼스를 10 cm만큼 벌려 그린 원의 넓이는 몇 cm^2인지 구해 보세요.

(원주율: 3.14)

( )

04 두 원의 넓이의 차는 몇 cm^2인지 구해 보세요. (원주율: 3)

㉠ 반지름이 15 cm인 원
㉡ 반지름이 11 cm인 원

( )

05 잘못 설명한 사람은 누구인지 이름을 써 보세요.

- 가은: 반지름이 2배가 되어도 원주율은 변하지 않습니다.
- 다연: 반지름이 2배가 되면 원의 넓이도 2배가 됩니다.

( )

서술형

06 여러 가지 원 모양이 들어 있는 악기가 있습니다. 원주율을 구하고, 원주율에 대해 알 수 있는 것을 써 보세요.

악기	지름(cm)	원주(cm)
징	25	78.5
장구	45	141.3

답

07 원주가 가장 긴 원을 찾아 기호를 써 보세요. (원주율: 3)

㉠ 반지름이 3 cm인 원
㉡ 넓이가 48 cm^2인 원
㉢ 원주가 30 cm인 원

( )

5 단원

08 넓이가 697.5 cm^2인 원 모양의 피자를 밑면이 정사각형 모양인 사각기둥 모양의 상자에 담으려고 합니다. 상자 밑면의 한 변의 길이는 몇 cm 이상이어야 하는지 구해 보세요. (원주율: 3.1)

( )

서술형

09 상하는 정사각형 모양, 지희는 원 모양의 종이를 가지고 있습니다. 누구의 종이의 넓이가 몇 cm^2 더 넓은지 차례대로 쓰려고 합니다. 풀이 과정을 쓰고 답을 구해 보세요. (원주율: 3.14)

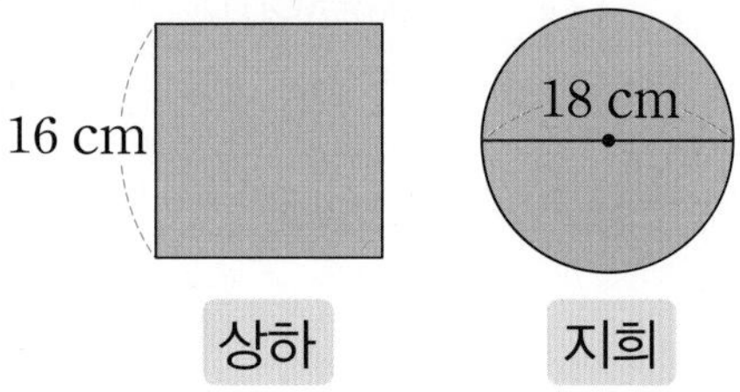

풀이

답 ,

AI가 뽑은 정답률 낮은 문제

10 지름이 55 cm인 훌라후프를 집에서 학교까지 굴렸습니다. 훌라후프를 12바퀴 굴렸다면 집에서 학교까지의 거리는 몇 m인지 구해 보세요. (원주율: 3.1)

99쪽 유형3

( )

AI가 뽑은 정답률 낮은 문제

11 길이가 31 cm인 철사를 사용하여 원을 한 개 만들려고 합니다. 만들 수 있는 가장 큰 원의 넓이는 몇 cm^2인지 구해 보세요. (원주율: 3.1)

99쪽 유형4

( )

AI가 뽑은 정답률 낮은 문제

12 넓이가 523.9 cm^2인 원의 원주는 몇 cm인지 구해 보세요. (원주율: 3.1)

100쪽 유형5

( )

13 꽃밭의 둘레는 몇 m인지 구해 보세요. (원주율: 3.14)

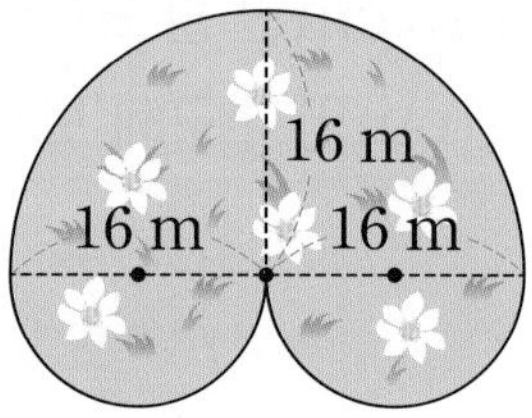

( )

14 색칠한 부분의 넓이는 몇 cm^2인지 구해 보세요. (원주율: 3)

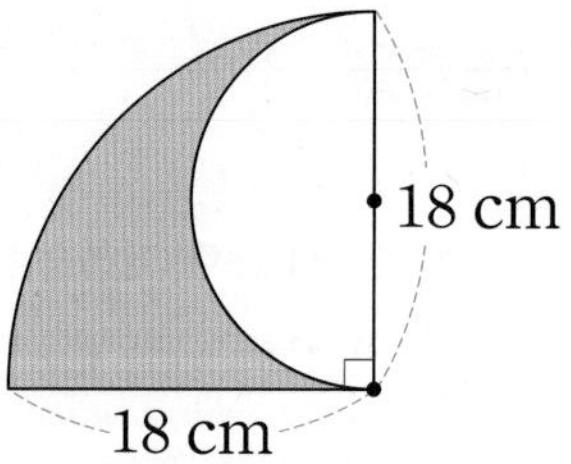

( )

15 색칠한 부분의 넓이가 9.3 cm^2일 때, 원의 넓이는 몇 cm^2인지 구해 보세요.

(원주율: 3.1)

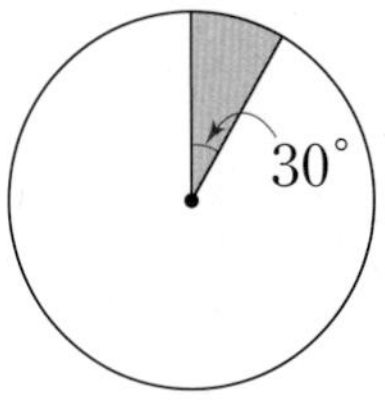

(　　　　　　　　)

AI가 뽑은 정답률 낮은 문제

16 색칠한 부분의 넓이는 몇 cm^2인지 구해 보세요. (원주율: 3.1)

102쪽 유형10

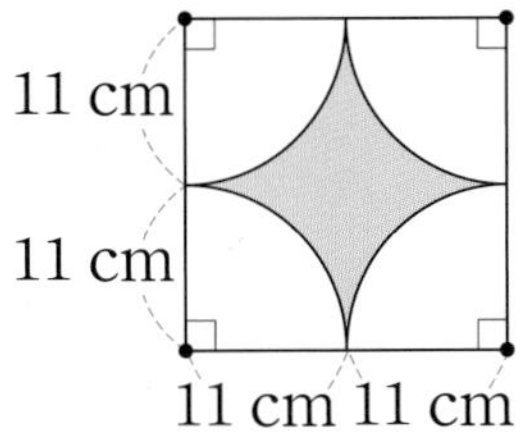

(　　　　　　　　)

17 두 원에서 ㉠와 ㉡의 길이의 합은 18 cm이고, ㉠와 ㉡의 길이의 비는 5 : 4입니다. 두 원의 원주의 합은 몇 cm인지 구해 보세요. (원주율: 3.14)

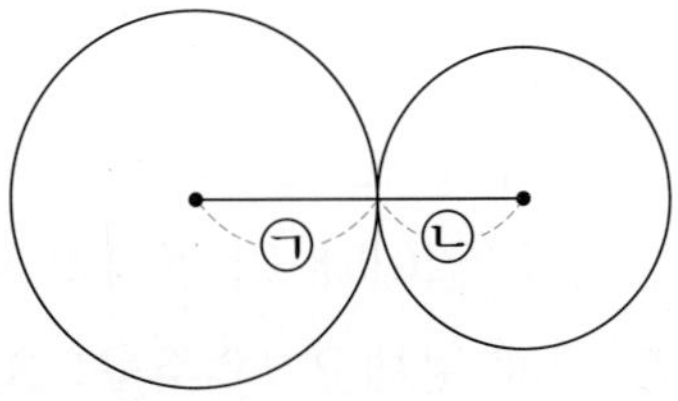

(　　　　　　　　)

18 반지름이 8 cm인 원 두 개가 그림과 같이 겹쳐져 있습니다. 겹쳐진 부분의 넓이는 몇 cm^2인지 구해 보세요. (원주율: 3)

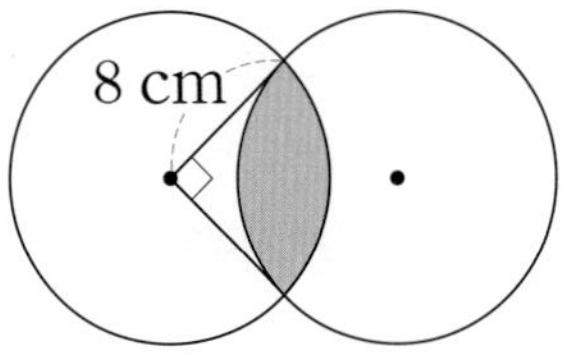

(　　　　　　　　)

19 지름을 1 cm씩 늘려 가며 원을 그리고 있습니다. 첫 번째 원의 지름이 3 cm일 때, 원의 넓이가 첫 번째 원의 넓이의 9배가 되는 것은 몇 번째 원인지 구해 보세요.

(원주율: 3)

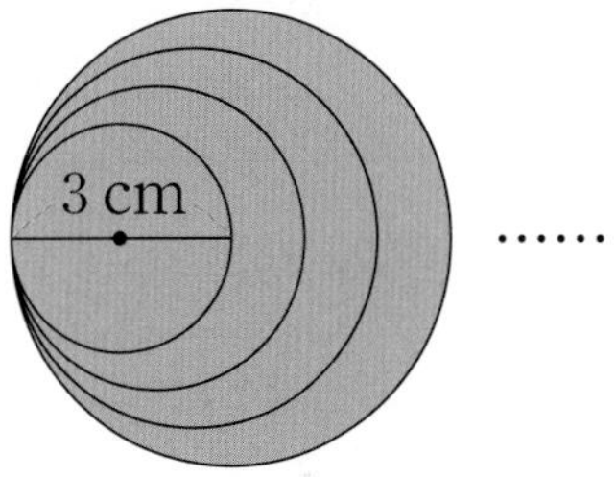

(　　　　　　　　)

20 정삼각형 안에 정삼각형의 세 꼭짓점을 각각 원의 중심으로 하는 반지름이 5 cm인 원의 일부를 그린 것입니다. 색칠한 부분의 둘레는 몇 cm인지 구해 보세요.

(원주율: 3)

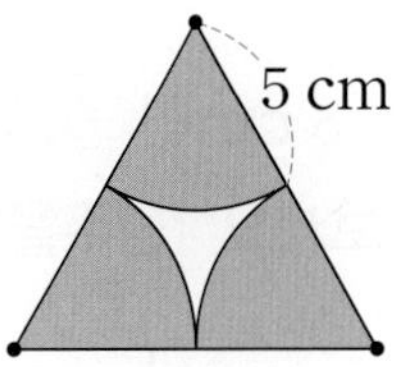

(　　　　　　　　)

5 단원

01 **보기**에서 알맞은 말을 찾아 □ 안에 써넣으세요.

보기

원주 반지름 지름 원주율

(원주율)＝(□)÷(□)

02 그림을 보고 □ 안에 알맞은 수를 써넣으세요.

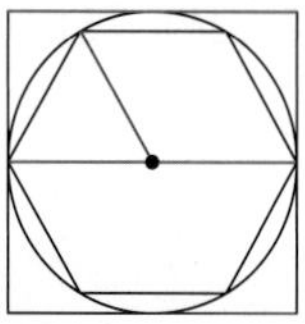

원주는 원의 지름의 □배보다 길고, □배보다 짧습니다.

03 반지름이 5.5 cm인 원의 원주는 몇 cm인지 구해 보세요. (원주율: 3.1)

(   )

04 반지름이 8 cm인 원의 넓이는 몇 cm^2인지 구해 보세요. (원주율: 3.1)

(   )

05 반지름이 10 cm인 원의 넓이를 어림하려고 합니다. □ 안에 알맞은 수를 써넣으세요.

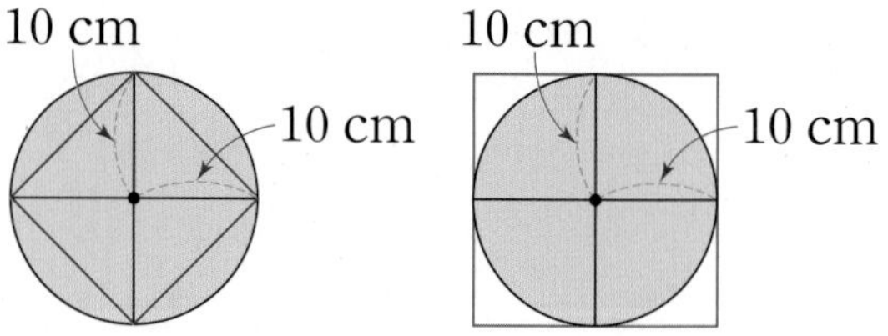

원 안에 있는 마름모의 넓이는 □ cm^2이고, 원 밖에 있는 정사각형의 넓이는 □ cm^2입니다. 따라서 원의 넓이는 □ cm^2보다 넓고, □ cm^2보다 좁습니다.

06 빈칸에 알맞은 수를 써넣으세요.

(원주율: 3.1)

지름(cm)	원주(cm)	원의 넓이(cm^2)
	24.8	
12		

07 지연이가 만든 원 모양 쿠키의 넓이는 27.9 cm^2입니다. 이 쿠키의 지름은 몇 cm인지 구해 보세요. (원주율: 3.1)

(   )

08 지름이 32 cm인 원 모양의 피자를 똑같이 6조각으로 나누었습니다. 한 조각의 넓이는 몇 cm^2인지 구해 보세요. (원주율: 3)

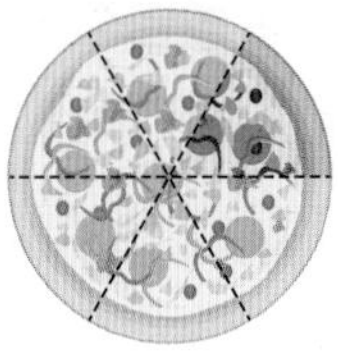

(   )

서술형

09 진아와 민선이는 훌라후프를 돌리고 있습니다. 진아의 훌라후프는 바깥쪽 지름이 76 cm이고, 민선이의 훌라후프는 바깥쪽 원주가 232.5 cm입니다. 누구의 훌라후프가 더 큰지 풀이 과정을 쓰고 답을 구해 보세요. (원주율: 3.1)

풀이

답

AI가 뽑은 정답률 낮은 문제

10 넓이가 넓은 원부터 차례대로 기호를 써 보세요. (원주율: 3)

98쪽 유형 2

㉠ 반지름이 4 cm인 원
㉡ 넓이가 43.32 cm^2인 원
㉢ 원주가 21 cm인 원

(   )

AI가 뽑은 정답률 낮은 문제

11 길이가 55.8 cm인 색 테이프를 사용하여 원을 한 개 만들려고 합니다. 만들 수 있는 가장 큰 원의 넓이는 몇 cm^2인지 구해 보세요. (원주율: 3.1)

99쪽 유형 4

(   )

12 서준이는 부채를 만들기 위해 종이를 오려서 다음과 같은 모양을 만들었습니다. 색칠한 부분의 넓이는 몇 cm^2인지 구해 보세요. (원주율: 3.1)

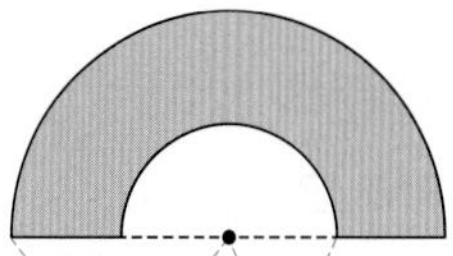

(   )

AI가 뽑은 정답률 낮은 문제

13 색칠한 부분의 둘레는 몇 cm인지 구해 보세요. (원주율: 3.1)

101쪽 유형 8

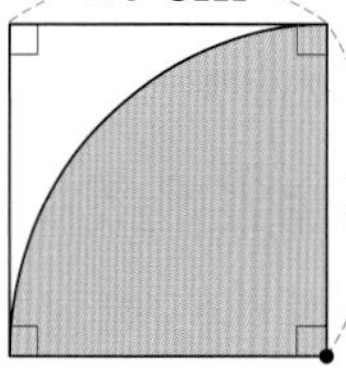

(   )

14 넓이가 72 cm^2인 사다리꼴 안에 가장 큰 원을 그렸습니다. 그린 원의 원주는 몇 cm인지 구해 보세요. (원주율: 3.14)

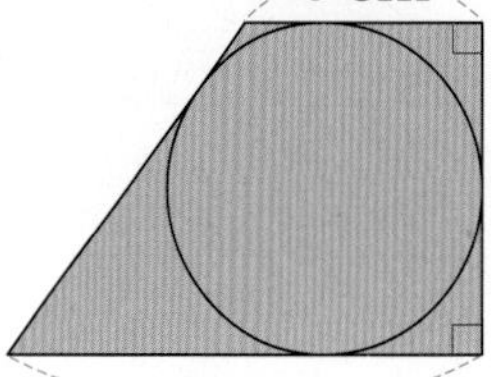

(   )

5 단원

정답 36쪽

15 원과 직사각형의 둘레는 같습니다. 직사각형의 가로가 세로의 2배일 때, 직사각형의 가로는 몇 cm인지 구해 보세요.
(원주율: 3)

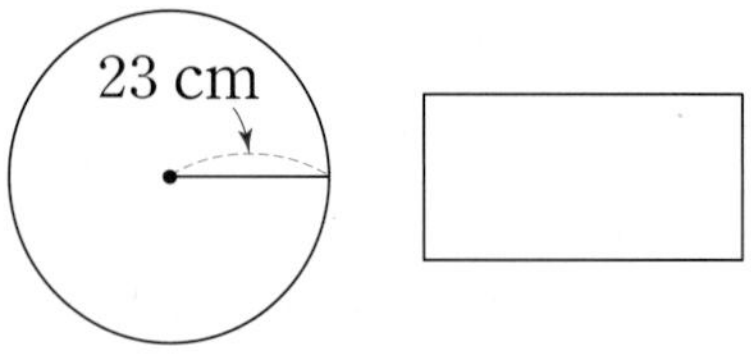

(　　　　　　　　)

16 색칠한 부분의 넓이는 몇 cm^2인지 구해 보세요. (원주율: 3.1)

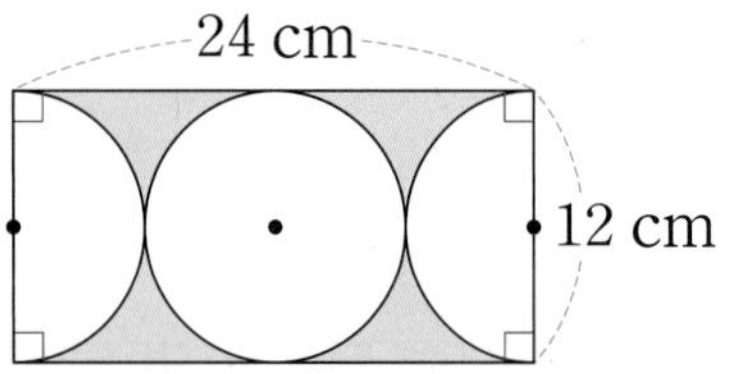

(　　　　　　　　)

AI가 뽑은 정답률 낮은 문제　　서술형

17 지름이 24 cm인 원 안에 크기가 같은 원 4개를 그렸습니다. 색칠한 부분의 넓이는 몇 cm^2인지 풀이 과정을 쓰고 답을 구해 보세요. (원주율: 3.1)

102쪽 유형 9

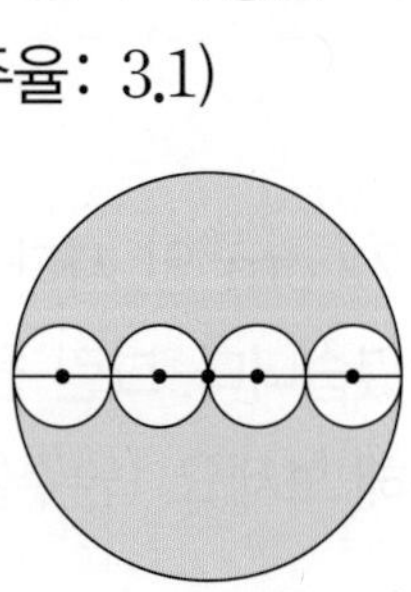

풀이 ▶

답 ▶

18 민재와 동생은 지름이 각각 45 cm, 36 cm인 원 모양의 굴렁쇠를 집에서 놀이터까지 굴렸습니다. 민재의 굴렁쇠가 16바퀴 굴렀다면 동생의 굴렁쇠는 몇 바퀴를 굴렀는지 구해 보세요. (원주율: 3.1)

(　　　　　　　　)

19 반원과 직각삼각형을 겹쳐 놓은 것입니다. ㉠과 ㉡의 넓이가 같을 때 변 ㄱㄷ의 길이는 몇 cm인지 구해 보세요. (원주율: 3)

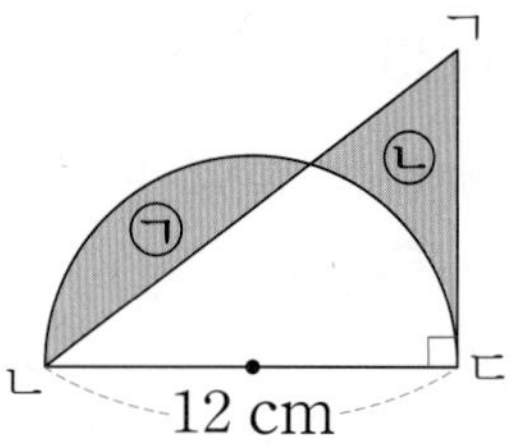

(　　　　　　　　)

AI가 뽑은 정답률 낮은 문제

20 운동장에서 200 m 달리기 경기를 하려고 합니다. 트랙의 폭이 1.5 m일 때 바깥쪽 경주로의 출발선은 안쪽의 경주로의 출발선보다 몇 m 앞에 있어야 공정한 경기가 될지 구해 보세요. (단, 경주로의 거리는 경주로의 안쪽 선을 기준으로 계산합니다.) (원주율: 3.1)

103쪽 유형 11

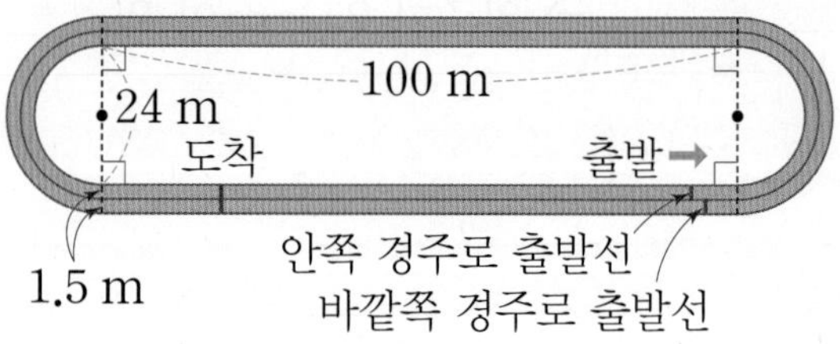

(　　　　　　　　)

01 지름이 10 cm이고 둘레가 31.4 cm인 원 모양의 접시가 있습니다. 접시의 둘레는 지름의 몇 배인지 구해 보세요.

(　　　　　　　)

02 지름이 4 cm인 원의 원주와 가장 비슷한 길이를 찾아 기호를 써 보세요.

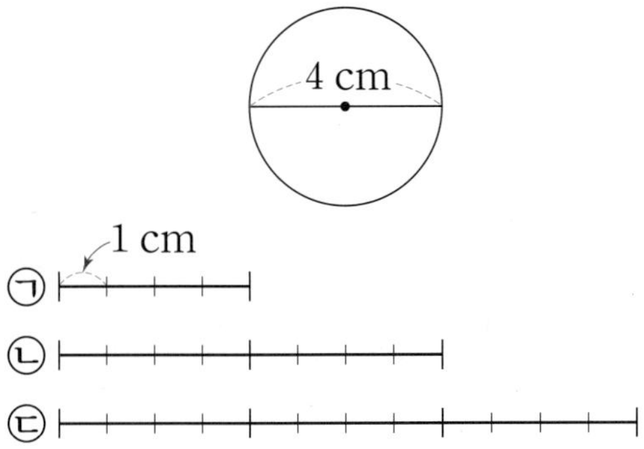

(　　　　　　　)

03 설명이 옳은 것을 모두 찾아 기호를 써 보세요.

㉠ (원주) ÷ (지름)은 약 3.14입니다.
㉡ 원주가 커지면 지름은 작아집니다.
㉢ 지름이 커지면 원주도 커집니다.
㉣ 반지름에 대한 원주의 비율은 약 3.14입니다.

(　　　　　　　)

04 반지름이 9 cm인 원의 넓이는 몇 cm^2인지 구해 보세요. (원주율: 3.1)

(　　　　　　　)

05 원을 한없이 잘게 잘라서 이어 붙이면 직사각형이 됩니다. ㉠, ㉡에 알맞은 길이는 각각 몇 cm인지 구해 보세요. (원주율: 3.14)

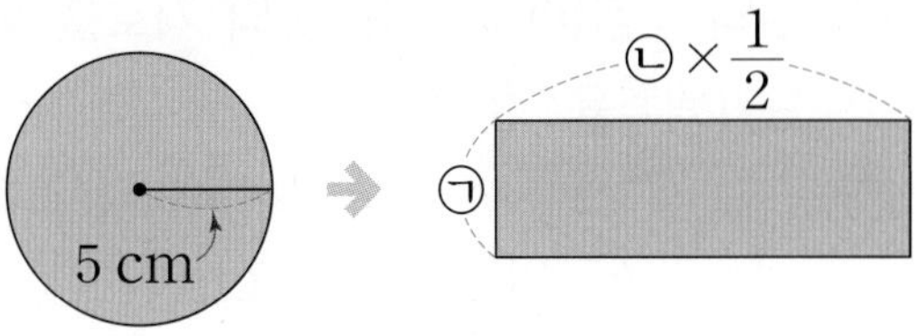

㉠ (　　　　　　　)
㉡ (　　　　　　　)

06 정육각형의 넓이를 이용하여 원의 넓이를 어림하려고 합니다. 삼각형 ㄱㅇㄷ의 넓이가 24 cm^2, 삼각형 ㄹㅇㅂ의 넓이가 18 cm^2라면 원의 넓이를 가장 적절하게 어림한 것은 어느 것인가요? (　　　)

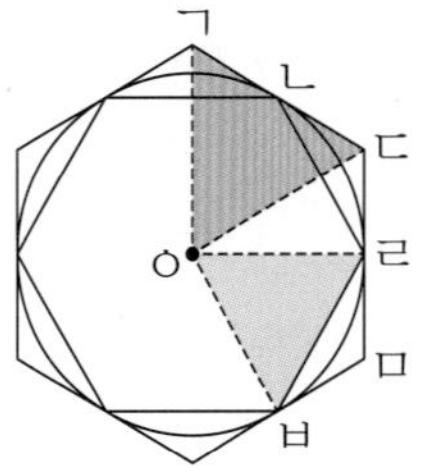

① 약 96 cm^2　② 약 108 cm^2
③ 약 126 cm^2　④ 약 144 cm^2
⑤ 약 232 cm^2

07 원 모양의 거울이 있습니다. 이 거울의 넓이가 147 cm^2일 때, 지름은 몇 cm인지 구해 보세요. (원주율: 3)

(　　　　　　　)

08 원주가 68.2 cm인 원의 넓이는 몇 cm^2인지 구해 보세요. (원주율: 3.1)

( )

09 원의 지름이 더 짧은 것의 기호를 써 보세요. (원주율: 3.1)

㉠ 원주가 83.7 cm인 원
㉡ 반지름이 14 cm인 원

( )

AI가 뽑은 정답률 낮은 문제

10 원 모양의 과녁에서 각 색깔이 차지하는 부분의 넓이는 몇 cm^2인지 구해 보세요. (원주율: 3)

100쪽 유형 6

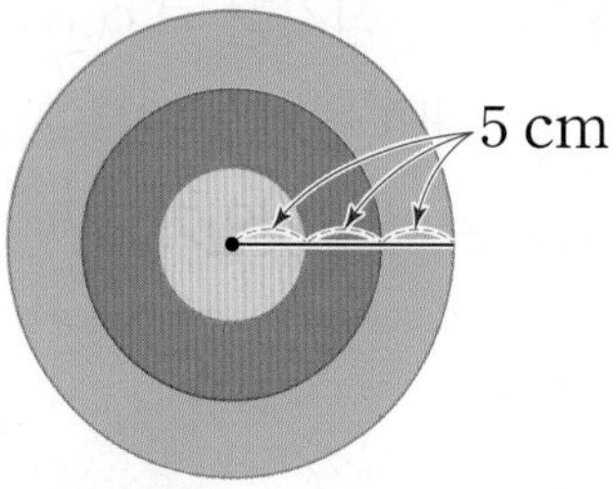

노란색 ( )
빨간색 ( )
초록색 ( )

11 반지름이 10 cm인 원의 일부분입니다. 이 도형의 넓이는 몇 cm^2인지 구해 보세요. (원주율: 3.14)

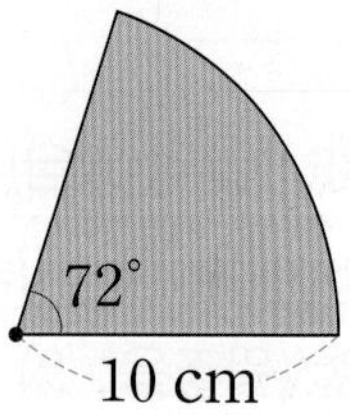

( )

AI가 뽑은 정답률 낮은 문제

12 한 변의 길이가 12 cm인 정사각형 안에 가장 큰 원을 그렸습니다. 그린 원의 넓이는 몇 cm^2인지 구해 보세요. (원주율: 3.1)

101쪽 유형 7

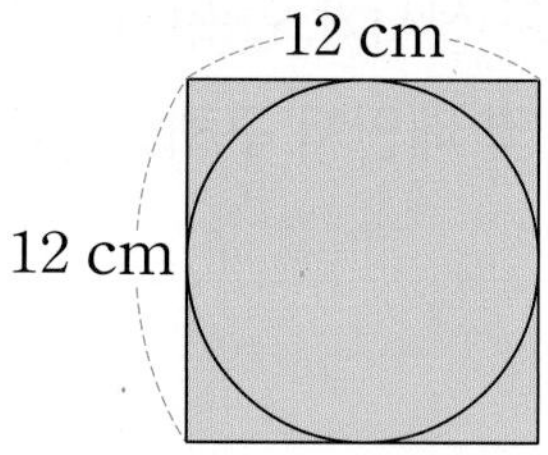

( )

서술형

13 바퀴의 지름이 28 m인 원 모양의 대관람차에 4 m 간격으로 관람차가 매달려 있습니다. 관람차는 모두 몇 대 매달려 있는지 풀이 과정을 쓰고 답을 구해 보세요. (원주율: 3)

풀이

답

14 큰 원의 원주는 86.8 cm입니다. 두 원의 반지름의 합은 몇 cm인지 구해 보세요. (원주율: 3.1)

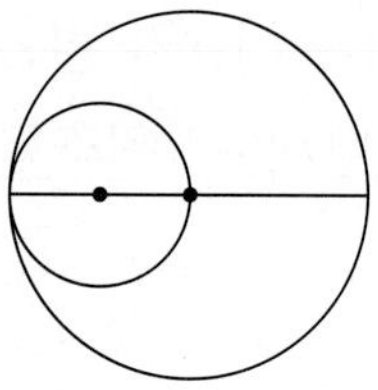

( )

AI가 뽑은 정답률 낮은 문제

15 색칠한 부분의 둘레는 몇 cm인지 구해 보세요. (원주율: 3.1)

101쪽 유형 8

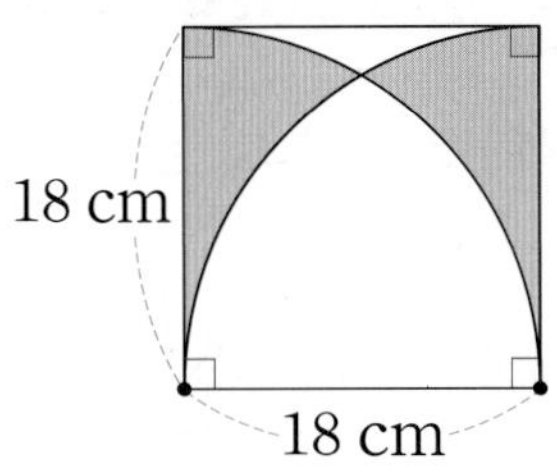

(　　　　　　　　　　)

16 원주가 102 cm로 일정한 원 모양의 나무 기둥에 원 모양의 튜브를 끼우려고 합니다. 나무 기둥에 끼울 수 없는 튜브를 찾아 기호를 써 보세요. (원주율: 3)

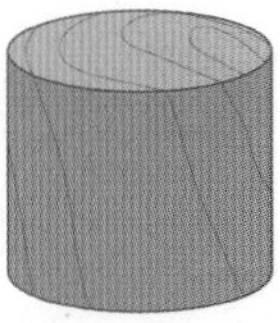

㉠ 안쪽 지름이 37 cm인 튜브
㉡ 안쪽 반지름이 18 cm인 튜브
㉢ 안쪽 반지름이 16 cm인 튜브

(　　　　　　　　　　)

서술형

17 색칠한 부분의 넓이는 몇 cm^2인지 풀이 과정을 쓰고 답을 구해 보세요. (원주율: 3.1)

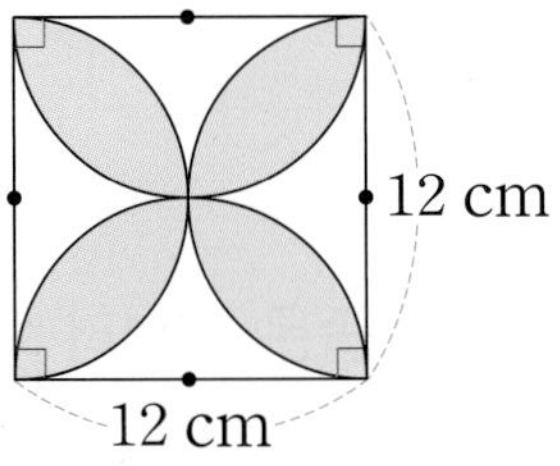

풀이

답

AI가 뽑은 정답률 낮은 문제

18 색칠한 부분에 있는 가장 작은 반원의 지름은 가장 큰 원의 반지름의 $\frac{1}{2}$입니다. 색칠한 부분의 넓이는 몇 cm^2인지 구해 보세요. (원주율: 3)

102쪽 유형 9

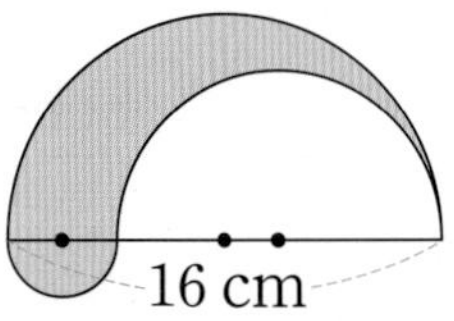

(　　　　　　　　　　)

19 직사각형 모양 울타리의 한 꼭짓점에 소가 10 m짜리 끈에 매여 있습니다. 이 소가 울타리 밖에서 풀을 뜯어 먹을 수 있는 땅의 넓이는 최대 몇 m^2인지 구해 보세요. (단, 소의 크기와 묶인 부분의 끈의 길이는 생각하지 않습니다.) (원주율: 3)

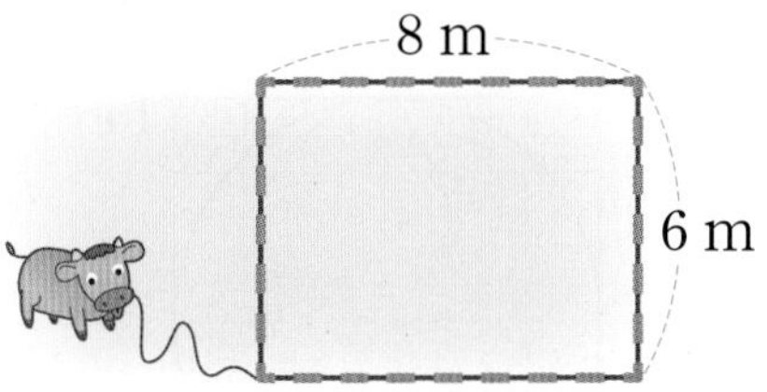

(　　　　　　　　　　)

AI가 뽑은 정답률 낮은 문제

20 밑면의 지름이 5 cm인 원 모양의 음료수 캔 4개를 끈으로 겹치지 않게 묶었습니다. 매듭으로 끈 17 cm를 사용했다면 사용한 끈의 길이는 몇 cm인지 구해 보세요. (단, 끈의 두께는 생각하지 않습니다.) (원주율: 3)

103쪽 유형 12

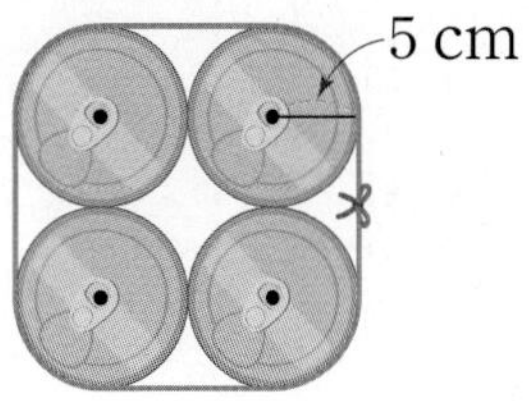

(　　　　　　　　　　)

5 단원

1회 2번

유형 1 원의 넓이 어림하기

지름이 8 cm인 원의 넓이를 어림하려고 합니다. □ 안에 알맞은 수를 써넣으세요.

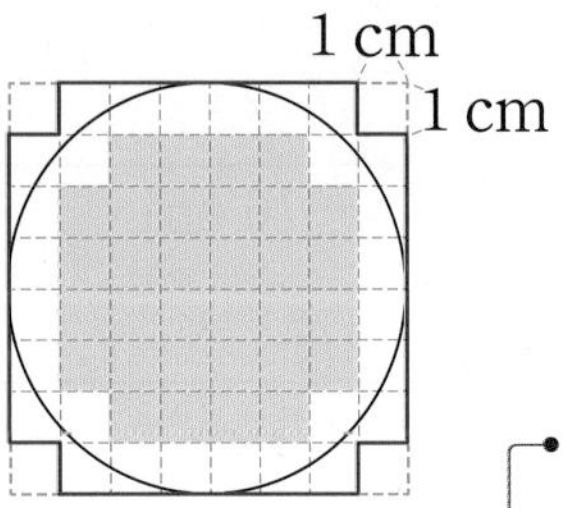

□ cm^2 < (원의 넓이) < □ cm^2

초록색 모눈의 넓이 / 빨간색 선 안쪽 모눈의 넓이

Tip 초록색 모눈과 빨간색 선 안쪽 모눈의 넓이를 구해요.

1-1 지름이 12 cm인 원의 넓이를 어림하려고 합니다. □ 안에 알맞은 수를 써넣으세요.

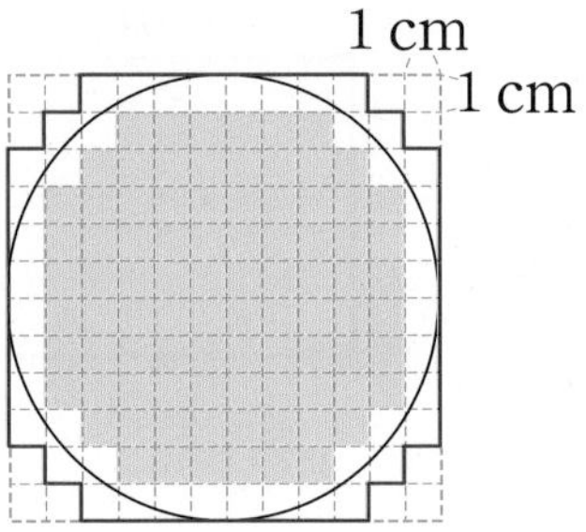

□ cm^2 < (원의 넓이) < □ cm^2

초록색 모눈의 넓이 / 빨간색 선 안쪽 모눈의 넓이

1-2 모눈의 수를 세어 반지름이 10 cm인 원의 넓이는 몇 cm^2인지 어림해 보세요.

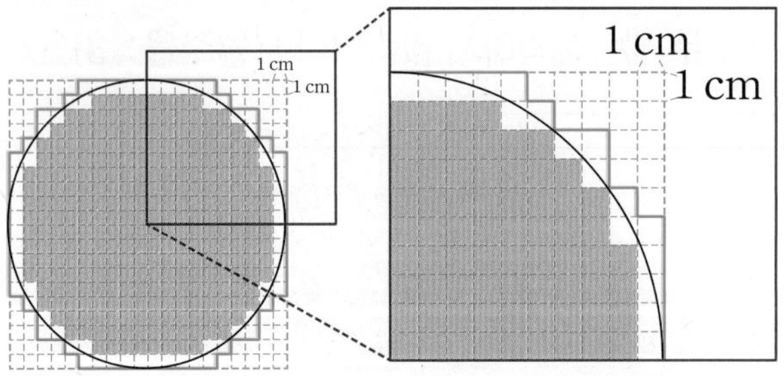

(　　　　　　　　)

1회 9번 3회 10번

유형 2 원의 크기 비교하기

더 큰 원의 기호를 써 보세요. (원주율: 3)

㉠ 넓이가 300 cm^2인 원
㉡ 원주가 72 cm인 원

(　　　　　　　　)

Tip 넓이가 넓을수록 더 큰 원이에요.

2-1 더 작은 원에 ○표 해 보세요. (원주율: 3.1)

넓이가 251.1 cm^2인 원	(　　)
원주가 62 cm인 원	(　　)

2-2 넓이가 가장 넓은 원을 찾아 기호를 써 보세요. (원주율: 3.14)

㉠ 반지름이 8 cm인 원
㉡ 넓이가 78.5 cm^2인 원
㉢ 원주가 43.96 cm인 원

(　　　　　　　　)

2-3 넓이가 좁은 원부터 차례대로 기호를 써 보세요. (원주율: 3.1)

㉠ 반지름이 6 cm인 원
㉡ 지름이 14 cm인 원
㉢ 넓이가 198.4 cm^2인 원

(　　　　　　　　)

2회 10번

유형 3 원 모양 바퀴가 굴러간 거리 구하기

반지름이 30 cm인 원 모양의 바퀴를 일직선으로 5바퀴 굴렸습니다. 바퀴가 굴러간 거리는 몇 cm인지 구해 보세요.

(원주율: 3.14)

(　　　　　　　　)

Tip 바퀴가 일직선으로 한 바퀴 굴러간 거리는 바퀴의 원주와 같아요.

3-1 반지름이 50 cm인 원 모양의 훌라후프를 일직선으로 7바퀴 굴렸습니다. 훌라후프가 굴러간 거리는 몇 cm인지 구해 보세요.

(원주율: 3.14)

(　　　　　　　　)

3-2 지름이 각각 35 cm, 40 cm인 원 모양의 바퀴가 있습니다. 이 바퀴를 각각 6바퀴씩 굴렸을 때, 굴러간 거리의 차는 몇 cm인지 구해 보세요. (원주율: 3.1)

(　　　　　　　　)

3-3 원 모양의 자전거 바퀴를 일직선으로 4바퀴 굴렸더니 바퀴가 굴러간 거리가 868 cm였습니다. 자전거 바퀴의 지름은 몇 cm인지 구해 보세요. (원주율: 3.1)

(　　　　　　　　)

2회 11번 3회 11번

유형 4 원주가 주어진 원의 넓이 구하기

길이가 37.2 cm인 끈을 사용하여 원을 한 개 만들려고 합니다. 만들 수 있는 가장 큰 원의 넓이는 몇 cm^2인지 구해 보세요.

(원주율: 3.1)

(　　　　　　　　)

Tip (원주율) = (원주) ÷ (지름)

(지름) = (원주) ÷ (원주율)

4-1 길이가 43.4 cm인 철사를 사용하여 원을 한 개 만들려고 합니다. 만들 수 있는 가장 큰 원의 넓이는 몇 cm^2인지 구해 보세요.

(원주율: 3.1)

(　　　　　　　　)

4-2 크기가 다른 원 모양의 접시가 있습니다. 가의 원주는 24.8 cm이고, 나의 원주는 가의 원주의 2배입니다. 나의 넓이는 몇 cm^2인지 구해 보세요. (원주율: 3.1)

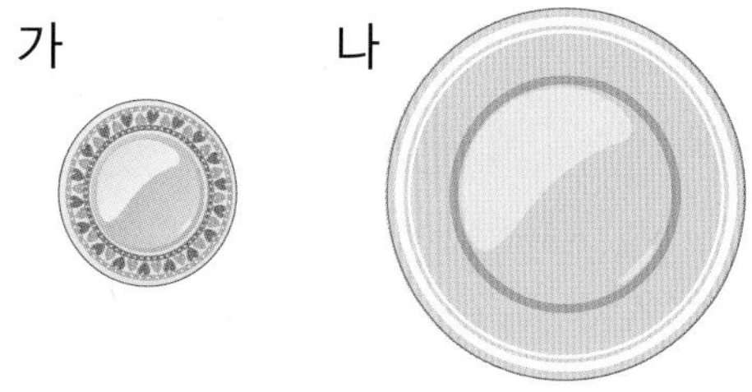

(　　　　　　　　)

4-3 길이가 93 cm인 끈을 1 : 2로 나누었습니다. 나눈 끈을 사용하여 원을 2개 만들려고 합니다. 만들 수 있는 가장 큰 두 원의 넓이의 차는 몇 cm^2인지 구해 보세요. (원주율: 3.1)

(　　　　　　　　)

2회 12번

유형 5 넓이가 주어진 원의 원주 구하기

넓이가 363 cm^2인 원의 원주는 몇 cm인지 구해 보세요. (원주율: 3)

(　　　　　　　　　　)

Tip (원의 넓이)=(반지름)×(반지름)×(원주율)
→ (반지름)×(반지름)=(원의 넓이)÷(원주율)

5-1 넓이가 50.24 cm^2인 원의 원주는 몇 cm인지 구해 보세요. (원주율: 3.14)

(　　　　　　　　　　)

5-2 원 모양 피자의 넓이가 530.66 cm^2일 때, 피자의 원주는 몇 cm인지 구해 보세요.

(원주율: 3.14)

(　　　　　　　　　　)

5-3 직사각형과 원의 넓이가 같을 때, 원의 원주는 몇 cm인지 구해 보세요. (원주율: 3)

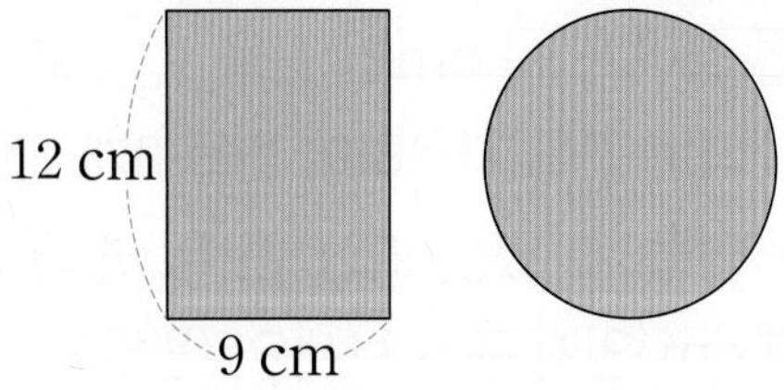

(　　　　　　　　　　)

4회 10번

유형 6 과녁에서 넓이 구하기

원 모양의 과녁에서 각 색깔이 차지하는 부분의 넓이는 몇 cm^2인지 구해 보세요.

(원주율: 3)

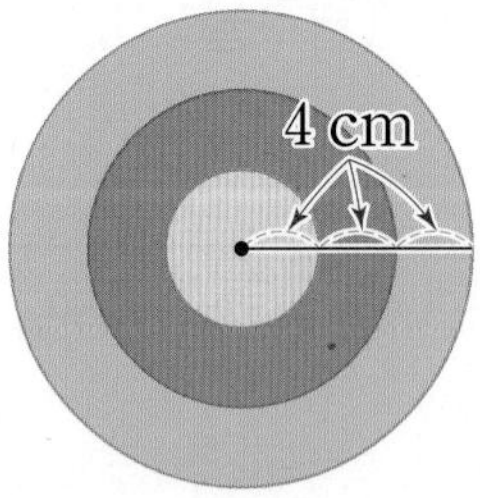

노란색	
빨간색	
초록색	

Tip 초록색과 빨간색 부분의 넓이는 큰 원의 넓이에서 작은 원의 넓이를 빼서 구해요.

6-1 원 모양의 과녁에서 각 색깔이 차지하는 부분의 넓이는 몇 cm^2인지 구해 보세요.

(원주율: 3)

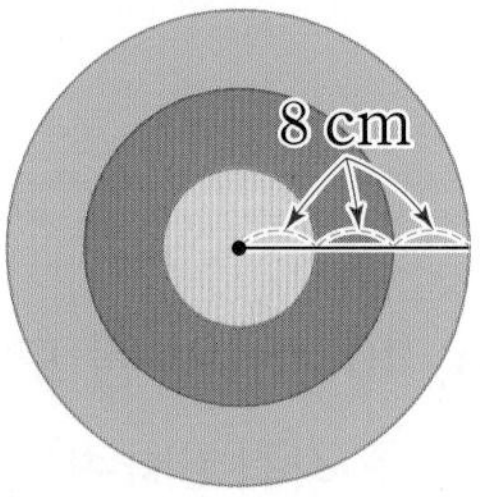

노란색	
빨간색	
초록색	

6-2 원 모양의 과녁이 반으로 잘린 그림입니다. 파란색 부분과 빨간색 부분의 넓이의 비를 간단한 자연수의 비로 나타내어 보세요.

(원주율: 3)

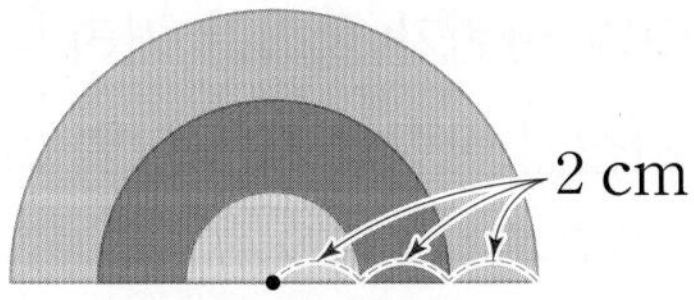

(　　　　　　　　　　)

1회 12번 | 4회 12번

유형 7 도형 안에 그린 가장 큰 원의 넓이 구하기

넓이가 150 cm^2인 사다리꼴 안에 가장 큰 원을 그렸습니다. 그린 원의 넓이는 몇 cm^2인지 구해 보세요. (원주율: 3)

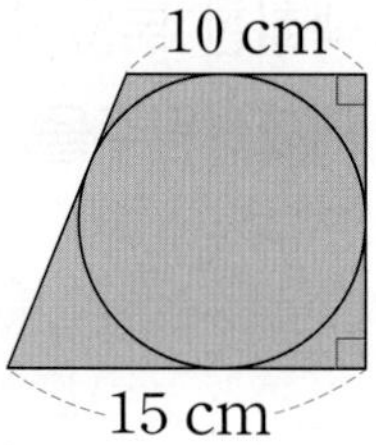

(　　　　　　　)

Tip 사다리꼴 안에 그릴 수 있는 가장 큰 원의 지름은 사다리꼴의 높이와 같아요.

7-1 직사각형 안에 가장 큰 원을 그렸습니다. 그린 원의 넓이는 몇 cm^2인지 구해 보세요. (원주율: 3)

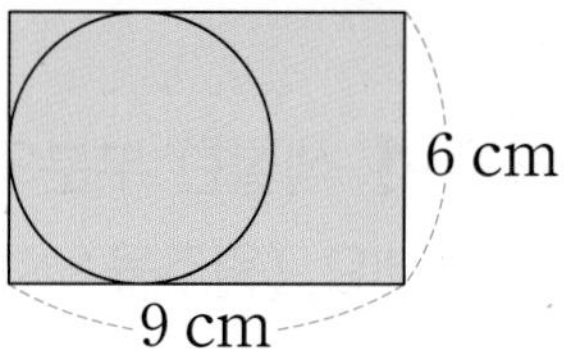

(　　　　　　　)

7-2 한 변의 길이가 26 cm인 정사각형 모양의 종이의 각 꼭짓점에서 6 cm 떨어진 곳에 점을 찍고, 각 점을 잇는 선을 따라 그림과 같이 접었습니다. 이때 생긴 작은 정사각형 안에 가장 큰 원을 그렸습니다. 그린 원의 넓이는 몇 cm^2인지 구해 보세요. (원주율: 3.1)

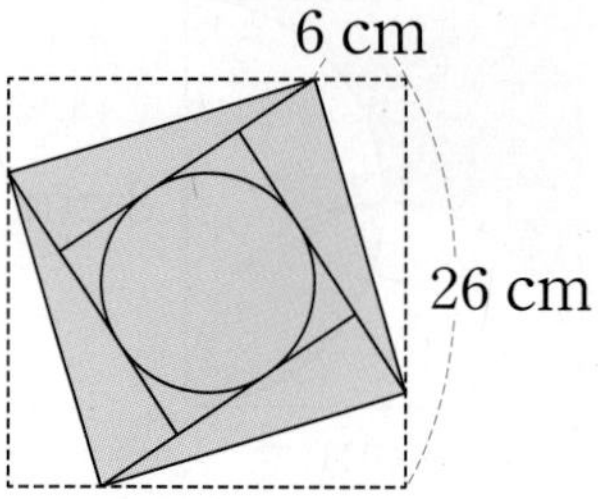

(　　　　　　　)

1회 13번 | 3회 13번 | 4회 15번

유형 8 색칠한 부분의 둘레 구하기

색칠한 부분의 둘레는 몇 cm인지 구해 보세요. (원주율: 3.1)

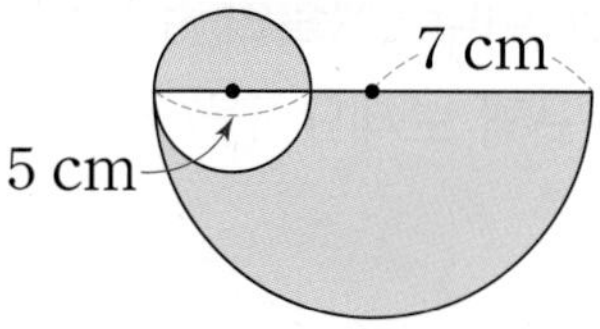

(　　　　　　　)

Tip 색칠한 부분의 둘레는 곡선 부분과 직선 부분을 모두 더해서 구해요.

8-1 색칠한 부분의 둘레는 몇 cm인지 구해 보세요. (원주율: 3.1)

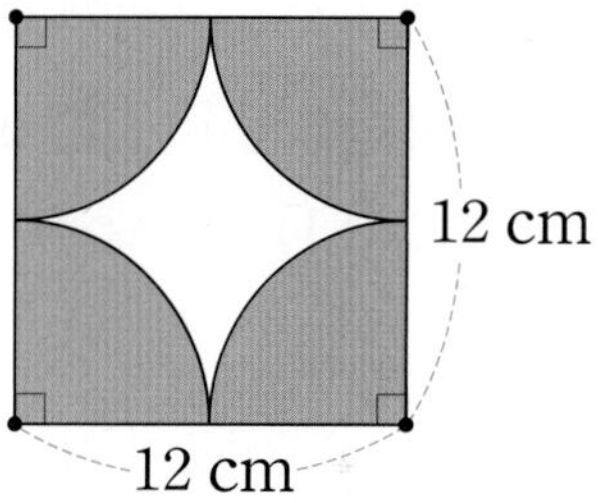

(　　　　　　　)

8-2 색칠한 부분의 둘레는 몇 cm인지 구해 보세요. (원주율: 3.1)

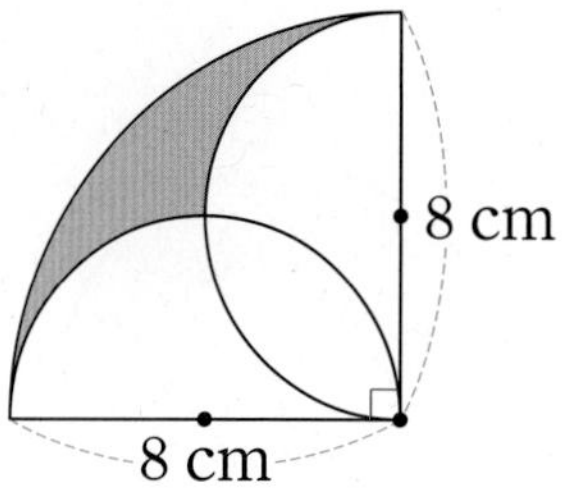

(　　　　　　　)

5 단원

3회 17번 4회 18번

유형 9 큰 원과 작은 원의 관계를 이용하여 색칠한 부분의 넓이 구하기

지름이 18 cm인 원 안에 크기가 같은 원 3개를 그렸습니다. 색칠한 부분의 넓이는 몇 cm^2인지 구해 보세요. (원주율: 3.1)

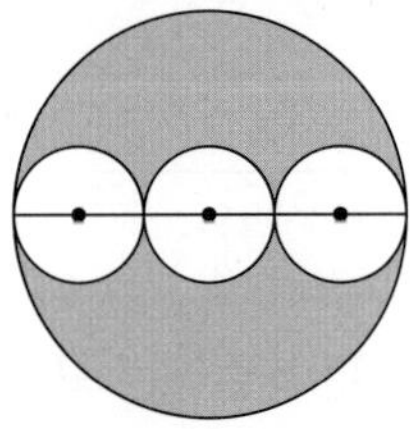

(　　　　　　　　　　)

Tip 큰 원과 작은 원의 관계를 이용하여 작은 원의 반지름은 몇 cm인지 구해요.

9-1 색칠한 부분의 넓이는 몇 cm^2인지 구해 보세요. (원주율: 3.1)

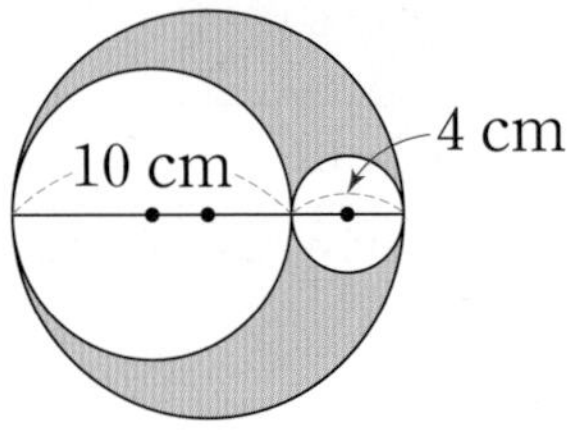

(　　　　　　　　　　)

9-2 색칠한 부분의 넓이를 구해 보세요. (단, 작은 반원은 크기가 모두 같습니다.)

(원주율: 3.1)

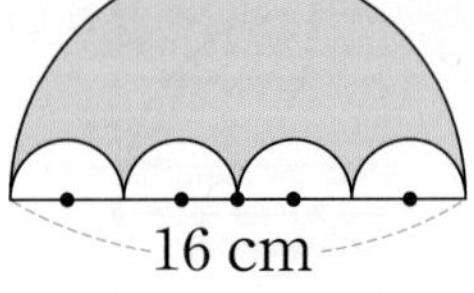

(　　　　　　　　　　)

2회 16번

유형 10 간단한 도형으로 바꾸어 색칠한 부분의 넓이 구하기

색칠한 부분의 넓이는 몇 cm^2인지 구해 보세요. (원주율: 3.14)

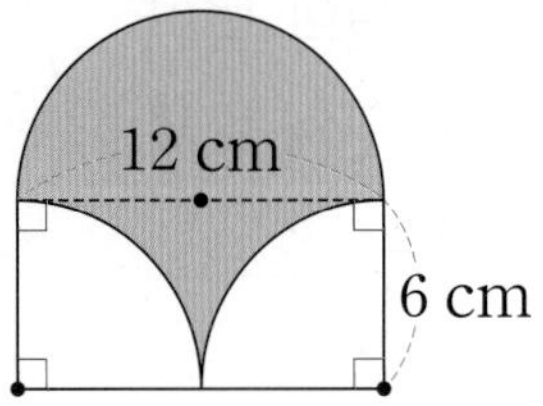

(　　　　　　　　　　)

Tip 색칠한 부분 중 일부를 옮겨서 간단한 도형으로 바꾼 다음 넓이를 구해요.

10-1 색칠한 부분의 넓이는 몇 cm^2인지 구해 보세요. (원주율: 3)

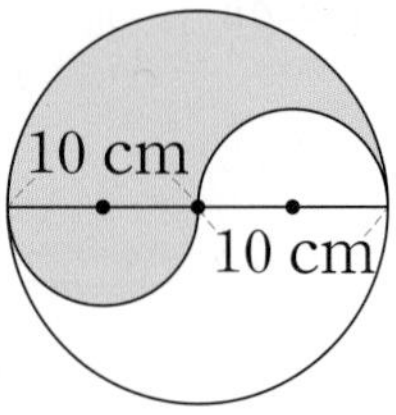

(　　　　　　　　　　)

10-2 색칠한 부분의 넓이는 몇 cm^2인지 구해 보세요. (원주율: 3.1)

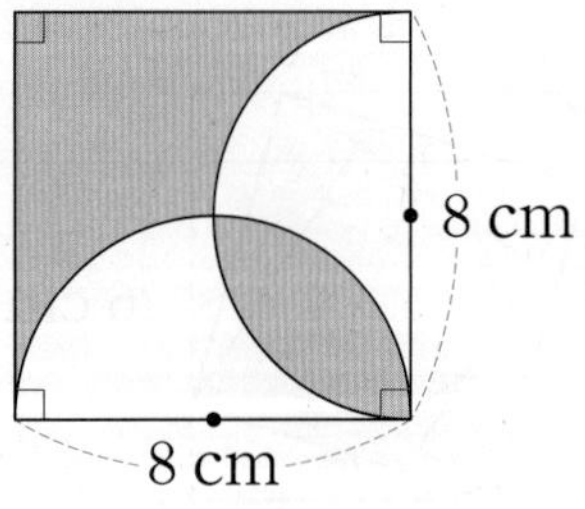

(　　　　　　　　　　)

3회 20번

유형 11 트랙의 둘레와 넓이 구하기

다음과 같은 트랙의 넓이는 몇 m^2인지 구해 보세요. (원주율: 3)

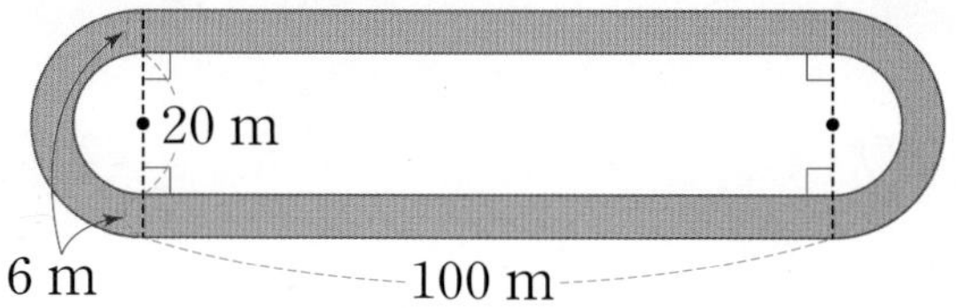

(　　　　　　　　)

Tip 직선 부분과 곡선 부분으로 나누어 구해요.

11-1 다음과 같은 운동장의 둘레는 몇 m인지 구해 보세요. (원주율: 3)

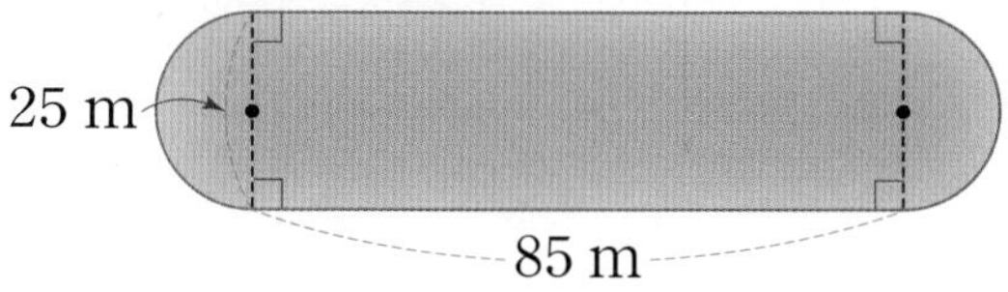

(　　　　　　　　)

11-2 운동장에서 300 m 달리기 경기를 하려고 합니다. 트랙의 폭이 1 m일 때 4번 경주로의 출발선은 1번 경주로의 출발선보다 몇 m 앞에 있어야 공정한 경기가 될지 구해 보세요. (단, 경주로의 거리는 경주로의 안쪽 선을 기준으로 계산합니다.) (원주율: 3)

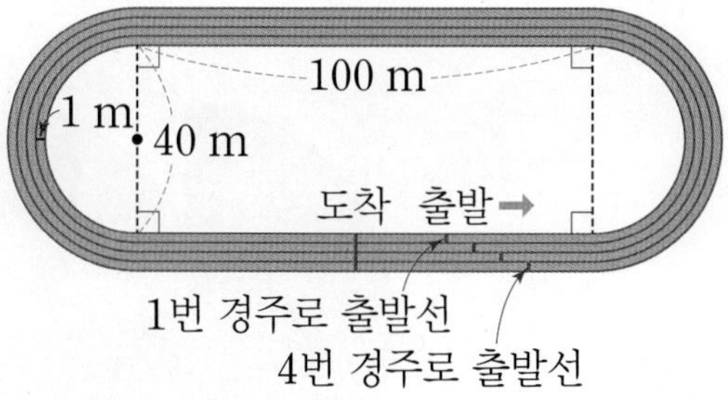

(　　　　　　　　)

4회 20번

유형 12 사용한 끈의 길이 구하기

밑면의 반지름이 9 cm인 원 모양의 통나무 2개를 그림과 같이 끈으로 겹치지 않게 묶었습니다. 사용한 끈의 길이는 몇 cm인지 구해 보세요. (단, 끈의 두께와 끈을 묶는 데 사용한 매듭의 길이는 생각하지 않습니다.) (원주율: 3)

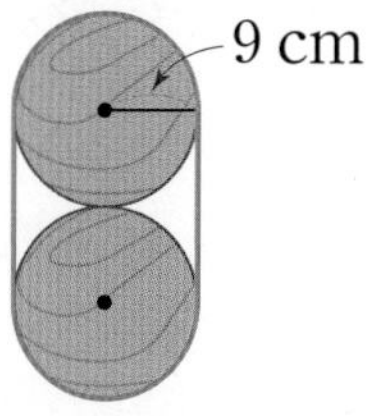

(　　　　　　　　)

Tip 직선 부분과 곡선 부분으로 나누어 구해요.

12-1 밑면의 지름이 6 cm인 원 모양의 음료수 캔 4개를 그림과 같이 끈으로 겹치지 않게 묶었습니다. 매듭으로 끈 18 cm를 사용했다면 사용한 끈의 길이는 몇 cm인지 구해 보세요. (단, 끈의 두께는 생각하지 않습니다.) (원주율: 3)

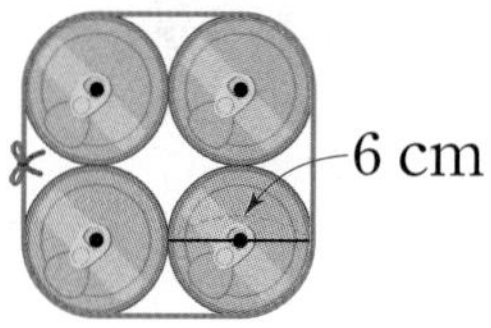

(　　　　　　　　)

12-2 밑면의 반지름이 4 cm인 원 모양의 음료수 캔 3개를 그림과 같이 두 가지 방법으로 끈을 겹치지 않게 묶었습니다. 가와 나 두 가지 방법 중 어느 방법으로 묶을 때 끈을 몇 cm 더 많이 사용하는지 차례대로 써 보세요. (단, 끈의 두께와 끈을 묶는 데 사용한 매듭의 길이는 생각하지 않습니다.) (원주율: 3)

가

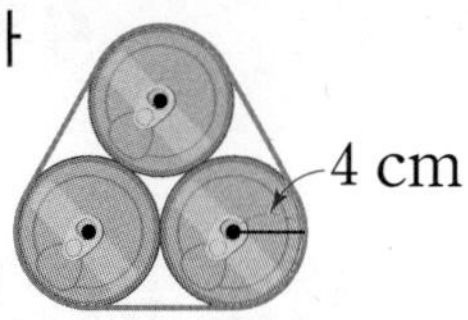

나

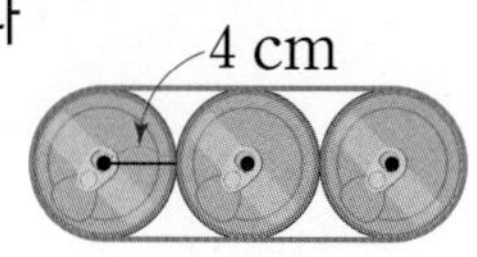

(　　　　　,　　　　　)

6

원기둥, 원뿔, 구

개념정리 6단원 원기둥, 원뿔, 구

개념 1 원기둥

◆**원기둥** —• 위와 아래에 있는 면이 서로 평행하고 합동인 원으로 이루어진 입체도형

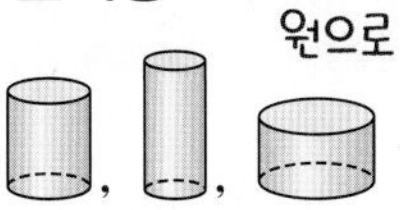 등과 같은 입체도형을 **원기둥**이라고 합니다.

◆**원기둥의 구성 요소**

- **밑면**: 서로 평행하고 합동인 두 면
- **옆면**: 두 밑면과 만나는 굽은 면
- **높이**: 두 밑면 사이의 거리

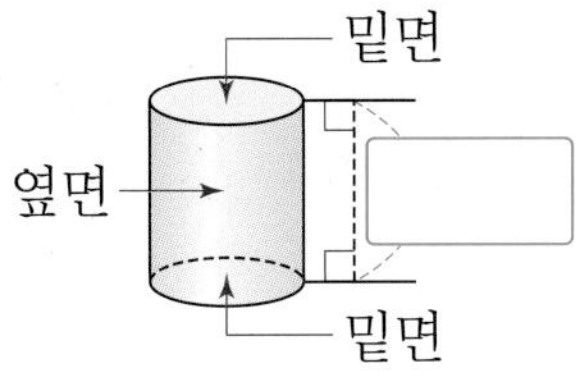

개념 2 원기둥의 전개도

원기둥을 잘라서 평면 위에 펼쳐 놓은 그림을 원기둥의 **전개도**라고 합니다.

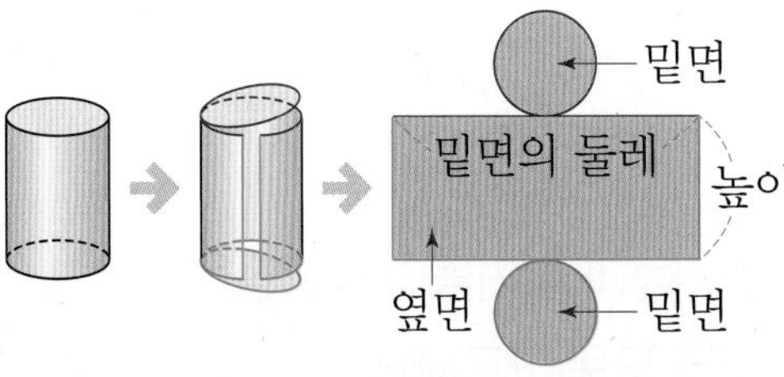

- 밑면은 2개이고, 합동인 원 모양입니다.
- 옆면은 1개이고, 직사각형 모양입니다.

➜ (옆면의 가로)=(　　　의 둘레)

=(밑면의 지름)×(원주율)

(옆면의 세로)=(원기둥의 높이)

개념 3 원뿔

◆**원뿔** —• 평평한 면이 원이고 옆을 둘러싼 면이 굽은 뿔 모양의 입체도형

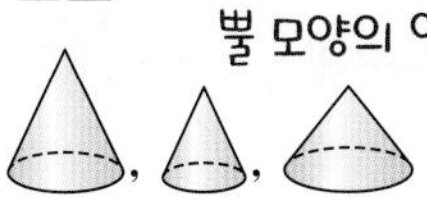 등과 같은 입체도형을 **원뿔**이라고 합니다.

◆**원뿔의 구성 요소**

- **밑면**: 평평한 면
- **옆면**: 옆을 둘러싼 굽은 면
- **원뿔의 꼭짓점**: 뾰족한 부분의 점
- **모선**: 원뿔의 꼭짓점과 밑면의 둘레의 한 점을 이은 선분
- **높이**: 원뿔의 꼭짓점에서 밑면에 수직인 선분의 길이

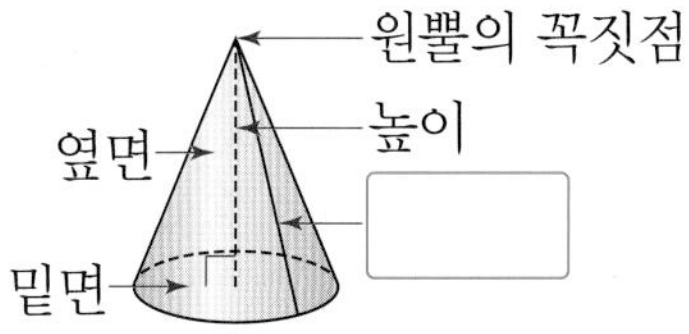

개념 4 구

◆**구**

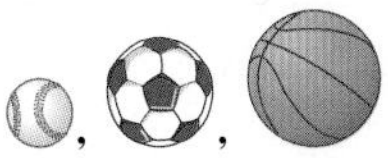 등과 같은 입체도형을 **구**라고 합니다.

◆**구의 구성 요소**

- **구의 중심**: 가장 안쪽에 있는 점
- **구의 반지름**: 구의 중심에서 구의 겉면의 한 점을 이은 선분

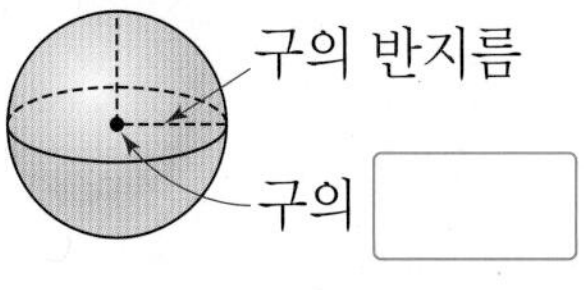

정답 ❶ 높이 ❷ 밑면 ❸ 모선 ❹ 중심

01 보기에서 알맞은 말을 찾아 □ 안에 써넣으세요.

보기

밑면 모선 높이 옆면

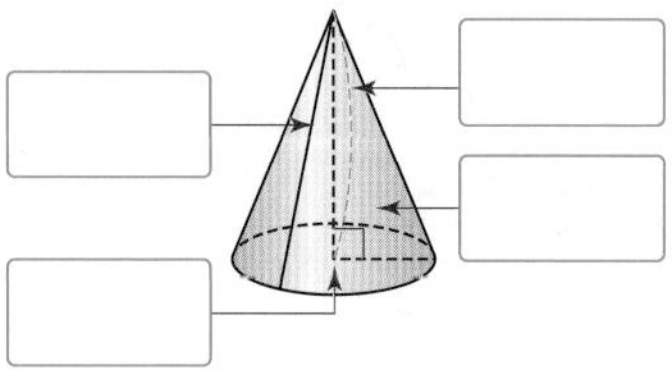

02 원기둥을 모두 찾아 기호를 써 보세요.

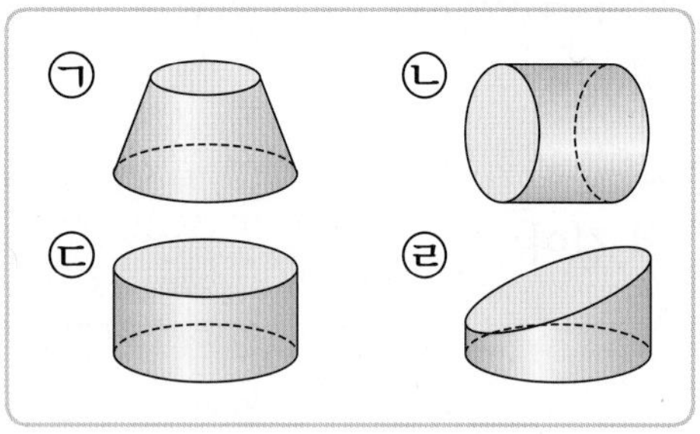

( )

03~04 원기둥과 원기둥의 전개도를 보고 물음에 답해 보세요.

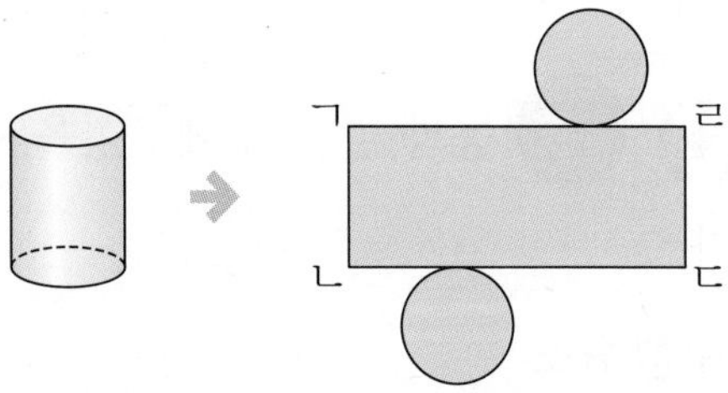

03 원기둥의 전개도에서 밑면의 둘레와 길이가 같은 선분을 모두 찾아 써 보세요.

( )

04 선분 ㄱㄴ의 길이는 원기둥의 무엇과 길이가 같은지 써 보세요.

( )

05 원기둥의 높이는 몇 cm인지 써 보세요.

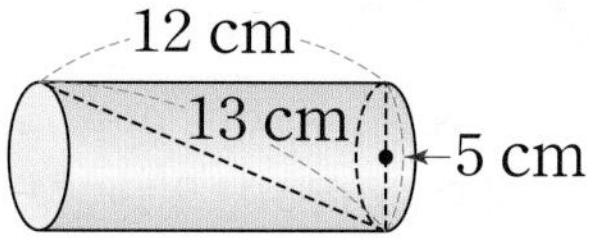

( )

06 직각삼각형 모양의 종이를 한 변을 기준으로 한 바퀴 돌려 만든 입체도형의 밑면의 지름과 높이는 각각 몇 cm인지 구해 보세요.

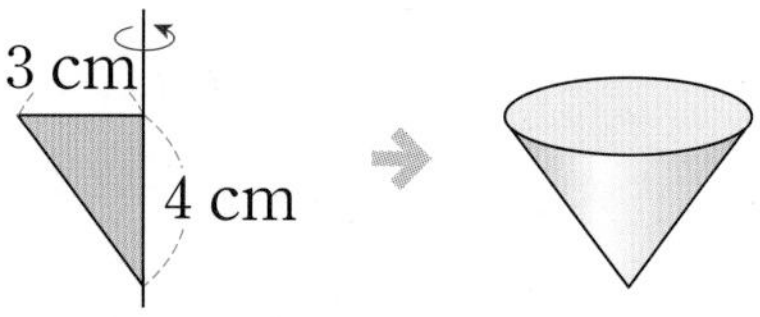

밑면의 지름 ( )

높이 ( )

07 위, 앞, 옆에서 본 모양이 다음과 같은 입체도형의 이름을 써 보세요.

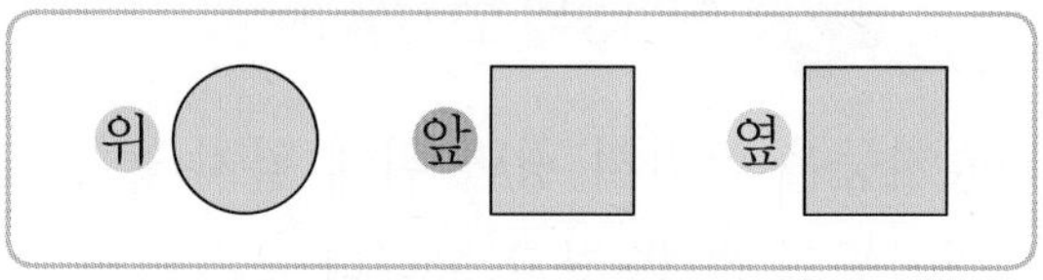

( )

08 원기둥과 각기둥의 공통점을 바르게 설명한 것을 모두 고르세요. ( )

① 밑면이 2개입니다.

② 밑면은 다각형입니다.

③ 굽은 면이 있습니다.

④ 위에서 본 모양은 원입니다.

⑤ 기둥 모양의 입체도형입니다.

AI가 뽑은 정답률 낮은 문제

09 원기둥을 펼쳐 전개도를 만들었습니다. □ 안에 알맞은 수를 써넣으세요. (원주율: 3)

118쪽 유형 2

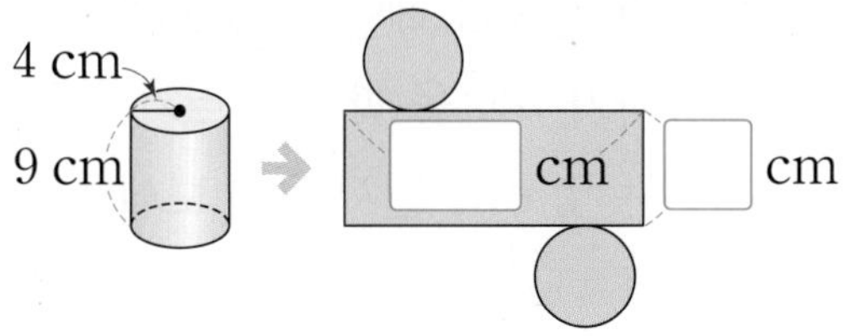

10 직사각형 모양의 종이를 한 변을 기준으로 한 바퀴 돌려 입체도형을 만들었습니다. 만든 입체도형의 한 밑면의 넓이는 몇 cm^2인지 구해 보세요. (원주율: 3)

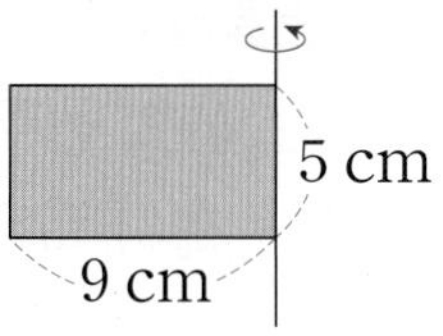

(　　　　　　　　　)

11 나타내는 수가 작은 것부터 차례대로 기호를 써 보세요.

㉠ 원뿔의 밑면의 수
㉡ 삼각기둥의 밑면의 수
㉢ 원기둥의 꼭짓점의 수
㉣ 원뿔의 모선의 수

(　　　　　　　　　)

12 직사각형 모양의 종이를 한 변을 기준으로 한 바퀴 돌려 만든 입체도형입니다. 돌리기 전 직사각형 모양 종이의 넓이는 몇 cm^2인지 구해 보세요.

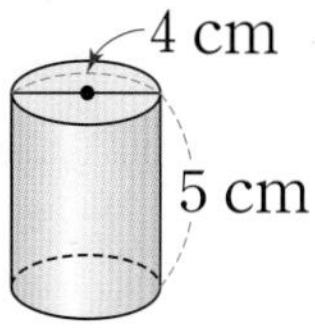

(　　　　　　　　　)

AI가 뽑은 정답률 낮은 문제

13 원기둥의 전개도에서 옆면의 넓이가 651 cm^2일 때, 원기둥의 한 밑면의 넓이는 몇 cm^2인지 구해 보세요. (원주율: 3.1)

119쪽 유형 4

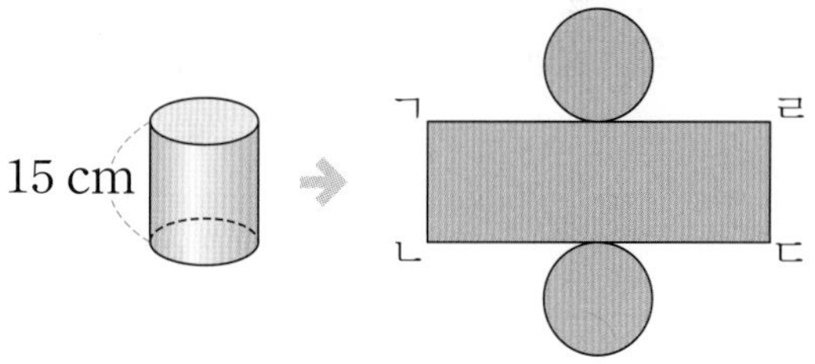

(　　　　　　　　　)

서술형

14 원뿔을 앞에서 본 모양의 둘레가 72 cm일 때, 원뿔을 앞에서 본 모양의 넓이는 몇 cm^2인지 풀이 과정을 쓰고 답을 구해 보세요.

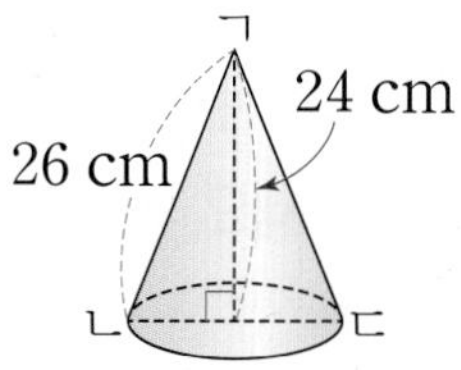

풀이 ▶

답 ▶

15 구에서 삼각형 ㄱㄴㄷ의 둘레가 22 cm일 때, 구를 위에서 본 모양의 넓이는 몇 cm^2인지 구해 보세요. (원주율: 3.1)

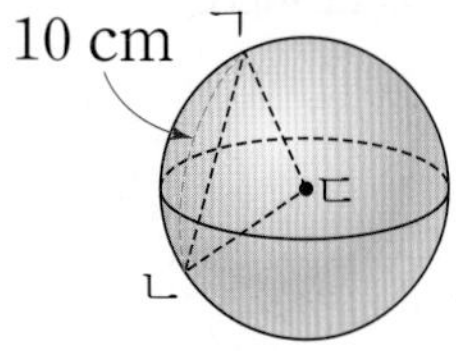

(　　　　　　　　　　)

AI가 뽑은 정답률 낮은 문제 　서술형

16 직각삼각형 ㄱㄴㄷ을 변 ㄱㄷ과 변 ㄴㄷ을 기준으로 각각 한 바퀴 돌려 입체도형을 만들었습니다. 만든 입체도형의 밑면의 넓이의 차는 몇 cm^2인지 풀이 과정을 쓰고 답을 구해 보세요. (원주율: 3.1)

121쪽 유형 8

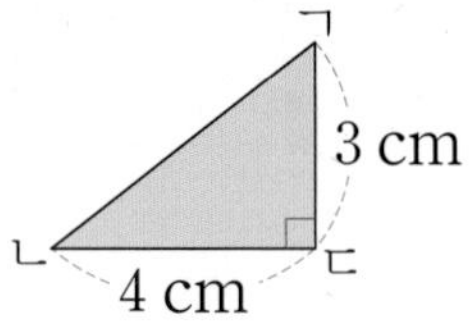

풀이

답

17 **조건**을 만족하는 원기둥의 높이는 몇 cm인지 구해 보세요. (원주율: 3)

조건
- 전개도에서 옆면의 둘레는 128 cm입니다.
- 원기둥의 높이는 밑면의 지름과 같습니다.

(　　　　　　　　　　)

18 직육면체 모양의 나무토막에 그림과 같이 원기둥 모양으로 구멍을 뚫었습니다. 이 나무토막 전체를 페인트 통에 완전히 잠기게 넣었다가 꺼냈을 때 페인트가 묻은 부분의 넓이는 몇 cm^2인지 구해 보세요.

(원주율: 3)

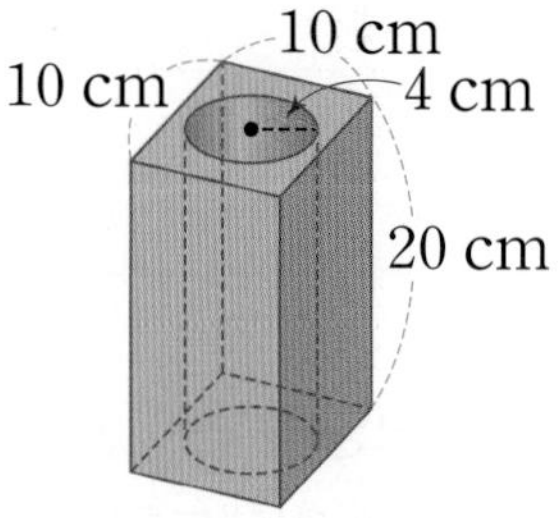

(　　　　　　　　　　)

19 모선의 길이가 25 cm이고, 밑면의 반지름이 5 cm인 원뿔을 다음 그림과 같이 점 ㅇ을 중심으로 하는 원의 원주를 따라 굴리려고 합니다. 굴린 원뿔이 처음의 자리로 오려면 원뿔을 몇 바퀴 굴려야 하는지 구해 보세요. (원주율: 3)

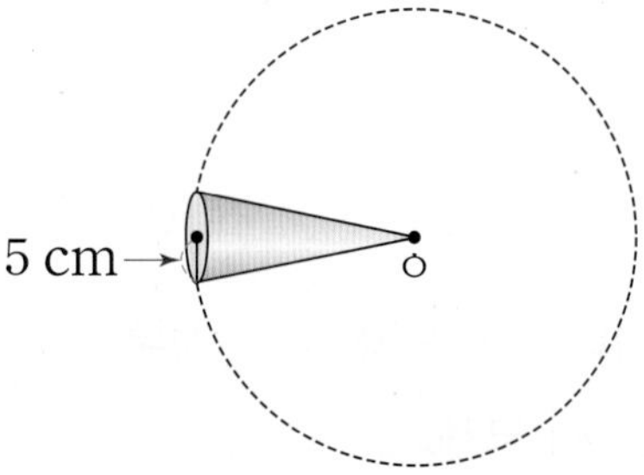

(　　　　　　　　　　)

20 두루마리 휴지 모양과 같은 입체도형은 어떤 평면도형을 한 바퀴 돌려 얻을 수 있습니다. 돌리기 전 평면도형의 둘레는 몇 cm인지 구해 보세요.

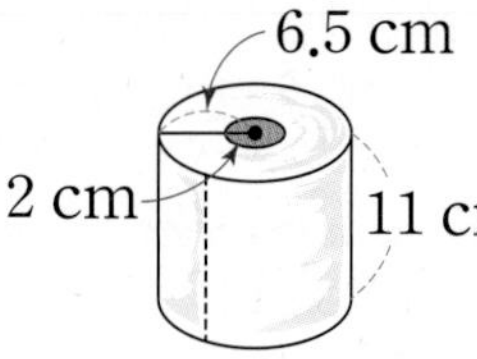

(　　　　　　　　　　)

01 **보기**에서 알맞은 말을 찾아 ☐ 안에 써넣으세요.

보기

밑면 옆면 높이

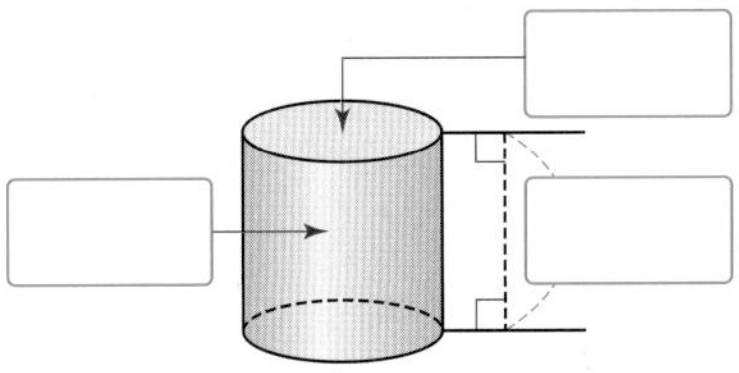

02~03 입체도형을 보고 물음에 답해 보세요.

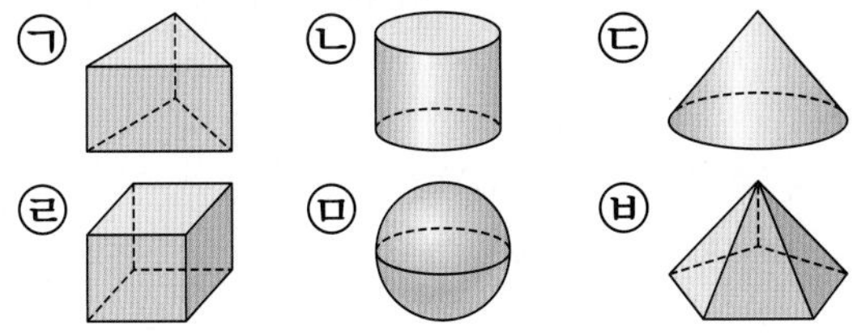

02 원기둥을 찾아 기호를 써 보세요.

( )

03 원뿔을 찾아 기호를 써 보세요.

( )

04 원뿔의 높이와 모선의 길이는 각각 몇 cm인지 구해 보세요.

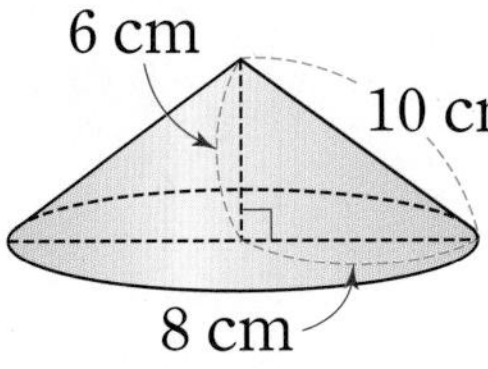

높이 ( )

모선의 길이 ( )

05 반원 모양의 종이를 지름을 기준으로 한 바퀴 돌려 만들 수 있는 입체도형의 이름을 써 보세요.

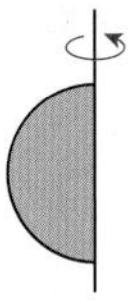

( )

06 원뿔의 모선을 나타내는 선분을 모두 찾아 기호를 써 보세요.

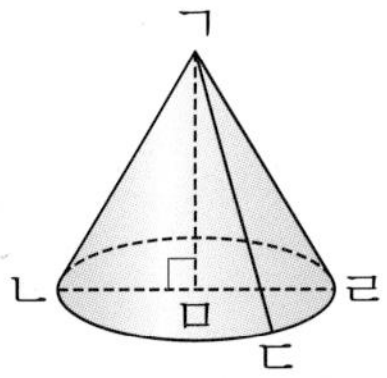

㉠ 선분 ㄱㄴ ㉡ 선분 ㄱㄷ

㉢ 선분 ㄱㅁ ㉣ 선분 ㄴㄹ

( )

07 위, 앞, 옆에서 본 모양이 다음과 같은 입체도형의 이름을 써 보세요.

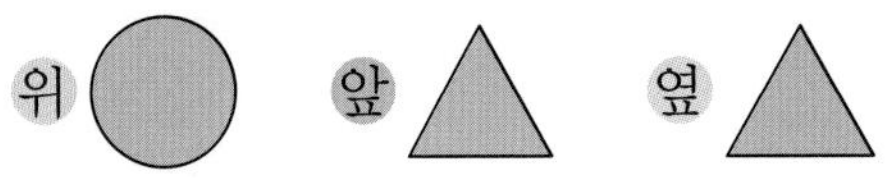

( )

08 원뿔과 원기둥의 높이의 차는 몇 cm인지 구해 보세요.

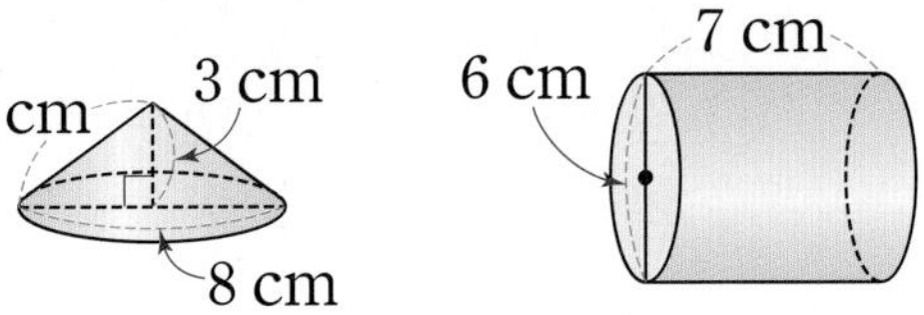

( )

AI가 뽑은 정답률 낮은 문제

09 원기둥과 원뿔의 공통점이 아닌 것을 찾아 기호를 써 보세요.

118쪽 유형 1

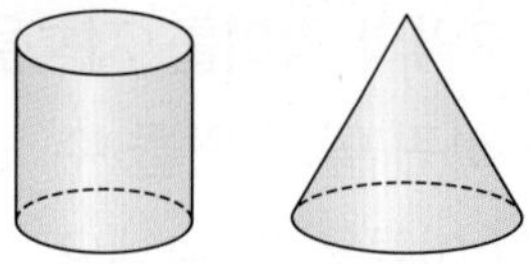

> ㉠ 밑면의 모양이 원입니다.
> ㉡ 굽은 면으로 둘러싸여 있습니다.
> ㉢ 위에서 본 모양은 원입니다.
> ㉣ 밑면의 수가 같습니다.

(　　　　　　　　　　)

10 직사각형 모양의 종이를 한 변을 기준으로 한 바퀴 돌려 입체도형을 만들었습니다. 만든 입체도형의 한 밑면의 넓이는 몇 cm^2인지 구해 보세요. (원주율: 3.1)

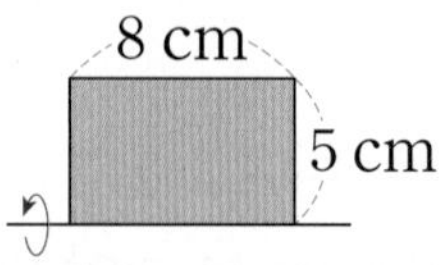

(　　　　　　　　　　)

11 원기둥의 전개도에 대해 잘못 설명한 것을 찾아 기호를 써 보세요.

> ㉠ 밑면은 2개이고, 옆면은 1개입니다.
> ㉡ 옆면의 가로는 밑면의 둘레와 같습니다.
> ㉢ 옆면의 세로는 밑면의 지름과 같습니다.

(　　　　　　　　　　)

12 오른쪽 원기둥의 전개도를 그리고, 밑면의 반지름과 옆면의 가로, 세로의 길이를 나타내어 보세요. (원주율: 3)

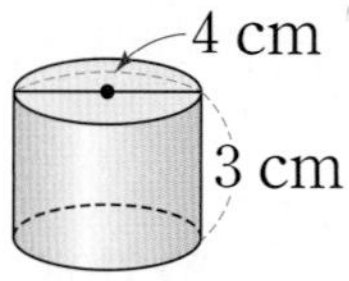

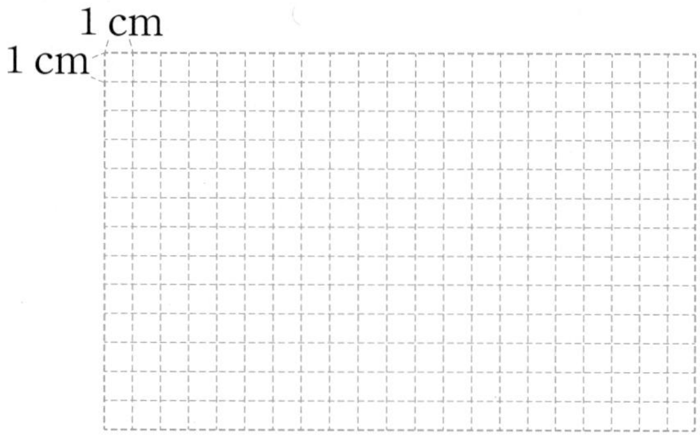

AI가 뽑은 정답률 낮은 문제 서술형

13 오른쪽 원기둥의 옆면의 넓이가 108 cm^2일 때, 원기둥의 높이는 몇 cm인지 풀이 과정을 쓰고 답을 구해 보세요. (원주율: 3)

119쪽 유형 3

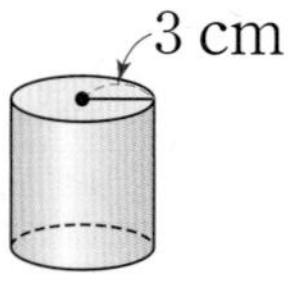

풀이

답

14 원기둥의 전개도를 그렸을 때, 그린 전개도의 둘레는 몇 cm인지 구해 보세요. (원주율: 3.1)

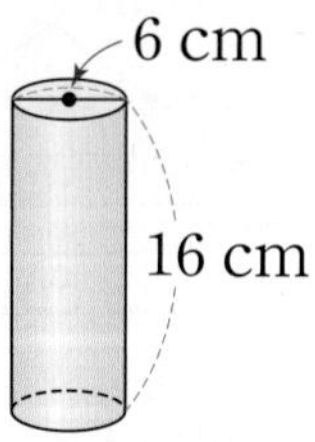

(　　　　　　　　　　)

15 직각삼각형 모양의 종이를 한 변을 기준으로 한 바퀴 돌려 만든 입체도형입니다. 돌리기 전 직각삼각형 모양의 종이의 넓이는 몇 cm^2인지 구해 보세요.

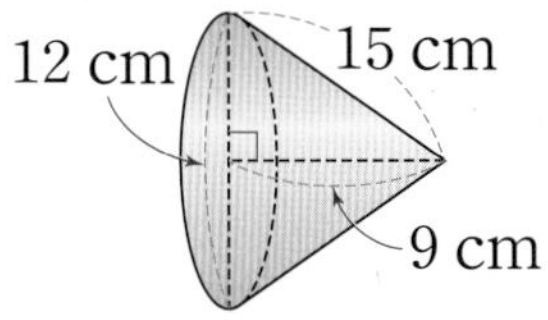

(　　　　　　　　)

서술형

18 오른쪽 원기둥을 위에서 본 모양의 둘레가 37.2 cm입니다. 원기둥을 앞에서 본 모양의 둘레는 몇 cm인지 풀이 과정을 쓰고 답을 구해 보세요. (원주율: 3.1)

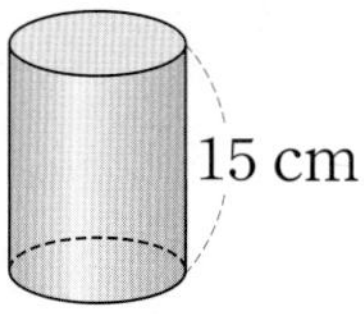

풀이

답

16 **조건**을 만족하는 원뿔의 모선의 길이는 몇 cm인지 구해 보세요.

조건
- 위에서 본 모양은 반지름이 3 cm인 원입니다.
- 앞에서 본 모양은 정삼각형입니다.

(　　　　　　　　)

AI가 뽑은 정답률 낮은 문제

19 가로 50 cm, 세로 40 cm인 직사각형 모양의 종이에 원기둥의 전개도를 그리고 오려 붙여 원기둥 모양의 상자를 만들려고 합니다. 밑면의 반지름을 6 cm로 하여 최대한 높은 상자를 만든다면 상자의 높이는 몇 cm가 되는지 구해 보세요. (원주율: 3)

122쪽 유형10

(　　　　　　　　)

AI가 뽑은 정답률 낮은 문제

17 어떤 평면도형을 한 선분을 기준으로 반 바퀴 돌렸더니 다음과 같이 구를 똑같이 반으로 자른 모양이 되었습니다. 돌리기 전 평면도형의 둘레는 몇 cm인지 구해 보세요. (원주율: 3.14)

121쪽 유형 7

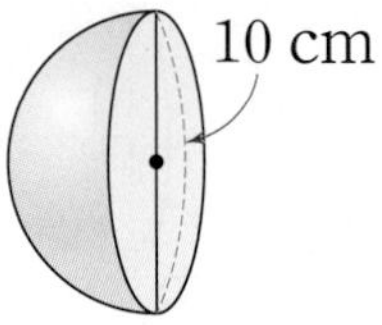

(　　　　　　　　)

20 원뿔에서 점 ㄱ과 밑면의 둘레의 두 점을 이어 삼각형을 만들려고 합니다. 만들 수 있는 삼각형은 모두 몇 개인지 구해 보세요.

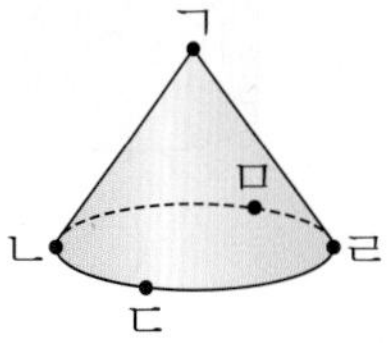

(　　　　　　　　)

6 단원

점수

118~123쪽에서 같은 유형의 문제를 더 풀 수 있어요.

01 원뿔이 아닌 것을 모두 찾아 기호를 써 보세요.

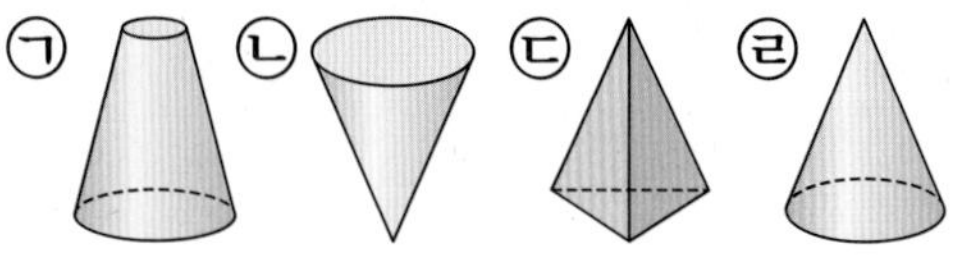

(　　　　　　　　)

02~03 원뿔의 어느 부분을 재는 것인지 **보기** 에서 찾아 써 보세요.

보기

밑면의 지름　　높이　　모선의 길이

02

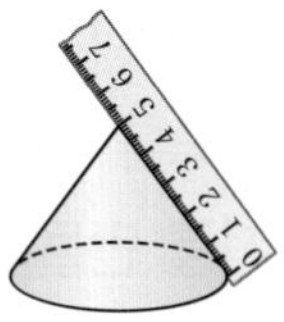

(　　　　　　　　)

03

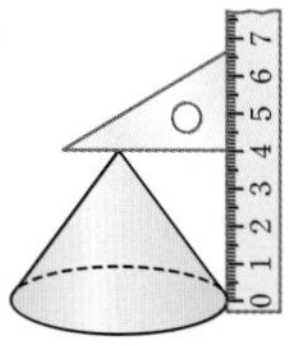

(　　　　　　　　)

04 원기둥의 높이는 몇 cm인지 써 보세요.

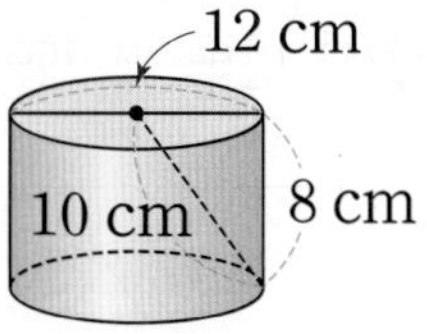

(　　　　　　　　)

05 원기둥과 삼각기둥을 보고 빈칸에 알맞은 수를 써넣으세요.

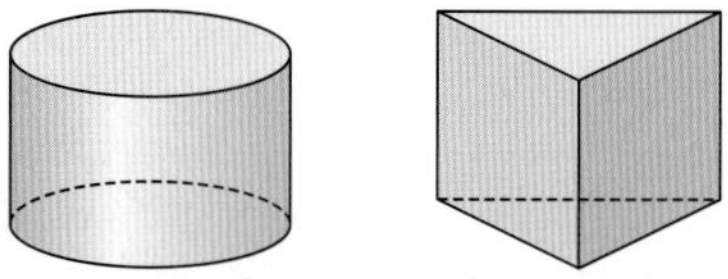

입체도형	원기둥	삼각기둥
밑면의 수(개)		
옆면의 수(개)		

AI가 뽑은 정답률 낮은 문제

06 원기둥과 원뿔에 대해 잘못 설명한 것을 모두 고르세요.　(　　　　　)

118쪽 유형 1

① 원기둥과 원뿔의 밑면은 각각 1개이고, 원 모양입니다.

② 원기둥과 원뿔의 옆면은 굽은 면입니다.

③ 원기둥에는 꼭짓점이 있고, 원뿔에는 꼭짓점이 없습니다.

④ 원기둥과 원뿔은 위에서 본 모양이 원입니다.

⑤ 원기둥은 직사각형 모양 종이를 돌려서 만들 수 있고, 원뿔은 직각삼각형 모양 종이를 돌려서 만들 수 있습니다.

07 원뿔에서 모선의 길이와 높이의 차는 몇 cm인지 구해 보세요.

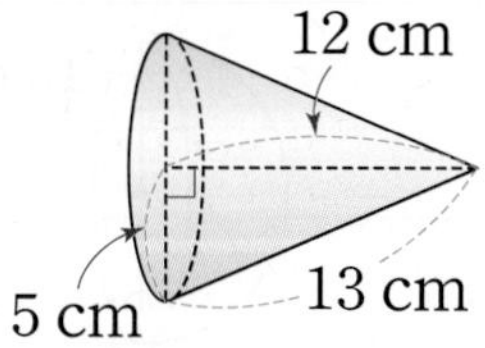

(　　　　　　　　)

08 어느 방향에서 보아도 모양이 같은 입체도형을 찾아 기호를 써 보세요.

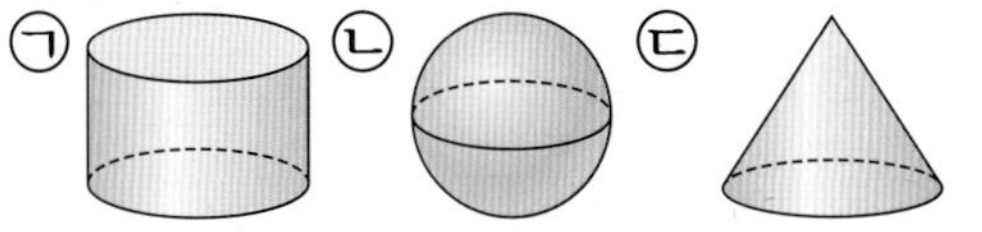

( )

09 반원 모양의 종이를 지름을 기준으로 한 바퀴 돌려서 구를 만들었습니다. 만든 구 중 가장 큰 것을 찾아 기호를 써 보세요.

㉠ 지름이 12 cm인 반원
㉡ 지름이 8 cm인 반원
㉢ 반지름이 7 cm인 반원

( )

10 볼링공의 반지름이 11 cm일 때, 볼링공을 위에서 본 모양의 넓이는 몇 cm^2인지 구해 보세요. (원주율: 3)

( )

11 직각삼각형 모양의 종이를 한 변을 기준으로 한 바퀴 돌려 입체도형을 만들었습니다. 만든 입체도형을 앞에서 본 모양의 둘레는 몇 cm인지 구해 보세요.

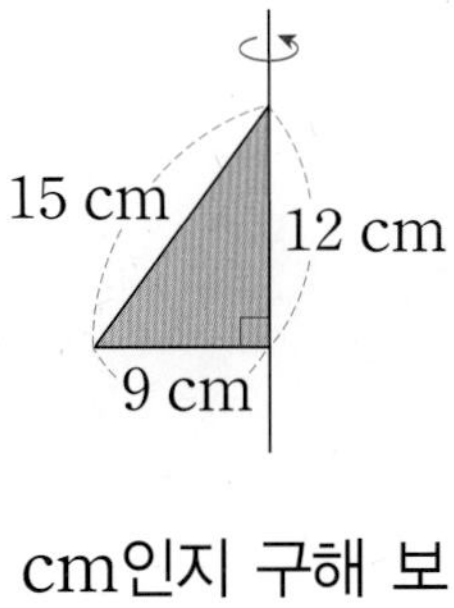

( )

12 오른쪽 원기둥의 전개도를 그리고, 밑면의 반지름과 옆면의 가로, 세로의 길이를 나타내어 보세요. (원주율: 3)

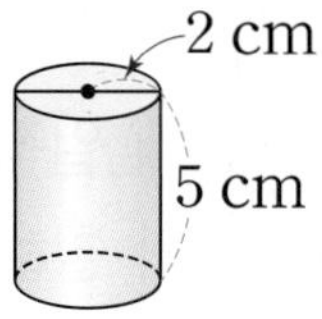

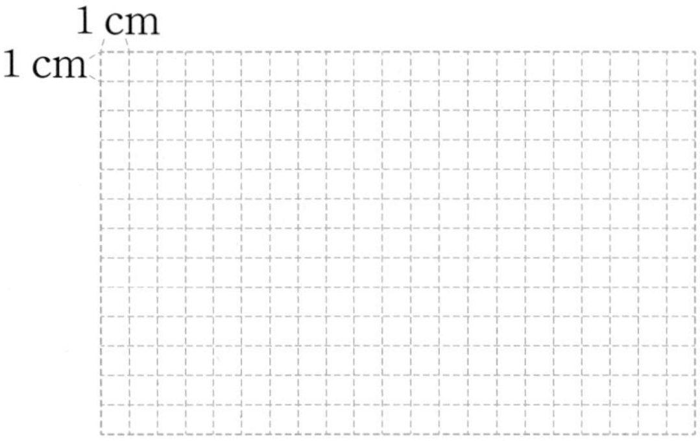

13 원기둥을 관찰하며 나눈 대화를 보고 원기둥의 높이는 몇 cm인지 구해 보세요.

- 영현: 위에서 본 모양은 반지름이 6 cm인 원이야.
- 민혜: 앞에서 본 모양은 정사각형이야.

( )

AI가 뽑은 정답률 낮은 문제 서술형

14 원기둥의 전개도에서 옆면의 넓이가 126 cm^2일 때, 원기둥의 밑면의 반지름은 몇 cm인지 풀이 과정을 쓰고 답을 구해 보세요. (원주율: 3)

119쪽 유형4

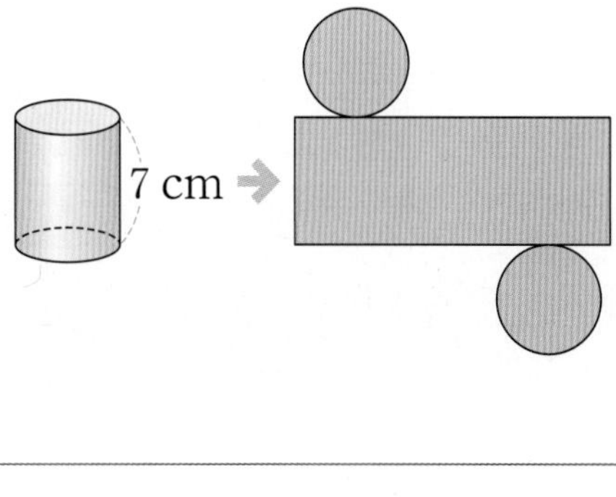

풀이

답

6 단원

AI가 뽑은 정답률 낮은 문제

15 원기둥 모양의 롤러에 페인트를 묻힌 후 벽에 일직선으로 3바퀴 굴렸습니다. 페인트가 칠해진 부분의 넓이는 몇 cm^2인지 구해 보세요. (원주율: 3)

120쪽 유형 6

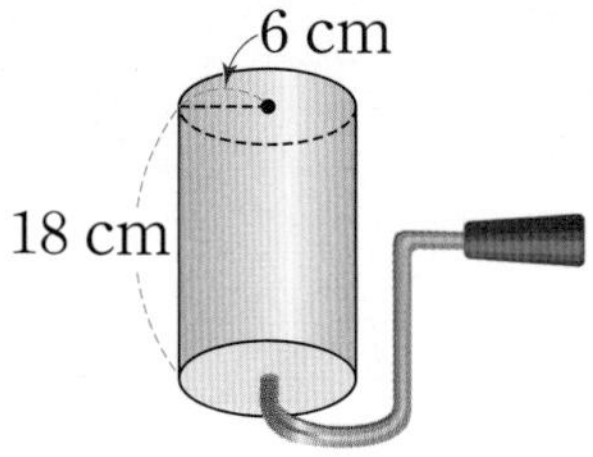

(　　　　　　　　)

16 조건을 만족하는 원기둥의 높이는 몇 cm인지 구해 보세요. (원주율: 3)

조건
- 전개도에서 옆면의 둘레는 144 cm입니다.
- 원기둥의 높이는 밑면의 지름과 같습니다.

(　　　　　　　　)

AI가 뽑은 정답률 낮은 문제　서술형

17 원기둥과 구를 앞에서 본 모양의 둘레는 서로 같습니다. 원기둥의 높이는 몇 cm인지 풀이 과정을 쓰고 답을 구해 보세요. (원주율: 3)

122쪽 유형 9

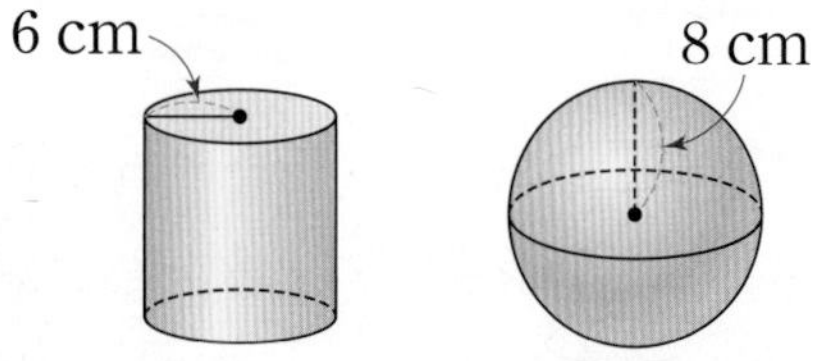

풀이

답

18 어떤 평면도형을 한 변을 기준으로 반 바퀴 돌렸더니 다음과 같이 원기둥을 똑같이 반으로 자른 모양이 되었습니다. 돌리기 전 평면도형의 넓이는 몇 cm^2인지 구해 보세요.

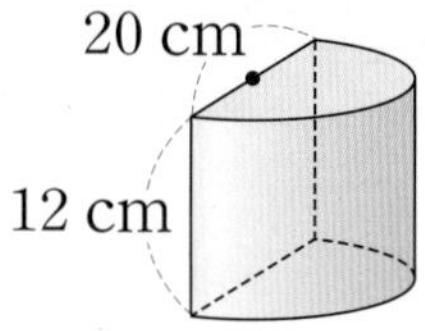

(　　　　　　　　)

19 그림과 같이 원기둥에 구를 꼭 맞게 넣었습니다. 구를 앞에서 본 모양의 넓이가 111.6 cm^2일 때, 원기둥의 전개도의 둘레는 몇 cm인지 구해 보세요. (원주율: 3.1)

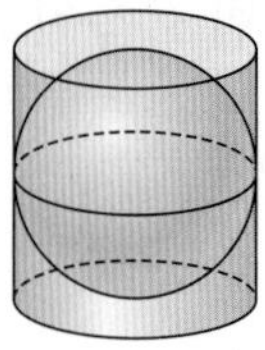

(　　　　　　　　)

AI가 뽑은 정답률 낮은 문제

20 직각삼각형을 직선 ㄱㄴ을 기준으로 한 바퀴 돌려 만든 입체도형을 앞에서 본 모양의 넓이는 몇 cm^2인지 구해 보세요.

123쪽 유형 11

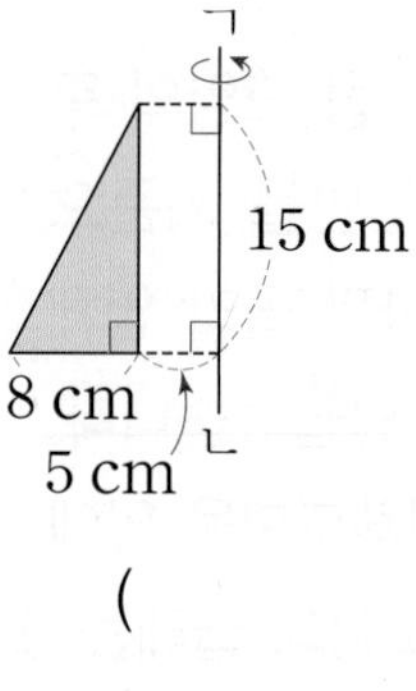

(　　　　　　　　)

점수

118~123쪽에서 같은 유형의 문제를 더 풀 수 있어요.

01 원기둥은 어느 것인가요? (　　　)

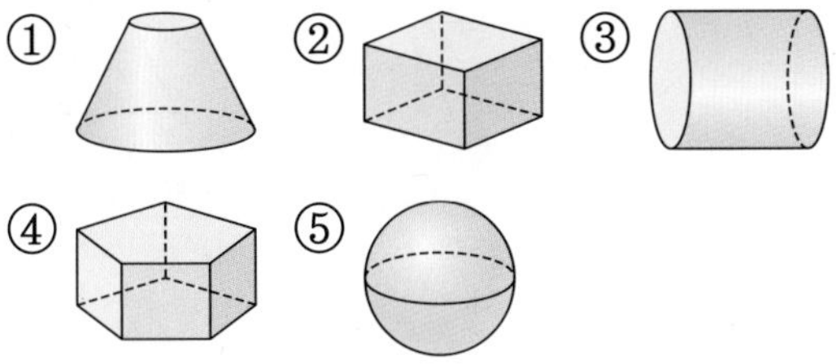

02~03 원뿔을 보고 □ 안에 알맞게 써넣으세요.

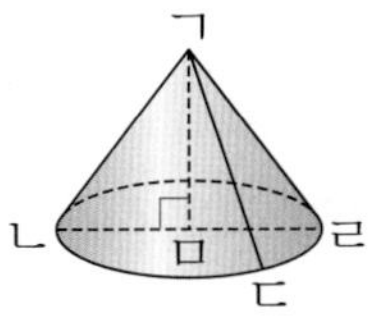

02 원뿔의 꼭짓점은 점 □입니다.

03 높이를 나타내는 선분은 선분 □입니다.

04 원기둥을 위, 앞, 옆에서 본 모양을 각각 찾아 기호를 써 보세요.

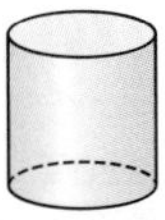

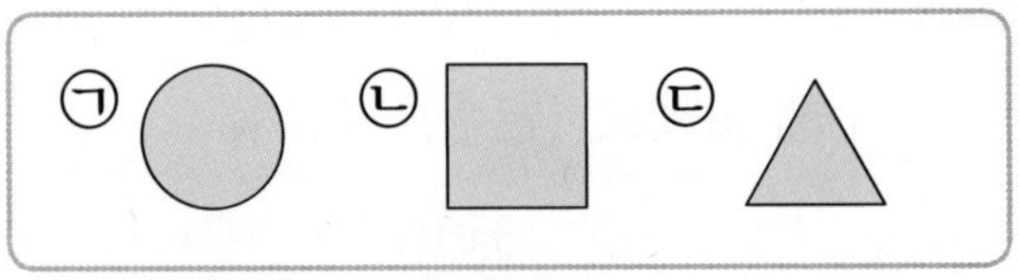

위에서 본 모양	앞에서 본 모양	옆에서 본 모양

05 원기둥에는 없고 각기둥에는 있는 것을 모두 고르세요. (　　　)

① 높이　② 밑면　③ 꼭짓점
④ 모서리　⑤ 옆면

06 원뿔의 여러 부분을 잰 모습을 보고 잘못 말한 사람은 누구인지 이름을 써 보세요.

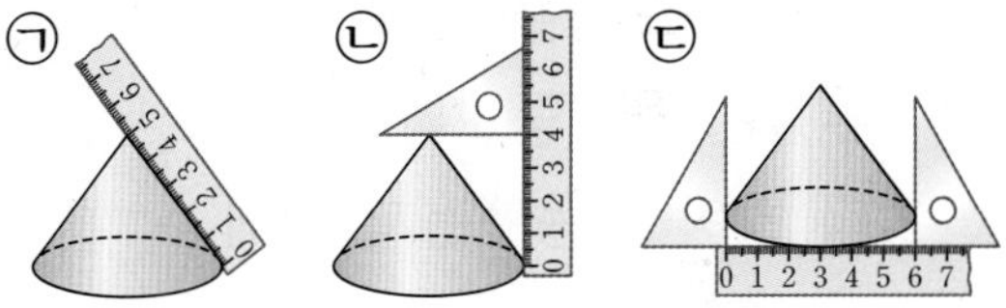

- 해원: ㉠은 모선의 길이를 재는 방법이고 모선의 길이는 5 cm입니다.
- 민형: ㉡은 높이를 재는 방법이고 높이는 4 cm입니다.
- 예지: ㉢은 밑면의 반지름을 재는 방법이고 밑면의 반지름은 6 cm입니다.

(　　　)

07 직사각형 모양의 종이를 한 변을 기준으로 한 바퀴 돌려 만든 입체도형의 밑면의 지름과 높이는 각각 몇 cm인지 구해 보세요.

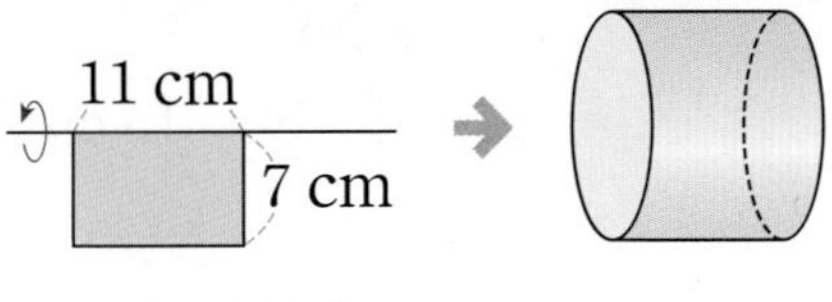

밑면의 지름 (　　　)
높이 (　　　)

08 원기둥에 대해 잘못 설명한 것을 모두 고르세요. (　　　　　)

① 밑면은 굽은 면입니다.
② 꼭짓점이 없습니다.
③ 밑면은 1개 있습니다.
④ 두 밑면 사이의 거리를 높이라고 합니다.
⑤ 밑면의 모양은 원입니다.

09 오른쪽 모양을 만드는 데 원뿔은 원기둥보다 몇 개 더 많이 사용했는지 구해 보세요.

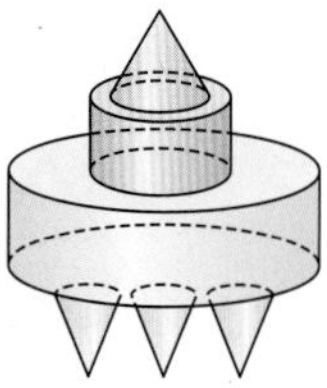

(　　　　　)

10 오른쪽 원기둥의 전개도를 만들었을 때, 옆면의 넓이는 몇 cm^2인지 구해 보세요. (원주율: 3.1)

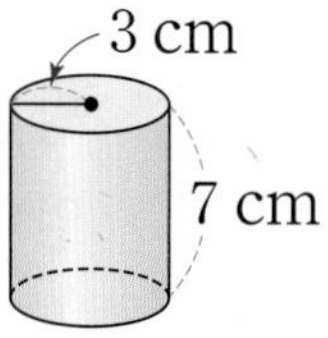

(　　　　　)

11 원뿔을 앞에서 본 모양의 둘레는 몇 cm인지 구해 보세요.

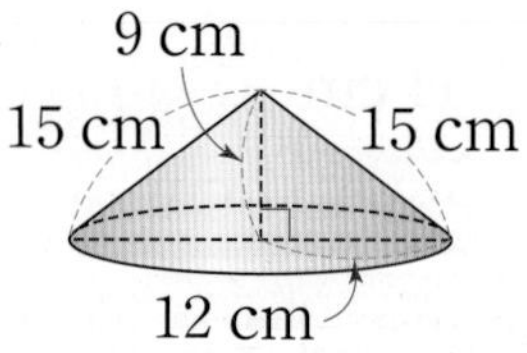

(　　　　　)

12 원기둥의 전개도가 아닌 것의 기호를 쓰고, 그 이유를 써 보세요.

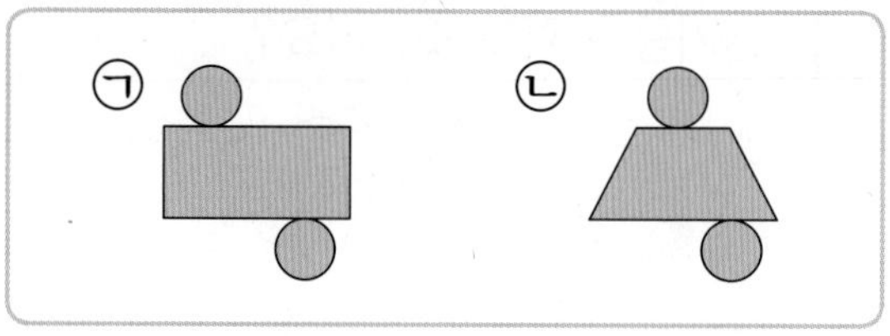

답 ▶ ______________________

____

____

13 원뿔과 각뿔의 공통점을 모두 찾아 기호를 써 보세요.

㉠ 밑면의 수가 같습니다.
㉡ 옆면의 수가 같습니다.
㉢ 밑면의 모양이 원입니다.
㉣ 꼭짓점이 있습니다.

(　　　　　)

AI가 뽑은 정답률 낮은 문제

14 120쪽 유형 5 원기둥에 가로가 3 cm인 직사각형 모양의 색종이 2장을 겹치지 않게 붙이려고 합니다. 필요한 색종이의 넓이는 몇 cm^2인지 구해 보세요. (원주율: 3.14)

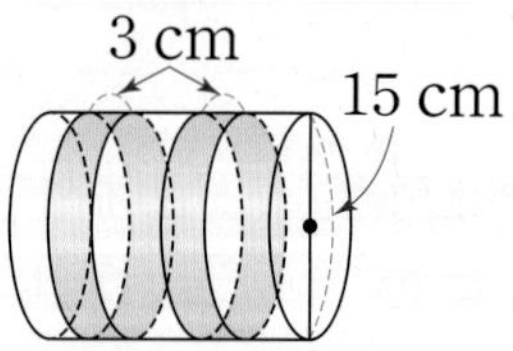

(　　　　　)

15 둘레가 34 cm인 직사각형 모양의 종이를 한 변을 기준으로 한 바퀴 돌려 입체도형을 만들었습니다. 만든 입체도형을 위에서 본 모양의 넓이는 몇 cm^2인지 구해 보세요. (원주율: 3.1)

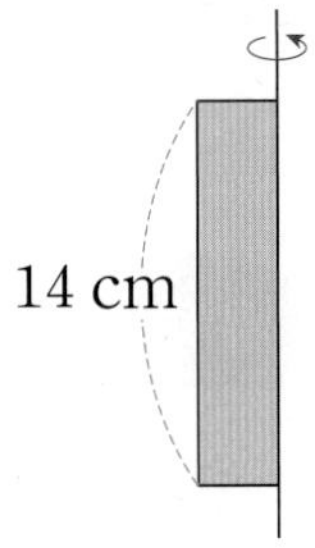

(　　　　　　　　　　)

16 구의 겉면에 그릴 수 있는 가장 큰 원의 넓이는 몇 cm^2인지 구해 보세요.

(원주율: 3.14)

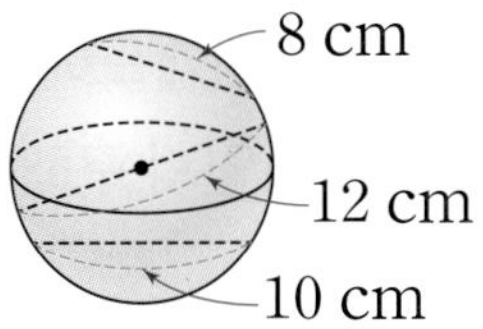

(　　　　　　　　　　)

AI가 뽑은 정답률 낮은 문제

17 119쪽 유형3

왼쪽 정육면체의 옆면의 넓이의 합과 오른쪽 원기둥의 옆면의 넓이가 같습니다. 원기둥의 높이는 몇 cm인지 구해 보세요.

(원주율: 3)

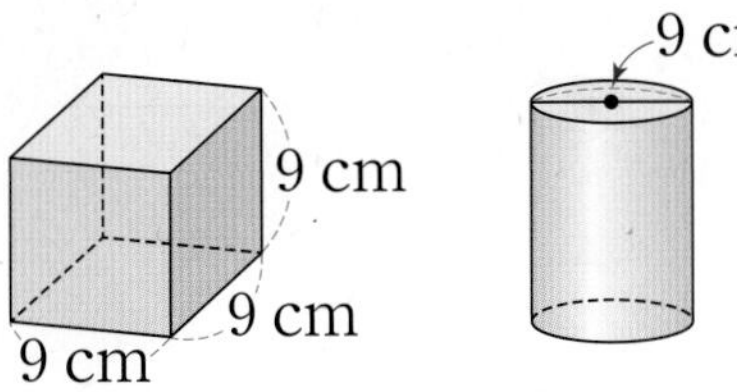

(　　　　　　　　　　)

서술형

18 **조건**을 만족하는 원기둥의 전개도의 넓이는 몇 cm^2인지 풀이 과정을 쓰고 답을 구해 보세요. (원주율: 3.1)

조건
- 앞에서 본 모양은 정사각형입니다.
- 위에서 본 모양은 반지름이 4 cm인 원입니다.

풀이 ▶

답 ▶

AI가 뽑은 정답률 낮은 문제

19 123쪽 유형12

구를 똑같이 반으로 자른 면과 원기둥의 밑면이 꼭 맞도록 이어 붙이고, 원뿔의 밑면과 원기둥의 다른 밑면이 꼭 맞도록 이어 붙여 입체도형을 만들었습니다. 만든 입체도형을 앞에서 본 모양의 넓이는 몇 cm^2인지 구해 보세요. (원주율: 3)

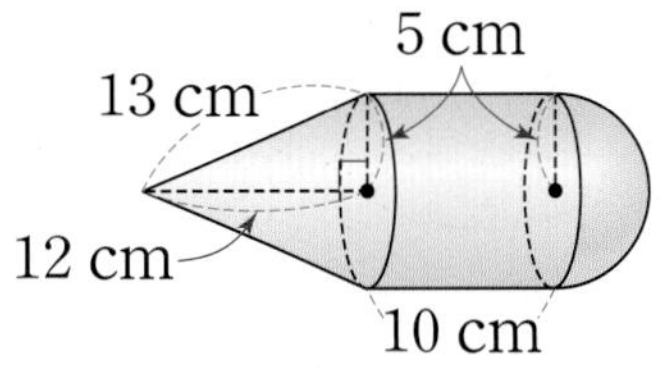

(　　　　　　　　　　)

20 구와 원뿔 중 앞에서 본 모양의 넓이는 어느 것이 몇 cm^2 더 넓은지 차례대로 써 보세요. (원주율: 3.1)

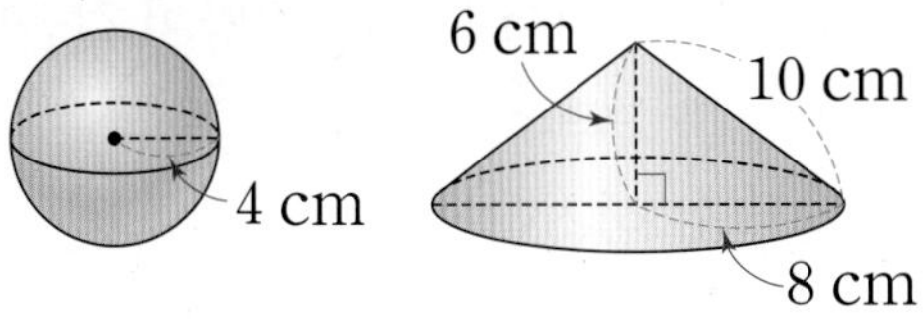

(　　　　　,　　　　　)

6 단원

2회 9번 3회 6번

유형 1 원기둥, 원뿔, 구의 비교

원뿔과 구의 공통점을 찾아 기호를 써 보세요.

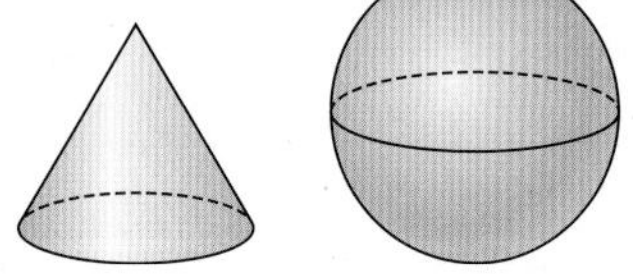

㉠ 위에서 본 모양 ㉡ 앞에서 본 모양
㉢ 옆면의 수 ㉣ 밑면의 수

( )

Tip 원뿔은 평평한 면이 원이고 옆을 둘러싼 면이 굽은 면인 뿔 모양의 입체도형이고, 구는 공 모양의 입체도형이에요.

1-1 원기둥에는 없지만 원뿔에는 있는 것을 찾아 기호를 써 보세요.

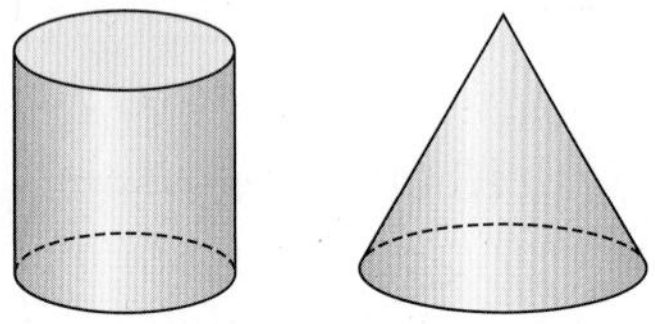

㉠ 밑면 ㉡ 옆면 ㉢ 꼭짓점 ㉣ 높이

( )

1-2 원기둥과 구의 공통점을 찾아 기호를 써 보세요.

㉠ 어느 방향에서 보아도 모양이 같습니다.
㉡ 뾰족한 부분이 없습니다.
㉢ 밑면이 있습니다.

( )

1회 9번

유형 2 원기둥의 전개도에서 옆면의 가로, 세로 구하기

원기둥의 전개도에서 옆면의 가로와 세로는 각각 몇 cm인지 구해 보세요. (원주율: 3.14)

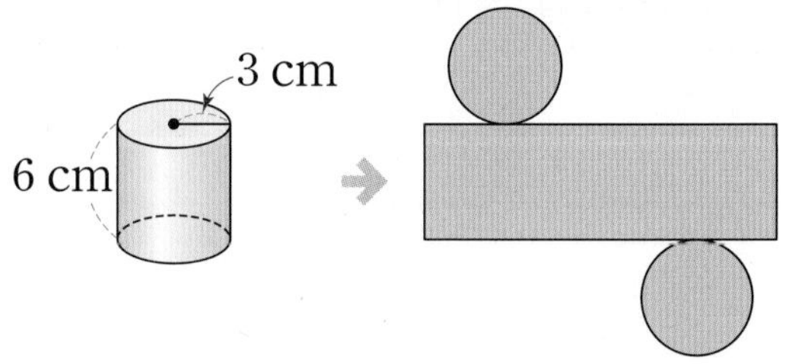

(,)

Tip 원기둥의 전개도에서 옆면의 가로는 원기둥의 밑면의 둘레와 같고, 옆면의 세로는 원기둥의 높이와 같아요.

2-1 원기둥의 전개도에서 옆면의 가로와 세로는 각각 몇 cm인지 구해 보세요.

(원주율: 3.14)

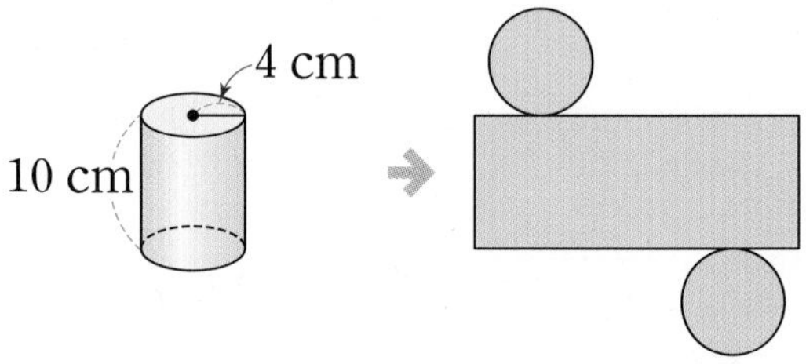

(,)

2-2 원기둥의 전개도에서 옆면의 둘레는 몇 cm인지 구해 보세요. (원주율: 3.14)

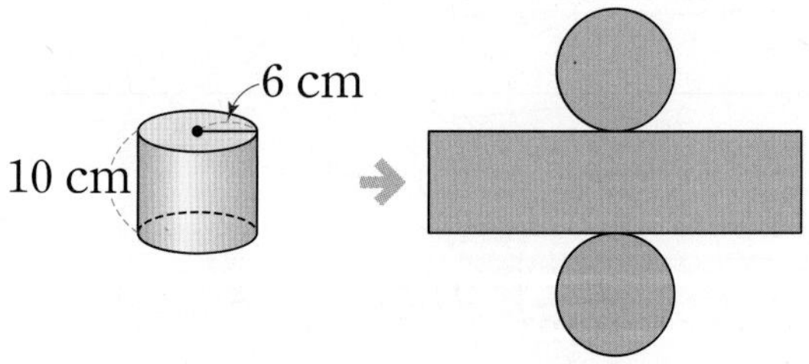

( )

2회 13번 | 4회 17번

유형 3 원기둥의 옆면의 넓이를 이용하여 높이 구하기

원기둥의 옆면의 넓이가 279 cm^2일 때, 원기둥의 높이는 몇 cm인지 구해 보세요. (원주율: 3.1)

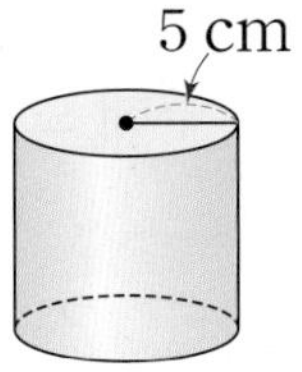

(　　　　　　　　　)

Tip (옆면의 넓이)=(밑면의 둘레)×(높이)

3-1 원기둥의 옆면의 넓이가 595.2 cm^2일 때, 원기둥의 높이는 몇 cm인지 구해 보세요. (원주율: 3.1)

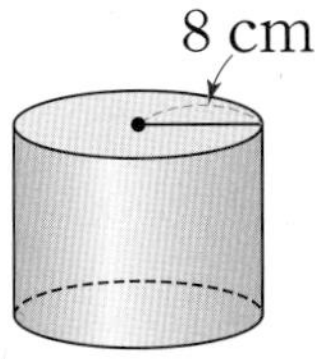

(　　　　　　　　　)

3-2 밑면이 정사각형인 왼쪽 직육면체의 옆면의 넓이의 합과 오른쪽 원기둥의 옆면의 넓이가 같습니다. 원기둥의 높이는 몇 cm인지 구해 보세요. (원주율: 3)

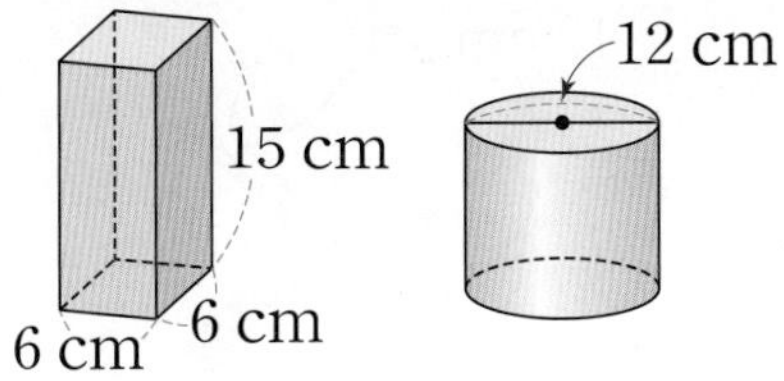

(　　　　　　　　　)

1회 13번 | 3회 14번

유형 4 원기둥의 옆면의 넓이를 이용하여 밑면의 반지름 구하기

원기둥의 전개도에서 옆면의 넓이가 248 cm^2일 때, 원기둥의 밑면의 반지름은 몇 cm인지 구해 보세요. (원주율: 3.1)

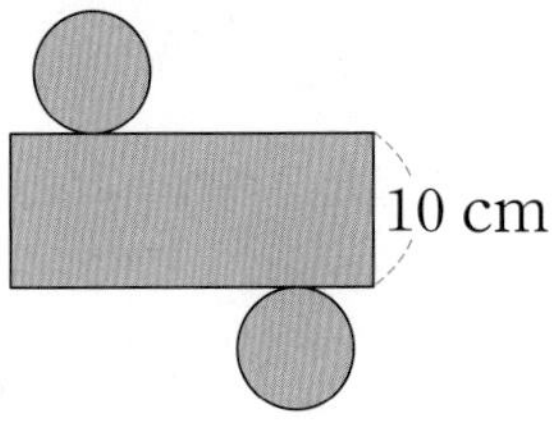

(　　　　　　　　　)

Tip 전개도에서 옆면의 가로는 밑면의 둘레와 같음을 이용하여 원기둥의 밑면의 반지름을 구해요.

4-1 원기둥의 전개도에서 옆면의 넓이가 148.8 cm^2일 때, 원기둥의 밑면의 반지름은 몇 cm인지 보세요. (원주율: 3.1)

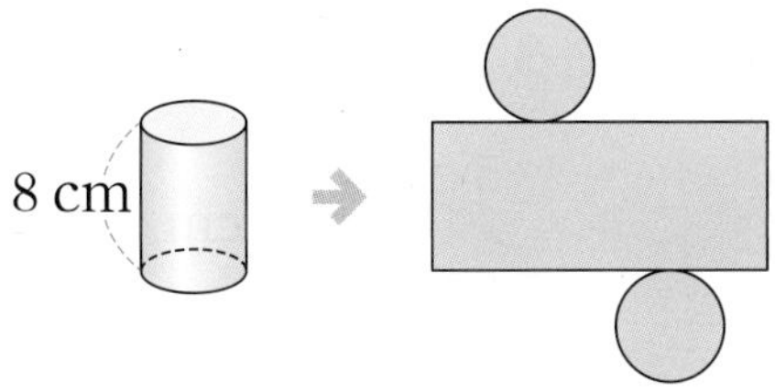

(　　　　　　　　　)

4-2 전개도를 접어서 만든 원기둥 모양의 상자의 겉면에 남거나 겹치는 부분 없이 포장지를 붙이려고 합니다. 필요한 포장지는 적어도 몇 cm^2인지 구해 보세요. (원주율: 3.1)

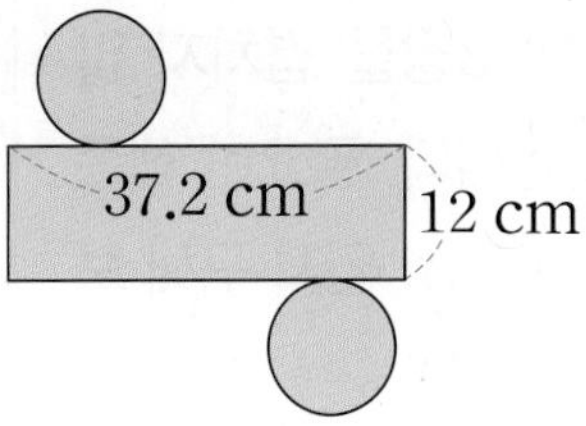

(　　　　　　　　　)

6 단원

4회 14번

유형 5 필요한 색종이의 넓이 구하기

원기둥에 세로가 4 cm인 직사각형 모양의 색종이 2장을 겹치지 않게 붙이려고 합니다. 필요한 색종이의 넓이는 몇 cm^2인지 구해 보세요. (원주율: 3.1)

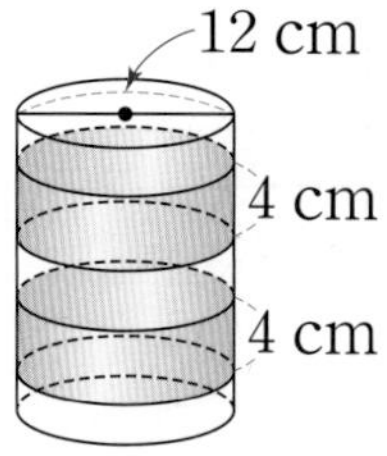

( )

Tip 색종이의 가로는 원기둥의 밑면의 둘레와 같음을 이용해요.

5-1 원기둥에 가로가 5 cm인 직사각형 모양의 색종이 2장을 겹치지 않게 붙이려고 합니다. 필요한 색종이의 넓이는 몇 cm^2인지 구해 보세요. (원주율: 3.1)

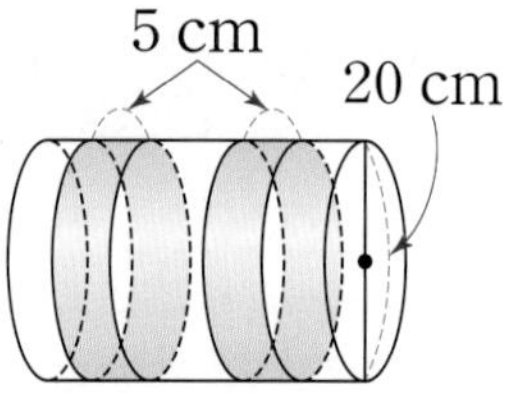

( )

5-2 원기둥에 세로가 각각 3 cm, 2 cm, 1 cm인 직사각형 모양의 색종이 3장을 겹치지 않게 붙이려고 합니다. 필요한 색종이의 넓이는 몇 cm^2인지 구해 보세요. (원주율: 3.1)

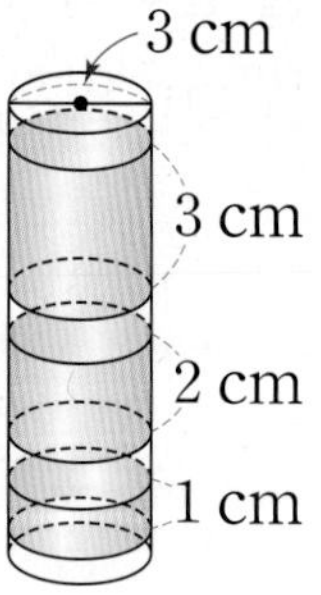

( )

3회 15번

유형 6 원기둥 모양의 롤러 문제 해결하기

원기둥 모양의 롤러에 페인트를 묻힌 후 벽에 일직선으로 4바퀴 굴렸더니 페인트가 칠해진 부분의 넓이가 3968 cm^2였습니다. 롤러의 밑면의 반지름은 몇 cm인지 구해 보세요. (원주율: 3.1)

( )

Tip (롤러 옆면의 넓이)
=(한 바퀴 굴렸을 때 페인트가 칠해진 부분의 넓이)

6-1 원기둥 모양의 롤러에 페인트를 묻힌 후 벽에 일직선으로 3바퀴 굴렸습니다. 페인트가 칠해진 부분의 넓이는 몇 cm^2인지 구해 보세요. (원주율: 3.1)

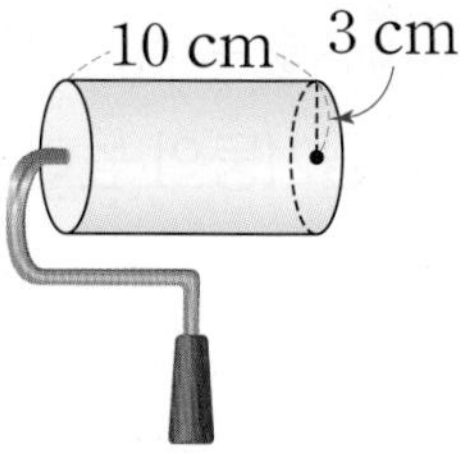

( )

6-2 원기둥 모양의 롤러에 물감을 묻힌 후 벽에 일직선으로 5바퀴 굴렸을 때 물감이 칠해진 부분의 넓이는 1860 cm^2입니다. 이 롤러와 똑같은 원기둥의 전개도를 그렸을 때, 전개도의 넓이는 몇 cm^2인지 구해 보세요. (원주율: 3.1)

( )

🔗 2회 17번

유형 7 돌리기 전 평면도형의 둘레 구하기

어떤 평면도형을 한 선분을 기준으로 한 바퀴 돌려 만든 입체도형입니다. 돌리기 전 평면도형의 둘레는 몇 cm인지 구해 보세요.

(원주율: 3.14)

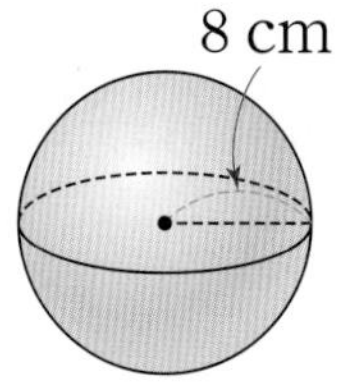

(   )

Tip 반원을 지름을 기준으로 한 바퀴 돌리면 구가 만들어져요.

7-1 어떤 평면도형을 한 선분을 기준으로 한 바퀴 돌려 만든 입체도형입니다. 입체도형의 가장 안쪽에 있는 점에서 겉면의 한 점을 이은 선분의 길이가 4 cm일 때, 돌리기 전 평면도형의 둘레는 몇 cm인지 구해 보세요.

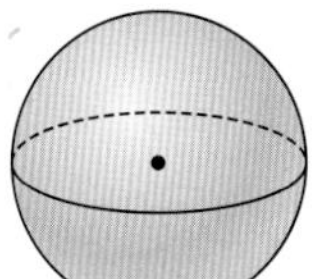

(원주율: 3.14)

(   )

7-2 어떤 평면도형을 한 선분을 기준으로 반 바퀴 돌렸더니 오른쪽과 같이 구를 똑같이 반으로 자른 모양이 되었습니다. 돌리기 전 평면도형의 둘레는 몇 cm인지 구해 보세요.

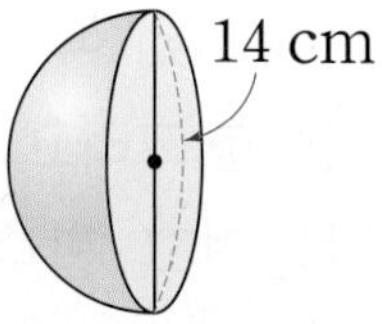

(원주율: 3.14)

(   )

🔗 1회 16번

유형 8 돌려서 만든 입체도형 알아보기

직각삼각형 ㄱㄴㄷ을 변 ㄱㄷ과 변 ㄴㄷ을 기준으로 각각 한 바퀴 돌려 입체도형을 만들었습니다. 만든 입체도형의 밑면의 넓이의 차는 몇 cm^2인지 구해 보세요. (원주율: 3.1)

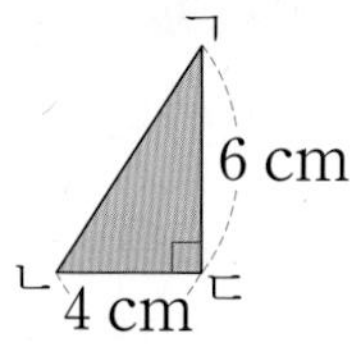

(   )

Tip 먼저 각 변을 기준으로 한 바퀴 돌려 만든 입체도형의 밑면의 반지름을 구해요.

8-1 직각삼각형 모양의 종이를 한 변을 기준으로 한 바퀴 돌려 입체도형을 만들었습니다. 5 cm인 변을 기준으로 돌려 만든 도형을 가, 3 cm인 변을 기준으로 돌려 만든 도형을 나라고 할 때, 가와 나 중 어느 도형의 밑면의 둘레가 몇 cm 더 긴지 차례대로 써 보세요. (원주율: 3.1)

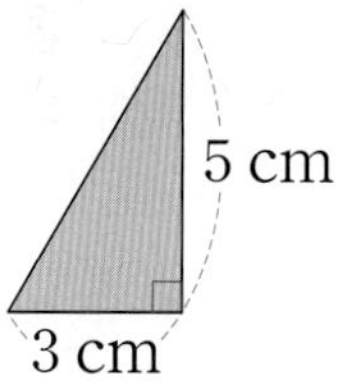

(,   )

8-2 직사각형 모양의 종이를 가로와 세로를 기준으로 각각 한 바퀴 돌려 입체도형을 만들었습니다. 만든 입체도형의 전개도에서 옆면의 둘레의 차는 몇 cm인지 구해 보세요. (원주율: 3.1)

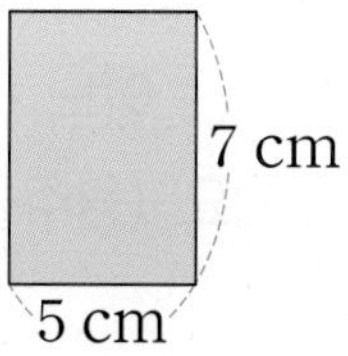

(   )

6 단원

3회 17번

유형 9 앞(위)에서 본 모양의 넓이(둘레)가 같은 두 입체도형 알아보기

원뿔과 원기둥을 앞에서 본 모양의 넓이는 서로 같습니다. 원기둥의 전개도에서 옆면의 가로가 15 cm일 때, 원뿔의 밑면의 지름은 몇 cm인지 구해 보세요. (원주율: 3)

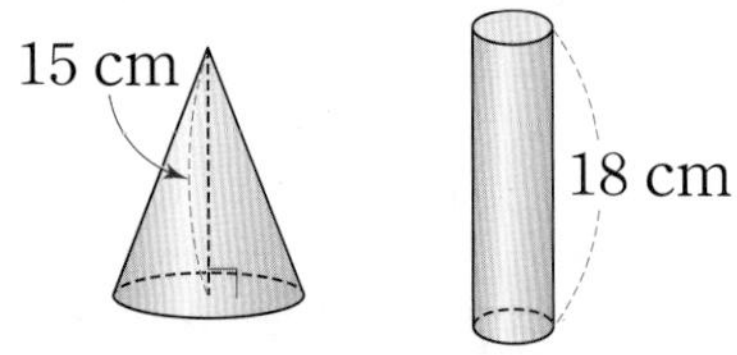

(   )

Tip 원뿔을 앞에서 본 모양은 삼각형이고, 원기둥을 앞에서 본 모양은 직사각형이에요.

9-1 원기둥과 구를 앞에서 본 모양의 둘레는 서로 같습니다. 원기둥의 높이는 몇 cm인지 구해 보세요. (원주율: 3)

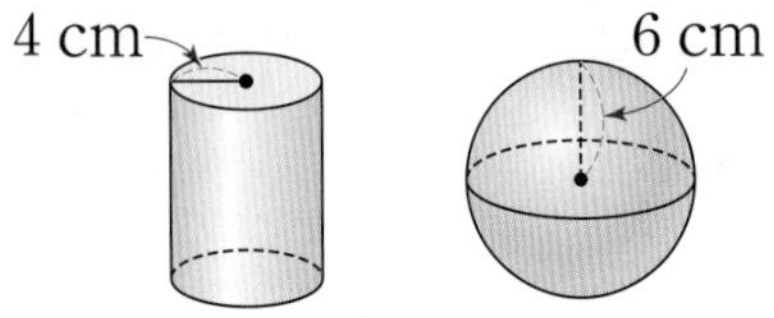

(   )

9-2 구와 원뿔을 위에서 본 모양의 둘레는 서로 같습니다. 구와 원뿔 중 앞에서 본 모양의 둘레는 어느 것이 몇 cm 더 긴지 차례대로 써 보세요. (원주율: 3)

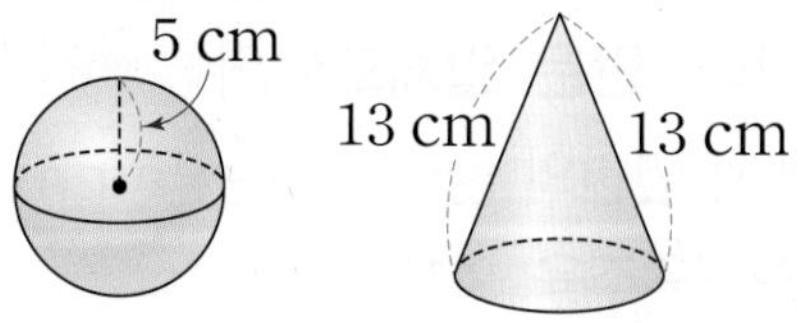

(,   )

2회 19번

유형 10 원기둥 모양 상자의 최대 높이 구하기

가로 60 cm, 세로 48 cm인 직사각형 모양 종이에 원기둥의 전개도를 그리고 오려 붙여 원기둥 모양의 상자를 만들려고 합니다. 밑면의 반지름을 8 cm로 하여 최대한 높은 상자를 만든다면 상자의 높이는 몇 cm가 되는지 구해 보세요. (원주율: 3)

(   )

Tip 밑면의 반지름을 이용해서 전개도의 옆면의 가로를 구하고 직사각형 안에 가로, 세로 방향으로 전개도를 그려 해결해요.

10-1 가로 45 cm, 세로 50 cm인 직사각형 모양 종이에 원기둥의 전개도를 그리고 오려 붙여 원기둥 모양의 상자를 만들려고 합니다. 밑면의 반지름을 7 cm로 하여 최대한 높은 상자를 만든다면 상자의 높이는 몇 cm가 되는지 구해 보세요. (원주율: 3)

(   )

10-2 지나와 태수는 각각 가로 22 cm, 세로 16 cm인 직사각형 모양의 종이에 원기둥의 전개도를 그리고 오려 붙여 원기둥 모양의 상자를 만들려고 합니다. 밑면의 반지름을 지나는 3 cm, 태수는 2 cm로 하여 최대한 높은 상자를 만든다면 누가 만든 상자의 높이가 몇 cm 더 높은지 차례대로 써 보세요. (원주율: 3)

(,   )

3회 20번

유형 11 돌려서 만든 입체도형을 앞에서 본 모양의 넓이 구하기

직각삼각형을 한 변을 기준으로 한 바퀴 돌려 입체도형을 만들었습니다. 만든 입체도형을 앞에서 본 모양의 둘레가 36 cm일 때, 앞에서 본 모양의 넓이는 몇 cm^2인지 구해 보세요.

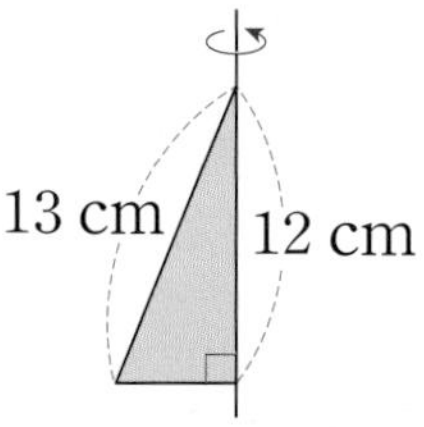

( )

Tip 직각삼각형을 한 변을 기준으로 한 바퀴 돌리면 원뿔이 만들어지고, 원뿔은 앞에서 보면 삼각형 모양이에요.

11-1 평행사변형을 직선 ㄱㄴ을 기준으로 한 바퀴 돌려 만든 입체도형을 앞에서 본 모양의 넓이는 몇 cm^2인지 구해 보세요.

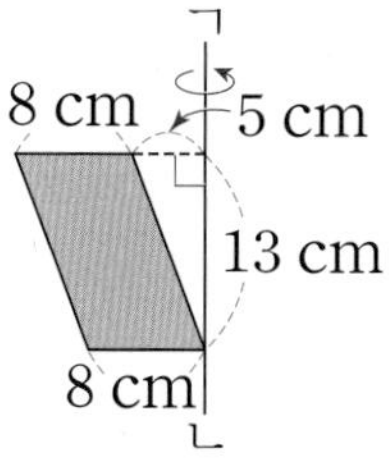

( )

11-2 직각삼각형 가와 나를 다음과 같이 한 바퀴 돌려 만든 입체도형을 각각 앞에서 본 모양의 넓이의 차는 몇 cm^2인지 구해 보세요.

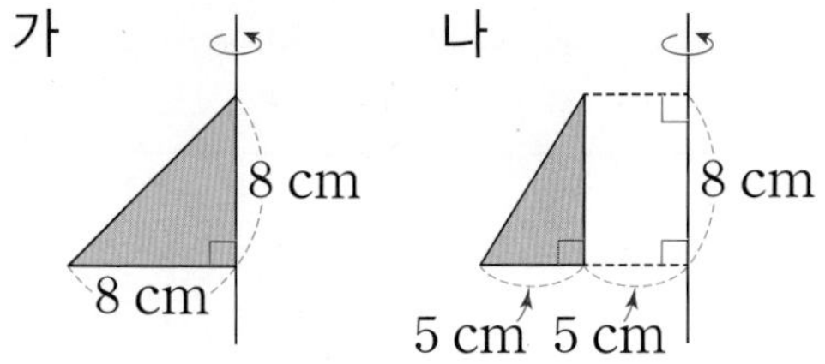

( )

4회 19번

유형 12 입체도형을 이어 붙여 만든 도형을 앞에서 본 모양의 넓이 구하기

구를 똑같이 반으로 자른 면과 원기둥의 밑면이 꼭 맞도록 이어 붙여 입체도형을 만들었습니다. 만든 입체도형을 앞에서 본 모양의 넓이는 몇 cm^2인지 구해 보세요. (원주율: 3)

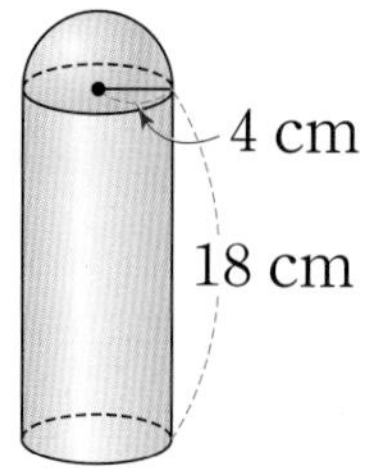

( )

Tip 구의 반지름과 원기둥의 밑면의 반지름이 같음을 이용해요.

12-1 원기둥을 똑같이 반으로 자른 면과 정육면체의 한 면이 꼭 맞도록 이어 붙여 입체도형을 만들었습니다. 만든 입체도형을 앞에서 본 모양의 넓이는 몇 cm^2인지 구해 보세요.

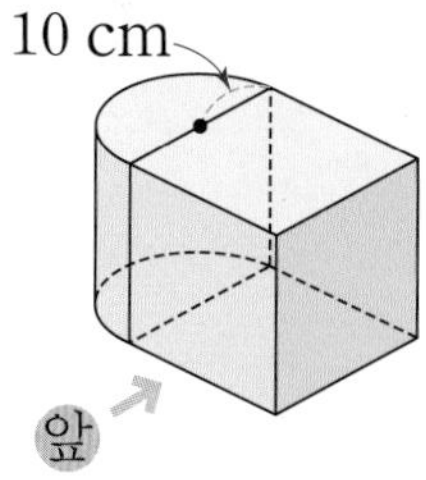

( )

12-2 원기둥 2개를 이어 붙여 입체도형을 만들었습니다. 만든 입체도형을 앞에서 본 모양의 넓이는 몇 cm^2인지 구해 보세요.

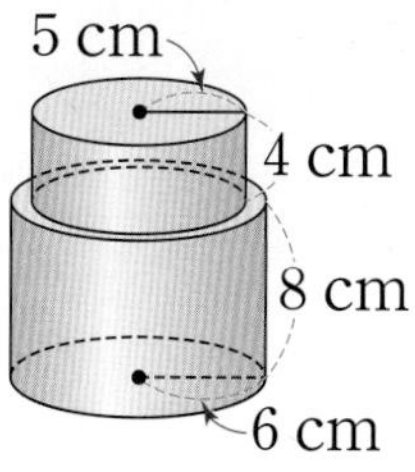

( )

6 단원

MEMO

1단원 분수의 나눗셈

6~8쪽 AI가 추천한 단원 평가 1회

01 5, 3, 5, 3, 1, 2　02 9, 3, 27, $3\frac{3}{8}$

03 (　)(○)　04 $\frac{3}{5}$　05 ④

06 (위에서부터) $\frac{5}{27}$, $\frac{5}{18}$　07 $1\frac{4}{45}$

08 2　09 ㉡　10 $2\frac{1}{3}$

11 풀이 참고　12 ㉠, ㉡　13 6일

14 $1\frac{2}{3}$ cm　15 56　16 $\frac{1}{2}$ / 40

17 풀이 참고, $19\frac{3}{8}$ km　18 4개

19 14개　20 $2\frac{1}{4}$

05 ① $2\div\frac{1}{24}=2\times24=48$

② $3\div\frac{1}{16}=3\times16=48$

③ $4\div\frac{1}{12}=4\times12=48$

④ $12\div\frac{1}{2}=12\times2=24$

⑤ $16\div\frac{1}{3}=16\times3=48$

08 $\frac{2}{3}\div\frac{\square}{21}=\frac{14}{21}\div\frac{\square}{21}=14\div\square$

$14\div\square=7$이므로 $\square=2$입니다.

09 ㉠ $5\frac{1}{10}$　㉡ 5

10 ㉡÷㉠$=\frac{7}{8}\div\frac{3}{8}=7\div3=\frac{7}{3}=2\frac{1}{3}$

11 방법 1 예 통분하여 분자끼리 나누어 계산합니다.

$\frac{6}{7}\div\frac{3}{8}=\frac{48}{56}\div\frac{21}{56}=48\div21=\frac{48}{21}=\frac{16}{7}$

$=2\frac{2}{7}$」❶

방법 2 예 분수의 곱셈으로 나타내어 계산합니다.

$\frac{6}{7}\div\frac{3}{8}=\frac{\overset{2}{\cancel{6}}}{7}\times\frac{8}{\underset{1}{\cancel{3}}}=\frac{16}{7}=2\frac{2}{7}$」❷

채점 기준

❶ 통분하여 분자끼리 나누어 계산하기	3점
❷ 분수의 곱셈으로 나타내어 계산하기	2점

12 ㉠ $\frac{9}{10}\div\frac{5}{7}=\frac{9}{10}\times\frac{7}{5}=\frac{63}{50}=1\frac{13}{50}$

㉡ $4\frac{2}{5}\div\frac{2}{3}=\frac{22}{5}\div\frac{2}{3}=\frac{\overset{11}{\cancel{22}}}{5}\times\frac{3}{\underset{1}{\cancel{2}}}=\frac{33}{5}=6\frac{3}{5}$

㉢ $\frac{3}{10}\div\frac{1}{3}=\frac{9}{30}\div\frac{10}{30}=9\div10=\frac{9}{10}$

㉣ $\frac{4}{9}\div\frac{2}{3}=\frac{4}{9}\div\frac{6}{9}=4\div6=\frac{4}{6}=\frac{2}{3}$

따라서 계산 결과가 1보다 큰 것은 ㉠, ㉡입니다.

13 $\frac{4}{5}\div\frac{2}{15}=\frac{12}{15}\div\frac{2}{15}=12\div2=6$(일)

14 (높이)$=3\div1\frac{4}{5}=3\div\frac{9}{5}$

$=\overset{1}{\cancel{3}}\times\frac{5}{\underset{3}{\cancel{9}}}=\frac{5}{3}=1\frac{2}{3}$(cm)

15 $3\times\frac{1}{8}=\frac{3}{8}$이므로 $21\div\square=\frac{3}{8}$입니다.

➜ $\square=21\div\frac{3}{8}=(21\div3)\times8=56$

16 계산 결과가 가장 작으려면 나누는 수가 가장 커야 합니다.

$\frac{1}{2}>\frac{1}{3}>\frac{1}{4}$ ➜ $20\div\frac{1}{2}=20\times2=40$

17 예 24분$=\frac{24}{60}$시간$=\frac{2}{5}$시간입니다.」❶

(1시간 동안 갈 수 있는 거리)

$=7\frac{3}{4}\div\frac{2}{5}=\frac{31}{4}\div\frac{2}{5}=\frac{31}{4}\times\frac{5}{2}=\frac{155}{8}$

$=19\frac{3}{8}$(km)

따라서 하람이가 1시간 동안 갈 수 있는 거리는

$19\frac{3}{8}$ km입니다.」❷

채점 기준

❶ 분을 시간으로 나타내기	2점
❷ 하람이가 1시간 동안 갈 수 있는 거리 구하기	3점

18 $\frac{1}{3}\div\frac{\square}{81}=\frac{27}{81}\div\frac{\square}{81}=27\div\square$이므로 계산 결과가 자연수가 되려면 $27\div\square$가 나누어떨어져야 합니다.

따라서 $\square$ 안에 들어갈 수 있는 자연수는 27의 약수인 1, 3, 9, 27로 모두 4개입니다.

19 (화분 사이의 간격 수)

$=10\div1\frac{2}{3}=10\div\frac{5}{3}=(10\div5)\times3=6$(군데)

(도로의 한쪽에 놓는 화분의 수)$=6+1=7$(개)

따라서 도로의 양쪽에 놓는 화분은

$7\times2=14$(개)입니다.

20 $3\frac{1}{5}\bigstar1\frac{1}{2}=\left(3\frac{1}{5}\times1\frac{1}{2}\right)\div\left(3\frac{1}{5}\div1\frac{1}{2}\right)$

$=\left(\frac{\overset{8}{\cancel{16}}}{5}\times\frac{3}{\underset{1}{\cancel{2}}}\right)\div\left(\frac{16}{5}\div\frac{3}{2}\right)$

$=\frac{24}{5}\div\left(\frac{16}{5}\times\frac{2}{3}\right)=\frac{24}{5}\div\frac{32}{15}$

$=\frac{72}{15}\div\frac{32}{15}=72\div32=\frac{72}{32}=\frac{9}{4}$

$=2\frac{1}{4}$

9~11쪽 AI가 추천한 단원 평가 2회

01 25, 25, 25, 1, 1　02 4, $\frac{25}{24}$, 1, 1
03 4, 4, 20 / 20　04 5, 20　05 ㉢
06 6　07 <　08 ㉡
09 2　10 $5\frac{1}{10}$　11 35
12 15개　13 3개　14 $\frac{9}{10}\div\frac{7}{10}$
15 풀이 참고, 108쪽　16 150개
17 30분 40초　18 풀이 참고, 49개
19 26　20 40 m

05 ㉠ 5　㉡ 5　㉢ $\frac{1}{5}$　㉣ 5

07 $5\frac{1}{2}\div\frac{6}{7}=\frac{11}{2}\div\frac{6}{7}=\frac{77}{14}\div\frac{12}{14}=77\div12$

$=\frac{77}{12}=6\frac{5}{12}$

$1\frac{17}{18}\div\frac{5}{21}=\frac{35}{18}\div\frac{5}{21}=\frac{\overset{7}{\cancel{35}}}{\underset{6}{\cancel{18}}}\times\frac{\overset{7}{\cancel{21}}}{\underset{1}{\cancel{5}}}=\frac{49}{6}=8\frac{1}{6}$

08 ㉡ $36\div\frac{4}{9}=81$

10 $\frac{8}{15}\div\frac{2}{9}=2\frac{2}{5}$, $3\frac{1}{8}\div\frac{5}{12}=7\frac{1}{2}$

➜ $7\frac{1}{2}-2\frac{2}{5}=5\frac{1}{10}$

11 $\square=15\div\frac{3}{7}=(15\div3)\times7=35$

12 $8\frac{4}{7}\div\frac{4}{7}=\frac{60}{7}\div\frac{4}{7}=60\div4=15$(개)

13 $3\frac{4}{5}\div1\frac{1}{5}=\frac{19}{5}\div\frac{6}{5}=19\div6=\frac{19}{6}=3\frac{1}{6}$

따라서 선물 상자를 3개까지 포장할 수 있습니다.

14 구하는 나눗셈식을 $\frac{9}{\square}\div\frac{7}{\square}$이라고 하면

$\frac{9}{\square}$는 분모가 11보다 작은 진분수이므로 $\square=10$

입니다.

➜ $\frac{9}{10}\div\frac{7}{10}$

15 예 지율이가 읽은 쪽수는 전체 쪽수의 $1-\frac{4}{9}=\frac{5}{9}$

이므로 전체 쪽수를 □라고 하면

$\square\times\frac{5}{9}=60$입니다.」❶

$\square=60\div\frac{5}{9}=(60\div5)\times9=108$

따라서 이 책의 전체 쪽수는 108쪽입니다.」❷

채점 기준

❶ 전체 쪽수를 □라고 하고 식 세우기	2점
❷ 전체 쪽수 구하기	3점

16 월요일부터 금요일까지는 5일입니다.

(장난감을 만드는 시간)$=8\times5=40$(시간)

➜ (만들 수 있는 장난감 수)

$=40\div\frac{4}{15}=(40\div4)\times15=150$(개)

17 $34\frac{1}{2}\div1\frac{1}{8}=\frac{69}{2}\div\frac{9}{8}=\frac{\overset{23}{\cancel{69}}}{\underset{1}{\cancel{2}}}\times\frac{\overset{4}{\cancel{8}}}{\underset{3}{\cancel{9}}}$

$=\frac{92}{3}=30\frac{2}{3}$(분)

따라서 $34\frac{1}{2}$ km를 가는 데 걸리는 시간은

$30\frac{2}{3}$분$=30\frac{40}{60}$분$=$30분 40초입니다.

18 예 $16\div\frac{8}{\square}=(16\div8)\times\square=2\times\square$이므로

$2\times\square<100$입니다.」❶

$2\times50=100$이므로 □ 안에 들어갈 수 있는 자연수는 1부터 49까지로 모두 49개입니다.」❷

채점 기준

❶ 주어진 식 간단히 하기	3점
❷ □ 안에 들어갈 수 있는 자연수의 개수 구하기	2점

19 ㉠$=$㉡$\times\frac{1}{8}$, ㉢$=$㉠$\times\frac{2}{13}$

㉢$=\frac{1}{2}$이므로

㉠$=\frac{1}{2}\div\frac{2}{13}=\frac{1}{2}\times\frac{13}{2}=\frac{13}{4}=3\frac{1}{4}$이고,

㉡$=3\frac{1}{4}\div\frac{1}{8}=\frac{13}{4}\div\frac{1}{8}=\frac{13}{\cancel{4}_1}\times\cancel{8}^{2}=26$입니다.

20 처음 공을 떨어뜨린 높이를 □ m라고 하면

첫 번째로 튀어 오른 높이는 $\left(\square\times\frac{3}{8}\right)$m,

두 번째로 튀어 오른 높이는 $\left(\square\times\frac{3}{8}\times\frac{3}{8}\right)$m입니다.

$\square\times\frac{3}{8}\times\frac{3}{8}=5\frac{5}{8}$이므로

$\square=5\frac{5}{8}\div\frac{9}{64}=\frac{45}{8}\div\frac{9}{64}=\frac{\cancel{45}^{5}}{\cancel{8}_1}\times\frac{\cancel{64}^{8}}{\cancel{9}_1}=40$입니다.

따라서 처음 공을 떨어뜨린 높이는 40 m입니다.

12~14쪽 AI가 추천한 단원 평가 3회

01 3, 9

02 $\frac{7}{5}\div\frac{14}{35}=\frac{\cancel{7}^{1}}{\cancel{5}_1}\times\frac{\cancel{35}^{7}}{\cancel{14}_2}=\frac{7}{2}=3\frac{1}{2}$

03 35　04 $\frac{20}{21}$　05

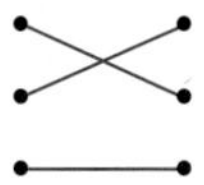

06 $7\frac{7}{9}$　07 <　08 22

09 풀이 참고　10 ㉡, ㉢, ㉠, ㉣

11 ㉡　12 $1\frac{9}{11}$　13 3명

14 $1\frac{2}{3}$　15 풀이 참고, 80상자

16 1, 2, 3, 4　17 190 km　18 $1\frac{4}{21}$

19 $5\frac{5}{8}$ cm²　20 $\frac{18}{35}$

05 • $\frac{7}{8}\div\frac{3}{4}=\frac{7}{8}\div\frac{6}{8}=7\div6$

• $\frac{5}{2}\div\frac{3}{4}=\frac{10}{4}\div\frac{3}{4}=10\div3$

• $\frac{7}{6}\div\frac{2}{3}=\frac{7}{6}\div\frac{4}{6}=7\div4$

07 $\frac{6}{5}\div\frac{5}{3}=\frac{18}{25}$, $\frac{9}{21}\div\frac{3}{14}=2$

09 예 자연수를 분자로 나눈 후 분모를 곱해서 계산하지 않았습니다.」❶

$6\div\frac{2}{3}=(6\div2)\times3=9$」❷

채점 기준

❶ 계산이 잘못된 이유 쓰기	2점
❷ 바르게 계산하기	3점

10 ㉠ $1\frac{7}{15}$　㉡ $1\frac{7}{9}$　㉢ $1\frac{2}{3}$　㉣ $1\frac{1}{3}$

11 ㉠ $\square=24\times\frac{1}{8}=3$

㉡ $\frac{1}{\square}=4\div16=\frac{1}{4}$, $\square=4$

12 $\square=8\frac{8}{9}\div4\frac{8}{9}=\frac{80}{9}\div\frac{44}{9}=80\div44$

$=\frac{80}{44}=\frac{20}{11}=1\frac{9}{11}$

14 $1\frac{3}{7}>1\frac{3}{14}>\frac{13}{14}>\frac{6}{7}$

➔ $1\frac{3}{7}\div\frac{6}{7}=\frac{5}{3}=1\frac{2}{3}$

15 예 처음 사과 상자 수를 □라고 하면

$\square\times\left(1-\frac{5}{8}\right)=30$입니다.」❶

$\square\times\frac{3}{8}=30$에서

$\square=30\div\frac{3}{8}=(30\div3)\times8=80$입니다.

따라서 사과를 팔기 전 과일 가게에 있던 사과는 모두 80상자였습니다.」❷

채점 기준

❶ 처음 사과 상자의 수를 □라고 하고 식 세우기	2점
❷ 처음 사과 상자의 수 구하기	3점

16 $24\div\frac{6}{\square}=(24\div6)\times\square=4\times\square$

$4\times\square<20$이므로 □ 안에 들어갈 수 있는 자연수는 1, 2, 3, 4입니다.

17 (휘발유 1 L로 갈 수 있는 거리)

$=4\frac{3}{4}\div\frac{3}{8}=\frac{19}{4}\div\frac{3}{8}=\frac{19}{\cancel{4}_{1}}\times\frac{\cancel{8}^{2}}{3}=\frac{38}{3}=12\frac{2}{3}$(km)

따라서 휘발유 15 L로 갈 수 있는 거리는

$12\frac{2}{3}\times 15=\frac{38}{\cancel{3}_{1}}\times\cancel{15}^{5}=190$(km)입니다.

18 어떤 수를 □라고 하면 □$\times 2\frac{4}{5}=9\frac{1}{3}$에서

□$=9\frac{1}{3}\div 2\frac{4}{5}=\frac{28}{3}\div\frac{14}{5}=\frac{\cancel{28}^{2}}{3}\times\frac{5}{\cancel{14}_{1}}$

$=\frac{10}{3}=3\frac{1}{3}$입니다.

따라서 바르게 계산하면

$3\frac{1}{3}\div 2\frac{4}{5}=\frac{10}{3}\div\frac{14}{5}=\frac{\cancel{10}^{5}}{3}\times\frac{5}{\cancel{14}_{7}}=\frac{25}{21}=1\frac{4}{21}$

입니다.

19 처음 삼각형의 밑변의 길이를 ● cm, 높이를 ▲ cm 라고 하면 줄인 삼각형의 밑변의 길이는

(● $\times\frac{6}{7}$) cm, 높이는 (▲ $\times\frac{7}{9}$) cm이므로

줄인 삼각형의 넓이는

(● $\times\frac{6}{7}$) $\times$ (▲ $\times\frac{7}{9}$) $\div 2=3\frac{3}{4}$(cm^2)입니다.

이때 (● × ▲ ÷ 2) cm^2가 처음 삼각형의 넓이이므로

(처음 삼각형의 넓이) $\times\frac{6}{7}\times\frac{7}{9}=3\frac{3}{4}$($cm^2$)입니다.

→ (처음 삼각형의 넓이)

$=3\frac{3}{4}\div\left(\frac{\cancel{6}^{2}}{\cancel{7}_{1}}\times\frac{\cancel{7}^{1}}{\cancel{9}_{3}}\right)=\frac{15}{4}\div\frac{2}{3}=\frac{15}{4}\times\frac{3}{2}$

$=\frac{45}{8}=5\frac{5}{8}$($cm^2$)

20 계산 결과가 가장 작은 나눗셈식을 만들려면 나누어지는 수는 가장 작게, 나누는 수는 가장 크게 만들어야 합니다.

- 나누어지는 수를 가장 작게 만드는 경우
  → $\frac{2}{7}\div\frac{5}{9}=\frac{2}{7}\times\frac{9}{5}=\frac{18}{35}$
- 나누는 수를 가장 크게 만드는 경우
  → $\frac{2}{5}\div\frac{7}{9}=\frac{2}{5}\times\frac{9}{7}=\frac{18}{35}$

따라서 만든 나눗셈식의 계산 결과가 가장 작을 때의 몫은 $\frac{18}{35}$입니다.

15~17쪽 AI가 추천한 단원 평가 4회

01 6

02 $1\frac{3}{7}\div\frac{5}{14}=\frac{10}{7}\div\frac{5}{14}=\frac{20}{14}\div\frac{5}{14}$
$=20\div 5=4$

03 33　04 $\frac{5}{6}$　05 ㉡

06

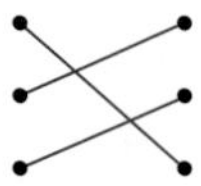

07 <　08 $\frac{3}{20}$배

09 $\frac{3}{7}$　10 $7\frac{1}{5}$, $6\frac{6}{7}$

11 ㉠　12 풀이 참고　13 5

14 70개　15 $2\frac{1}{3}$배　16 $1\frac{1}{10}$ kg

17 $\frac{2}{171}$　18 $5\frac{1}{4}$

19 풀이 참고, 200쪽　20 4시간 32분

05 $\frac{6}{7}\div\frac{2}{7}=3$

㉠ $\frac{12}{7}\div\frac{3}{7}=4$ ㉡ $\frac{9}{8}\div\frac{3}{8}=3$ ㉢ $\frac{8}{9}\div\frac{4}{9}=2$

07 $1\frac{5}{6}\div\frac{7}{9}=\frac{11}{6}\div\frac{7}{9}=\frac{11}{\cancel{6}_{2}}\times\frac{\cancel{9}^{3}}{7}=\frac{33}{14}=2\frac{5}{14}$

$1\frac{1}{7}\div\frac{2}{5}=\frac{8}{7}\div\frac{2}{5}=\frac{\cancel{8}^{4}}{7}\times\frac{5}{\cancel{2}_{1}}=\frac{20}{7}=2\frac{6}{7}$

08 $\frac{4}{15}\div 1\frac{7}{9}=\frac{4}{15}\div\frac{16}{9}=\frac{\cancel{4}^{1}}{\cancel{15}_{5}}\times\frac{\cancel{9}^{3}}{\cancel{16}_{4}}=\frac{3}{20}$(배)

11 ㉠ $\frac{6}{10}\div\frac{2}{5}=\frac{6}{10}\div\frac{4}{10}=6\div 4=\frac{6}{4}=\frac{3}{2}=1\frac{1}{2}$

㉡ $\frac{7}{4}\div\frac{5}{8}=\frac{14}{8}\div\frac{5}{8}=14\div 5=\frac{14}{5}=2\frac{4}{5}$

㉢ $\frac{5}{6}\div\frac{1}{3}=\frac{5}{6}\div\frac{2}{6}=5\div 2=\frac{5}{2}=2\frac{1}{2}$

따라서 $1\frac{1}{2}<2\frac{1}{2}<2\frac{4}{5}$이므로 계산 결과가 가장 작은 것은 ㉠입니다.

12 예 대분수를 가분수로 바꾸어 계산하지 않았습니다.」❶

$1\frac{5}{21}\div\frac{3}{7}=\frac{26}{21}\div\frac{3}{7}=\frac{26}{\cancel{21}_{3}}\times\frac{\cancel{7}^{1}}{3}=\frac{26}{9}=2\frac{8}{9}$」❷

채점 기준

❶ 계산이 잘못된 이유 쓰기	2점
❷ 바르게 계산하기	3점

13 $\frac{9}{8}\div\frac{2}{9}=5\frac{1}{16}$이므로 $5\frac{1}{6}>\square$에서 □ 안에 들어갈 수 있는 가장 큰 자연수는 5입니다.

16 $\frac{11}{12}\div\frac{5}{6}=\frac{11}{12}\div\frac{10}{12}=11\div10=\frac{11}{10}=1\frac{1}{10}$(kg)

17 어떤 수를 □라고 하면 $\frac{2}{57}\times\square=\frac{2}{19}$에서

$\square=\frac{2}{19}\div\frac{2}{57}=3$입니다.

따라서 바르게 계산하면 $\frac{2}{57}\div3=\frac{2}{171}$입니다.

18 구하는 분수를 $\frac{▲}{●}$라고 하면

$\frac{▲}{●}\div\frac{3}{8}=\frac{▲}{●}\times\frac{8}{3}$, $\frac{▲}{●}\div\frac{7}{20}=\frac{▲}{●}\times\frac{20}{7}$입니다.

계산 결과가 모두 자연수가 되려면 ●는 8과 20의 공약수, ▲는 3와 7의 공배수여야 합니다.

따라서 가장 작은 분수는

$\frac{▲}{●}=\frac{(3과\ 7의\ 최소공배수)}{(8과\ 20의\ 최대공약수)}=\frac{21}{4}=5\frac{1}{4}$입니다.

19 예 오늘까지 읽고 남은 쪽수는 전체의

$\left(1-\frac{4}{5}\right)\times\left(1-\frac{7}{8}\right)=\frac{1}{5}\times\frac{1}{8}=\frac{1}{40}$입니다.」 ❶

소설책의 전체 쪽수를 □라고 하면 $\square\times\frac{1}{40}=5$

이므로 $\square=5\div\frac{1}{40}=5\times40=200$입니다.

따라서 소설책의 전체 쪽수는 200쪽입니다.」 ❷

채점 기준

❶ 오늘까지 읽고 남은 쪽수는 전체의 얼마인지 구하기	2점
❷ 소설책의 전체 쪽수 구하기	3점

20 48분$=\frac{48}{60}$시간$=\frac{4}{5}$시간

$\left(\frac{4}{5}\text{시간 동안 탄 양초의 길이}\right)$

$=12-10\frac{1}{5}=1\frac{4}{5}$(cm)

(1시간 동안 타는 양초의 길이)

$=1\frac{4}{5}\div\frac{4}{5}=\frac{9}{5}\div\frac{4}{5}=9\div4=\frac{9}{4}=2\frac{1}{4}$(cm)

(남은 양초가 모두 타는 데 걸리는 시간)

$=10\frac{1}{5}\div2\frac{1}{4}=\frac{51}{5}\div\frac{9}{4}=\frac{\overset{17}{\cancel{51}}}{5}\times\frac{4}{\underset{3}{\cancel{9}}}$

$=\frac{68}{15}=4\frac{8}{15}$(시간)

$4\frac{8}{15}$시간$=4\frac{32}{60}$시간이므로 4시간 32분입니다.

18~23쪽 틀린 유형 다시 보기

유형 1 $3\frac{1}{2}$	1-1 $2\frac{1}{2}$	1-2 6
유형 2 ㉡	2-1 ㉠	2-2 2배
2-3 ㉡, ㉢, ㉣, ㉠		유형 3 $5\frac{1}{2}$
3-1 $\frac{3}{4}$	3-2 21	3-3 $1\frac{1}{3}$
유형 4 $5\frac{1}{4}$	4-1 $1\frac{3}{4}$	4-2 $1\frac{3}{7}$
유형 5 3 cm	5-1 24 cm	5-2 3 cm
유형 6 $\frac{7}{8}\div\frac{3}{8}$	6-1 $\frac{11}{12}\div\frac{5}{12}$, $\frac{11}{13}\div\frac{5}{13}$	
6-2 $\frac{7}{16}\div\frac{15}{16}$, $\frac{7}{17}\div\frac{15}{17}$		유형 7 $2\frac{1}{40}$
7-1 $\frac{4}{5}$	7-2 1	7-3 2, $\frac{9}{10}$
유형 8 7	8-1 5	8-2 2개
8-3 8	유형 9 5분 35초	
9-1 20분 40초		9-2 3시간 20분
유형 10 $5\frac{4}{7}$	10-1 $3\frac{1}{3}$	10-2 $5\frac{5}{6}$
유형 11 1, 3, 9	11-1 7	11-2 5개
유형 12 $\frac{2}{13}$	12-1 $1\frac{4}{5}$	12-2 $\frac{1}{6}$
12-3 25		

유형 1 $\frac{7}{9}$을 $\frac{2}{9}$씩 묶으면 3묶음과 $\frac{1}{2}$묶음이 됩니다.

→ $\frac{7}{9}\div\frac{2}{9}=3\frac{1}{2}$

1-1 $\frac{5}{7}$를 $\frac{2}{7}$씩 묶으면 2묶음과 $\frac{1}{2}$묶음이 됩니다.

→ $\frac{5}{7}\div\frac{2}{7}=2\frac{1}{2}$

1-2 $\frac{3}{4}$에는 $\frac{1}{8}$이 6번 들어갑니다. → $\frac{3}{4}\div\frac{1}{8}=6$

유형 2 ㉠ $\frac{2}{5}\div\frac{1}{5}=2\div1=2$

㉡ $\frac{8}{11}\div\frac{2}{11}=8\div2=4$

㉢ $\frac{15}{23}\div\frac{5}{23}=15\div5=3$

따라서 계산 결과가 가장 큰 것은 ㉡입니다.

2-1 ㉠ $\frac{5}{7}\div\frac{5}{14}=\frac{10}{14}\div\frac{5}{14}=10\div5=2$

㉡ $\frac{8}{9}\div\frac{8}{36}=\frac{32}{36}\div\frac{8}{36}=32\div8=4$

㉢ $\frac{7}{12}\div\frac{7}{36}=\frac{21}{36}\div\frac{7}{36}=21\div7=3$

따라서 계산 결과가 가장 작은 것은 ㉠입니다.

2-2 ㉠ $18\div\frac{6}{5}=(18\div6)\times5=15$

㉡ $9\div\frac{3}{10}=(9\div3)\times10=30$

㉢ $15\div\frac{5}{8}=(15\div5)\times8=24$

계산 결과가 가장 큰 것은 30, 가장 작은 것은 15입니다. ➜ $30\div15=2$(배)

2-3 나누어지는 수가 같을 때, 나누는 수가 작을수록 몫이 커집니다. 따라서 계산 결과가 큰 것부터 차례대로 쓰면 ㉡, ㉢, ㉣, ㉠입니다.

유형 3 $\square=\frac{5}{11}\div\frac{10}{121}=\frac{\overset{1}{\cancel{5}}}{\underset{1}{\cancel{11}}}\times\frac{\overset{11}{\cancel{121}}}{\underset{2}{\cancel{10}}}=\frac{11}{2}=5\frac{1}{2}$

3-1 $\square=\frac{7}{10}\div\frac{14}{15}=\frac{\overset{1}{\cancel{7}}}{\underset{2}{\cancel{10}}}\times\frac{\overset{3}{\cancel{15}}}{\underset{2}{\cancel{14}}}=\frac{3}{4}$

3-2 $\square=12\div\frac{4}{7}=(12\div4)\times7=21$

3-3 ㉠$=\frac{2}{3}\div\frac{2}{9}=\frac{6}{9}\div\frac{2}{9}=6\div2=3$

㉡$=\frac{9}{10}\div\frac{2}{5}=\frac{9}{10}\div\frac{4}{10}=9\div4=\frac{9}{4}=2\frac{1}{4}$

➜ ㉠÷㉡$=3\div2\frac{1}{4}=3\div\frac{9}{4}=\overset{1}{\cancel{3}}\times\frac{4}{\underset{3}{\cancel{9}}}$

$=\frac{4}{3}=1\frac{1}{3}$

유형 4 $7\div\frac{5}{4}=7\times\frac{4}{5}=\frac{28}{5}=5\frac{3}{5}$

➜ ㉠$=5\frac{3}{5}\div\frac{16}{15}=\frac{28}{5}\div\frac{16}{15}=\frac{\overset{7}{\cancel{28}}}{\underset{1}{\cancel{5}}}\times\frac{\overset{3}{\cancel{15}}}{\underset{4}{\cancel{16}}}$

$=\frac{21}{4}=5\frac{1}{4}$

4-1 $\frac{5}{9}\div\frac{5}{12}=\frac{\overset{1}{\cancel{5}}}{\underset{3}{\cancel{9}}}\times\frac{\overset{4}{\cancel{12}}}{\underset{1}{\cancel{5}}}=\frac{4}{3}=1\frac{1}{3}$

➜ ㉠$=1\frac{1}{3}\div\frac{16}{21}=\frac{4}{3}\div\frac{16}{21}=\frac{\overset{1}{\cancel{4}}}{\underset{1}{\cancel{3}}}\times\frac{\overset{7}{\cancel{21}}}{\underset{4}{\cancel{16}}}$

$=\frac{7}{4}=1\frac{3}{4}$

4-2 $1\frac{3}{5}\div\frac{16}{35}=\frac{8}{5}\div\frac{16}{35}=\frac{\overset{1}{\cancel{8}}}{\underset{1}{\cancel{5}}}\times\frac{\overset{7}{\cancel{35}}}{\underset{2}{\cancel{16}}}=\frac{7}{2}=3\frac{1}{2}$

$3\frac{1}{2}\div2\frac{9}{20}=\frac{7}{2}\div\frac{49}{20}=\frac{\overset{1}{\cancel{7}}}{\underset{1}{\cancel{2}}}\times\frac{\overset{10}{\cancel{20}}}{\underset{7}{\cancel{49}}}=\frac{10}{7}=1\frac{3}{7}$

유형 5 (높이)=(사다리꼴의 넓이)×2

÷((윗변의 길이)+(아랫변의 길이))

$=6\frac{3}{10}\times2\div\left(\frac{4}{5}+3\frac{2}{5}\right)$

$=\frac{63}{\underset{5}{\cancel{10}}}\times\overset{1}{\cancel{2}}\div\left(\frac{4}{5}+\frac{17}{5}\right)$

$=\frac{63}{5}\div\frac{21}{5}=63\div21=3$(cm)

5-1 (다른 대각선의 길이)

=(마름모의 넓이)×2÷(한 대각선의 길이)

$=41\times2\div3\frac{5}{12}$

$=82\div\frac{41}{12}=(82\div41)\times12=24$(cm)

5-2 (직사각형의 넓이)

$=1\frac{7}{10}\times2\frac{1}{2}=\frac{17}{\underset{2}{\cancel{10}}}\times\frac{\overset{1}{\cancel{5}}}{2}=\frac{17}{4}=4\frac{1}{4}$($cm^2$)

삼각형의 넓이도 $4\frac{1}{4}$ cm^2입니다.

➜ (삼각형의 높이)

=(삼각형의 넓이)×2÷(밑변의 길이)

$=4\frac{1}{4}\times2\div2\frac{5}{6}=\frac{17}{4}\times2\div\frac{17}{6}$

$=\frac{34}{4}\div\frac{17}{6}=\frac{\overset{1}{\cancel{\overset{2}{\cancel{34}}}}}{\underset{1}{\cancel{\underset{2}{\cancel{4}}}}}\times\frac{\overset{3}{\cancel{6}}}{\underset{1}{\cancel{17}}}=3$(cm)

유형 6 구하는 나눗셈식을 $\frac{7}{\square}\div\frac{3}{\square}$이라고 하면 $\frac{7}{\square}$은 분모가 9보다 작은 진분수이고 □는 7보다 크고 9보다 작으므로 □=8입니다.

➜ $\frac{7}{8}\div\frac{3}{8}$

6-1 구하는 나눗셈식을 $\frac{11}{\square} \div \frac{5}{\square}$라고 하면

$\frac{11}{\square}$은 분모가 14보다 작은 진분수이므로 □는 11보다 크고 14보다 작으므로 □가 될 수 있는 수는 12 또는 13입니다.

→ $\frac{11}{12} \div \frac{5}{12}$, $\frac{11}{13} \div \frac{5}{13}$

6-2 구하는 나눗셈식을 $\frac{7}{\square} \div \frac{15}{\square}$라고 하면

$\frac{15}{\square}$는 분모가 18보다 작은 진분수이고 □는 15보다 크고 18보다 작으므로 □가 될 수 있는 수는 16 또는 17입니다.

→ $\frac{7}{16} \div \frac{15}{16}$, $\frac{7}{17} \div \frac{15}{17}$

유형 7 어떤 수를 □라고 하면 $3\frac{3}{5} \times \square = 6\frac{2}{5}$에서

$\square = 6\frac{2}{5} \div 3\frac{3}{5} = \frac{32}{5} \div \frac{18}{5} = 32 \div 18$

$= \frac{32}{18} = \frac{16}{9} = 1\frac{7}{9}$입니다.

따라서 바르게 계산하면

$3\frac{3}{5} \div 1\frac{7}{9} = \frac{18}{5} \div \frac{16}{9} = \frac{\overset{9}{\cancel{18}}}{5} \times \frac{9}{\underset{8}{\cancel{16}}} = \frac{81}{40}$

$= 2\frac{1}{40}$입니다.

7-1 어떤 수를 □라고 하면 $\frac{2}{3} \times \square = \frac{5}{9}$에서

$\square = \frac{5}{9} \div \frac{2}{3} = \frac{5}{\underset{3}{\cancel{9}}} \times \frac{\overset{1}{\cancel{3}}}{2} = \frac{5}{6}$입니다.

따라서 바르게 계산하면

$\frac{2}{3} \div \frac{5}{6} = \frac{2}{\underset{1}{\cancel{3}}} \times \frac{\overset{2}{\cancel{6}}}{5} = \frac{4}{5}$입니다.

7-2 어떤 수를 □라고 하면 □×7=3에서

$\square = 3 \div 7 = \frac{3}{7}$입니다.

따라서 바르게 계산하면 $\frac{3}{7} \div \frac{3}{7} = 1$입니다.

7-3 $\frac{1}{3}$의 분모와 분자에 각각 어떤 수를 더한 분수를 □라고 하면 $\square \times \frac{2}{3} = \frac{2}{5}$입니다.

$\square = \frac{2}{5} \div \frac{2}{3} = \frac{\overset{1}{\cancel{2}}}{5} \times \frac{3}{\underset{1}{\cancel{2}}} = \frac{3}{5}$에서

$\frac{1+2}{3+2} = \frac{3}{5}$이므로 어떤 수는 2입니다.

바르게 계산하면 $\frac{3}{5} \div \frac{2}{3} = \frac{3}{5} \times \frac{3}{2} = \frac{9}{10}$입니다.

유형 8 $21 \div \frac{7}{\square} = 3 \times \square$, $10 \div \frac{5}{11} = 22$

3×□<22이므로 □ 안에 들어갈 수 있는 자연수 중에서 가장 큰 수는 7입니다.

8-1 $\square \div \frac{1}{8} = \square \times 8$

□×8<45이므로 □ 안에 들어갈 수 있는 자연수 중에서 가장 큰 수는 5입니다.

8-2 $24 \div \frac{4}{\square} = 6 \times \square$, $35 \div \frac{5}{7} = 49$, $56 \div \frac{8}{9} = 63$

49<6×□<63이므로 □ 안에 들어갈 수 있는 자연수는 9, 10으로 모두 2개입니다.

8-3 $6\frac{3}{7} \div \frac{9}{10} = 7\frac{1}{7}$

$7\frac{1}{7} < \square$이므로 □ 안에 들어갈 수 있는 자연수 중에서 가장 작은 수는 8입니다.

유형 9 $3\frac{4}{21} \div \frac{4}{7} = \frac{67}{21} \div \frac{4}{7} = \frac{67}{\underset{3}{\cancel{21}}} \times \frac{\overset{1}{\cancel{7}}}{4}$

$= \frac{67}{12} = 5\frac{7}{12}$

따라서 물 $3\frac{4}{21}$ L를 받는 데 걸리는 시간은

$5\frac{7}{12}$분$=5\frac{35}{60}$분=5분 35초입니다.

9-1 $4\frac{3}{7} \div \frac{3}{14} = \frac{31}{7} \div \frac{3}{14} = \frac{31}{\underset{1}{\cancel{7}}} \times \frac{\overset{2}{\cancel{14}}}{3}$

$= \frac{62}{3} = 20\frac{2}{3}$

따라서 $4\frac{3}{7}$ km를 가는 데 걸리는 시간은

$20\frac{2}{3}$분$=20\frac{40}{60}$분=20분 40초입니다.

9-2 $\left(2\frac{4}{5}\text{시간 동안 탄 양초의 길이}\right)$

$=18\frac{2}{5}-10=8\frac{2}{5}$(cm)

(1시간 동안 타는 양초의 길이)

$=8\frac{2}{5}\div2\frac{4}{5}=\frac{42}{5}\div\frac{14}{5}=42\div14=3$(cm)

따라서 남은 양초가 모두 타는 데 걸리는 시간은

$10\div3=\frac{10}{3}=3\frac{1}{3}$(시간)이고

$3\frac{1}{3}$시간$=3\frac{20}{60}$시간$=3$시간 20분입니다.

유형 10 계산 결과가 가장 작은 나눗셈식을 만들려면 나누어지는 수를 가장 작게 만들어야 합니다.

→ $3\frac{5}{7}\div\frac{2}{3}=\frac{26}{7}\div\frac{2}{3}=\frac{\overset{13}{\cancel{26}}}{7}\times\frac{3}{\underset{1}{\cancel{2}}}=\frac{39}{7}$

$=5\frac{4}{7}$

10-1 계산 결과가 가장 큰 나눗셈식을 만들려면 나누어지는 수는 가장 크게, 나누는 수는 가장 작게 만들어야 합니다.

→ $\frac{5}{4}\div\frac{3}{8}=\frac{5}{\underset{1}{\cancel{4}}}\times\frac{\overset{2}{\cancel{8}}}{3}=\frac{10}{3}=3\frac{1}{3}$

10-2 계산 결과가 가장 큰 나눗셈식을 만들려면 나누어지는 수는 가장 크게, 나누는 수는 가장 작게 만들어야 합니다.

• 나누어지는 수를 가장 크게 만드는 경우

→ $\frac{7}{2}\div\frac{3}{5}=\frac{7}{2}\times\frac{5}{3}=\frac{35}{6}=5\frac{5}{6}$

• 나누는 수를 가장 작게 만드는 경우

→ $\frac{5}{3}\div\frac{2}{7}=\frac{5}{3}\times\frac{7}{2}=\frac{35}{6}=5\frac{5}{6}$

따라서 구하는 몫은 $5\frac{5}{6}$입니다.

유형 11 $\frac{1}{5}\div\frac{\square}{45}=\frac{9}{45}\div\frac{\square}{45}=9\div\square$이므로 계산 결과가 자연수가 되려면 $9\div\square$가 나누어떨어져야 합니다.

따라서 $\square$ 안에는 들어갈 수 있는 자연수는 9의 약수인 1, 3, 9입니다.

11-1 $16\div\frac{\square}{5}=16\times\frac{5}{\square}=\frac{80}{\square}$이므로 계산 결과가 자연수가 되려면 $\square$는 80의 약수여야 합니다.

$\frac{\square}{5}$가 진분수이므로 $\square$ 안에 들어갈 수 있는 자연수는 80의 약수 중에서 5보다 작은 수인 1, 2, 4입니다.

→ $1+2+4=7$

11-2 $1\frac{3}{4}\div\frac{\square}{16}=\frac{7}{4}\div\frac{\square}{16}=\frac{28}{16}\div\frac{\square}{16}=28\div\square$

이므로 계산 결과가 자연수가 되려면 $28\div\square$가 나누어떨어져야 합니다.

$\frac{\square}{16}$가 진분수이므로 $\square$ 안에 들어갈 수 있는 자연수는 28의 약수 중에서 16보다 작은 수인 1, 2, 4, 7, 14로 모두 5개입니다.

유형 12 $\frac{2}{3}\star\frac{1}{2}=\left(\frac{\overset{1}{\cancel{2}}}{3}\times\frac{1}{\underset{1}{\cancel{2}}}\right)\div\left(\frac{2}{3}+\frac{1}{2}\right)$

$=\frac{1}{3}\div\frac{7}{6}=\frac{2}{6}\div\frac{7}{6}=2\div7=\frac{2}{7}$

→ $\left(\frac{2}{3}\star\frac{1}{2}\right)\star\frac{1}{3}$

$=\frac{2}{7}\star\frac{1}{3}=\left(\frac{2}{7}\times\frac{1}{3}\right)\div\left(\frac{2}{7}+\frac{1}{3}\right)$

$=\frac{2}{21}\div\frac{13}{21}=2\div13=\frac{2}{13}$

12-1 $\frac{3}{8}◎\frac{7}{12}=\frac{3}{8}\div\left(\frac{7}{12}-\frac{3}{8}\right)=\frac{3}{8}\div\frac{5}{24}$

$=\frac{9}{24}\div\frac{5}{24}=9\div5=\frac{9}{5}=1\frac{4}{5}$

12-2 $9♥\frac{3}{7}=3\frac{1}{2}\div\left(9\div\frac{3}{7}\right)=3\frac{1}{2}\div\left(\overset{3}{\cancel{9}}\times\frac{7}{\underset{1}{\cancel{3}}}\right)$

$=3\frac{1}{2}\div21=\frac{7}{2}\div21=\frac{\overset{1}{\cancel{7}}}{2}\times\frac{1}{\underset{3}{\cancel{21}}}=\frac{1}{6}$

12-3 $1\frac{1}{4}\star\frac{1}{2}=\left(1\frac{1}{4}\div\frac{1}{2}\right)\div\frac{1}{2}$

$=\left(\frac{5}{\underset{2}{\cancel{4}}}\times\overset{1}{\cancel{2}}\right)\div\frac{1}{2}=\frac{5}{2}\div\frac{1}{2}=5$

$\square\star\left(1\frac{1}{4}\star\frac{1}{2}\right)=\square\star5=(\square\div5)\div5$

따라서 $(\square\div5)\div5=1$이므로

$\square=1\times5\times5=25$입니다.

2단원 소수의 나눗셈

26~28쪽 AI가 추천한 단원 평가 1회

01 (위에서부터) 10, 10, 23, 8, 8

02 $3.15 \div 0.35 = \frac{315}{100} \div \frac{35}{100} = 315 \div 35 = 9$

03 60, 600, 6000　04 22, 220, 2200

05 ㉢	06 12.3	07 ㉡
08 >	09 42배	10 풀이 참고
11 0.03	12 12개	13 32.14 kg
14 9 cm	15 12.5	16 8명, 0.9 m
17 풀이 참고, 3	18 20	19 17장
20 0.2분 뒤		

07 ㉠ 6　㉡ 8　㉢ 3.5　㉣ 2

08 $4.6 \div 7 = 0.65\cdots$이므로 몫을 반올림하여 소수 첫째 자리까지 나타내면 0.7입니다.
따라서 $0.7 > 0.65\cdots$입니다.

09 $10.5 > 2.4 > 1.01 > 0.25$
따라서 $10.5 \div 0.25 = 42$이므로 42배입니다.

10 예 몫의 소수점을 나누어지는 수의 옮긴 소수점의 위치에 맞추어 찍어야 하는데 잘못 찍었습니다.」❶

```
        5 8
2.5 ) 1 4 5.0
      1 2 5
        2 0 0
        2 0 0
            0
```
」❷

채점 기준

❶ 계산이 잘못된 이유 쓰기	2점
❷ 바르게 계산하기	3점

11 $5.4 \div 2.1 = 2.571\cdots$이므로 몫을 반올림하여 소수 첫째 자리까지 나타내면 2.6, 소수 둘째 자리까지 나타내면 2.57입니다.
따라서 차는 $2.6 - 2.57 = 0.03$입니다.

12 $546 \div 45.5 = 12$(개)

13 (철근 1 m의 무게)$= 45 \div 1.4 = 32.142\cdots$(kg)
➜ 32.14 kg

14 (다른 대각선의 길이)
$=$(마름모의 넓이)$\times 2 \div$(한 대각선의 길이)
$= 30.6 \times 2 \div 6.8 = 61.2 \div 6.8 = 9$(cm)

15 어떤 수를 □라고 하면 □$\times 2.4 = 72$에서
□$= 72 \div 2.4 = 30$이므로 바르게 계산하면
$30 \div 2.4 = 12.5$입니다.

16 (리본의 길이)$=$(색 테이프의 길이)
$= 3 \times 12 + 3.3 = 39.3$(m)

```
          8
4.8 ) 3 9.3
      3 8 4
        0.9
```

따라서 리본을 8명에게 나누어 줄 수 있고, 남는 리본은 0.9 m입니다.

17 예 「$27.4 \div 3.3 = 8.3030\cdots$이므로 몫의 소수점 아래 반복되는 숫자는 3, 0입니다.」❶
따라서 몫의 소수점 아래 홀수 번째 숫자는 3이고 짝수 번째 숫자는 0이므로 몫의 소수 77째 자리 숫자는 3입니다.」❷

채점 기준

❶ $27.4 \div 3.3$의 몫 구하기	2점
❷ 몫의 소수 77째 자리 숫자 구하기	3점

18 $2.3 \star 1.5 = (2.3 + 1.5) \div (2.3 - 1.5)$
$= 3.8 \div 0.8 = 4.75$
➜ $5.25 \star (2.3 \star 1.5)$
$= 5.25 \star 4.75$
$= (5.25 + 4.75) \div (5.25 - 4.75)$
$= 10 \div 0.5 = 20$

19 색 테이프를 한 장씩 더 이어 붙일 때마다 색 테이프의 전체 길이는 $25 - 2.5 = 22.5$(cm)씩 늘어납니다.
늘어나는 색 테이프의 수를 □라고 하면
$25 + 22.5 \times$□$= 385$, $22.5 \times$□$= 360$입니다.
따라서 □$= 360 \div 22.5 = 16$이므로 이어 붙인 색 테이프는 모두 $16 + 1 = 17$(장)입니다.

20 $5 \div 21 = 0.23\cdots$ ➜ 0.2
따라서 번개가 친 곳으로부터 5 km 떨어진 곳에서는 번개가 친 지 0.2분 뒤에 천둥소리를 들을 수 있습니다.

29~31쪽 AI가 추천한 단원 평가 2회

01 544, 544, 16
02 (위에서부터) 10 / 40, 13, 40 / 10
03 346.5　04 2.2, 3, 3, 2.2
05 (위에서부터) 5, 150　06 3, 2.8, 2.77
07 >　08 <　09 2.2
10 ㉡, ㉢　11 ㉡, ㉣, ㉠, ㉢　12 2.4배
13 3　14 6　15 7번
16 8개　17 풀이 참고, 13
18 풀이 참고, 0.1 L　19 14개
20 1.83배

06 $19.4\div7=2.771\cdots$

07 $24.2\div6.05=4$, $1.95\div0.65=3$ ➔ $4>3$

08 $8.84\div1.7=5.2$, $9\div1.5=6$ ➔ $5.2<6$

09 $7.4\div3.4=2.17\cdots$이므로 몫을 반올림하여 소수 첫째 자리까지 나타내면 2.2입니다.

10 • 나누어지는 수가 같을 때 나누는 수가 0.1배, 0.01배가 되면 몫은 10배, 100배가 됩니다.
㉠ $56\div0.14=400$
㉡ $56\div0.014=4000$
• 나누는 수가 같을 때 나누어지는 수가 10배, 100배가 되면 몫도 10배, 100배가 됩니다.
㉢ $560\div1.4=400$
㉣ $5600\div1.4=4000$
따라서 바르게 계산한 것은 ㉡, ㉢입니다.

11 나누는 수가 1.12로 같으므로 나누어지는 수가 클수록 몫이 큽니다.
따라서 나누어지는 수의 크기를 비교하면 $50.4>48.16>26.88>19.04$이므로 나눗셈의 몫이 큰 것부터 차례대로 쓰면 ㉡, ㉣, ㉠, ㉢입니다.

12 $3.36\div1.4=2.4$(배)

13 $10.15\div3.5=2.9$이므로 $2.9<\square$입니다.
따라서 □ 안에 들어갈 수 있는 가장 작은 자연수는 3입니다.

14 $\square\times6.25=37.5$
➔ $\square=37.5\div6.25=6$

15
$$\begin{array}{r} 6 \\ 13.5\overline{)\,86.4} \\ 81\,0 \\ \hline 5.4 \end{array}$$
따라서 물통으로 물을 6번 붓고 5.4 L를 더 부어야 하므로 물을 적어도 $6+1=7$(번) 부어야 합니다.

16 (꺼내 먹은 쿠키의 무게)$=950-740.4$
$=209.6$(g)
➔ (꺼내 먹은 쿠키의 수)$=209.6\div26.2=8$(개)

17 예 나누어지는 수와 나누는 수를 각각 100배 한 식은 $195\div15$이므로 195와 15를 각각 $\frac{1}{100}$배 하면 1.95와 0.15가 됩니다.」❶
따라서 조건을 모두 만족하는 나눗셈식은 $1.95\div0.15=195\div15=13$입니다.」❷

채점 기준

❶ 조건을 만족하는 나누어지는 수와 나누는 수 찾기	2점
❷ 조건을 만족하는 나눗셈식의 몫 구하기	3점

18 예 200 mL=0.2 L」❶
$$\begin{array}{r} 2\,1 \\ 0.2\overline{)\,4.3} \\ 4 \\ \hline 3 \\ 2 \\ \hline 0.1 \end{array}$$
➔ 음료수를 종이컵 21개에 담아 판매할 수 있고, 남는 음료수는 0.1 L입니다.」❷
따라서 남김없이 모두 판매하려면 음료수는 적어도 $0.2-0.1=0.1$(L) 더 필요합니다.」❸

채점 기준

❶ 200 mL는 몇 L인지 구하기	1점
❷ 판매할 수 있는 컵의 수와 남는 음료수의 양 구하기	3점
❸ 음료수는 적어도 몇 L 더 필요한지 구하기	1점

19 (의자 사이의 간격 수)$=75\div12.5=6$(군데)
(한쪽에 필요한 의자의 수)$=6+1=7$(개)
➔ (양쪽에 필요한 의자의 수)$=7\times2=14$(개)

20 땅의 세로를 □ m라고 하면 가로는 (□+2.4) m입니다.
➔ (땅의 둘레)$=(\square+2.4+\square)\times2=16.4$
$\square\times2+2.4=8.2$, $\square\times2=5.8$,
$\square=5.8\div2=2.9$
세로가 2.9 m이므로 가로는 $2.9+2.4=5.3$(m)입니다.
따라서 $5.3\div2.9=1.827\cdots$ ➔ 1.83배입니다.

32~34쪽 AI가 추천한 단원 평가 3회

01 612, 360, 1.7
02 $30 \div 7.5 = \frac{300}{10} \div \frac{75}{10} = 300 \div 75 = 4$
03 6
04 450
05 7.5, 75, 750
06 ②
07 7, 7.5
08 2.6
09 ㉠
10 2.6, 4
11 ㉢, ㉡, ㉠, ㉣
12 1.28배
13 4배
14 13
15 풀이 참고, 85배
16 1시간 30분
17 0.75 kg
18 70
19 풀이 참고, 16 cm
20 0.03

06 ① 48 ② 4.8 ③ 48
④ 48 ⑤ 48

07
```
      7   ← 몫
8 ) 6 3.5
    5 6
    ───
      7.5 ← 남는 수
```

08 $25 \div 9.7 = 2.57\cdots$이므로 몫을 반올림하여 소수 첫째 자리까지 나타내면 2.6입니다.

10 $2.34 \div 0.9 = 2.6$, $2.6 \div 0.65 = 4$

09 $107.2 \div 12 = 8.933\cdots$이므로 몫을 반올림하여 소수 둘째 자리까지 나타내면 8.93입니다.
따라서 $8.93 < 8.933\cdots$이므로 계산 결과가 더 작은 것은 ㉠입니다.

11 나누어지는 수가 2.34로 같으므로 나누는 수가 작을수록 몫이 큽니다.
따라서 나누는 수의 크기를 비교하면
$1.3 < 1.95 < 3.9 < 5.85$이므로 나눗셈의 몫이 큰 것부터 차례대로 쓰면 ㉢, ㉡, ㉠, ㉣입니다.

12 $35 \div 27.4 = 1.277\cdots$ ➔ 1.28배

13 (집에서 도서관까지의 거리)$= 1.43 + 4.29$
$= 5.72$(km)
➔ $5.72 \div 1.43 = 4$(배)

14 $8.5 \div 1.7 = 5$, $16.56 \div 2.3 = 7.2$이므로
$5 < \square < 7.2$입니다.
따라서 □ 안에 들어갈 수 있는 자연수는 6, 7이므로 합은 $6 + 7 = 13$입니다.

15 예 ㉠ 5.44를 10배 한 수는 54.4입니다.
㉡ 0.1이 6개, 0.01이 4개인 수는 0.64입니다.」 ❶
따라서 $54.4 \div 0.64 = 85$이므로 ㉠은 ㉡의 85배입니다.」 ❷

채점 기준

❶ ㉠, ㉡이 나타내는 수 각각 구하기	2점
❷ ㉠은 ㉡의 몇 배인지 구하기	3점

16 (6.6 km를 걷는 데 걸리는 시간)
$= 6.6 \div 4.4 = 1.5$(시간)
1.5시간$= 1\frac{30}{60}$시간$=$1시간 30분이므로 집에서 할머니 댁까지 가는 데 1시간 30분이 걸립니다.

17 (석유 2.5 L의 무게)$= 9.03 - 6.73 = 2.3$(kg)
(석유 1 L의 무게)$= 2.3 \div 2.5 = 0.92$(kg)
(석유 9 L의 무게)$= 0.92 \times 9 = 8.28$(kg)
➔ (빈 통의 무게)$= 9.03 - 8.28 = 0.75$(kg)

18 계산 결과가 가장 큰 나눗셈식을 만들려면 나누어지는 수는 가장 크게, 나누는 수는 가장 작게 만들어야 합니다.
만들 수 있는 가장 큰 나누어지는 수는 98이고, 가장 작은 나누는 수는 1.4입니다.
➔ $98 \div 1.4 = 70$

19 예 (14분 동안 줄어든 양초의 길이)
$= 0.8 \times 14 = 11.2$(cm)」 ❶
처음 양초의 길이를 □ cm라고 하면
$\square \times (1 - 0.3) = 11.2$입니다.」 ❷
➔ $\square = 11.2 \div (1 - 0.3) = 11.2 \div 0.7 = 16$
따라서 처음 양초의 길이는 16 cm입니다.」 ❸

채점 기준

❶ 줄어든 양초의 길이 구하기	1점
❷ 처음 양초의 길이를 □ cm라고 하고 식 세우기	2점
❸ 처음 양초의 길이 구하기	2점

20 $22.2 \div 3.9 = 5.69\cdots$
나누어지는 수 22.2에 가장 작은 수를 더해서 몫이 소수 첫째 자리에서 나누어떨어질 때 나눗셈의 몫은 5.7이 되어야 합니다.
몫이 5.7일 때 나누어지는 수를 □라고 하면
$\square \div 3.9 = 5.7$이므로 $\square = 5.7 \times 3.9 = 22.23$입니다.
➔ ㉠$= 22.23 - 22.2 = 0.03$

35~37쪽 **AI가 추천한 단원 평가 4회**

01 33.6, 33.6, 0.8　02 2, 4
03 6, 4.3　04 180, 6, 180, 180, 30
05 ㉡　06 2.6, 16　07 
08 >　09 1　10 은찬
11 ㉡, ㉢, ㉠　12 5.32, 5.2 / 1.02
13 7.1배　14 0.6
15 풀이 참고, 34.8 cm　16 6, 7, 8, 9
17 1, 3　18 나 수도
19 풀이 참고, 33000원
20 오전 8시 9분 36초

05 ㉠ 2.7　㉡ 0.27　㉢ 2.7

08 36÷0.6=60, 72÷1.5=48 ➔ 60>48

09 20.8÷0.8=26, 56.7÷2.1=27 ➔ 27−26=1

11 ㉠ $20.7 \div 3$: 몫 6, $20.7 - 18 = 2.7$　㉡ $32.4 \div 6$: 몫 5, $32.4 - 30 = 2.4$　㉢ $29.5 \div 9$: 몫 3, $29.5 - 27 = 2.5$

따라서 몫을 자연수까지 구했을 때 남는 수가 작은 것부터 차례대로 쓰면 ㉡, ㉢, ㉠입니다.

12 계산 결과가 가장 크려면 나누어지는 수는 가장 크고, 나누는 수는 가장 작아야 합니다.
5.32÷5.2=1.023··· ➔ 1.02

13 19.3÷2.7=7.14··· ➔ 7.1배

14 ㉠ 3.96, ㉡ 6.6 ➔ ㉠÷㉡=3.96÷6.6=0.6

15 예 변 ㄴㄷ을 밑변으로 하면 높이는 선분 ㄹㅁ이므로 (변 ㄴㄷ의 길이)×7.28=65.52(cm^2)입니다.
➔ (변 ㄴㄷ의 길이)=65.52÷7.28=9(cm)」 ❶
변 ㄱㄴ을 밑변으로 하면 높이는 선분 ㄷㅂ이므로 (변 ㄱㄴ의 길이)×7.8=65.52(cm^2)입니다.
➔ (변 ㄱㄴ의 길이)=65.52÷7.8=8.4(cm)」 ❷
따라서 평행사변형의 둘레는
(9+8.4)×2=17.4×2=34.8(cm)입니다.」 ❸

채점 기준

❶ 변 ㄴㄷ의 길이 구하기	2점
❷ 변 ㄱㄴ의 길이 구하기	2점
❸ 평행사변형의 둘레 구하기	1점

16 41.44÷7.4=5.6이므로 5.6<5.□1입니다.
따라서 □ 안에는 6과 같거나 6보다 큰 수가 들어갈 수 있으므로 □ 안에 들어갈 수 있는 수는 6, 7, 8, 9입니다.

17 $3㉡.6 \div 2.4$ = ㉠4

• 나누어지는 수와 나누는 수의 소수점을 똑같이 오른쪽으로 한 칸 옮기면 24×㉠은 3㉡보다 작아야 하므로 ㉠은 1입니다.
• 24×4=96이므로 3㉡6−240=96입니다.
3㉡6=96+240=336이므로 ㉡은 3입니다.

18 3분 15초=$3\frac{15}{60}$분=3.25분, 5분 30초=5.5분
(가 수도에서 1분 동안 나오는 물의 양)
=82.55÷3.25=25.4(L)
(나 수도에서 1분 동안 나오는 물의 양)
=147.4÷5.5=26.8(L)
25.4<26.8이므로 1분 동안 물이 더 많이 나오는 수도는 나 수도입니다.

19 예 (휘발유 1 L로 갈 수 있는 거리)
=19.36÷1.6=12.1(km)」 ❶
(242 km를 가는 데 필요한 휘발유의 양)
=242÷(휘발유 1 L로 갈 수 있는 거리)
=242÷12.1=20(L)」 ❷
따라서 이 자동차가 242 km를 가는 데 필요한 휘발유의 값은 1650×20=33000(원)입니다.」 ❸

채점 기준

❶ 휘발유 1 L로 갈 수 있는 거리 구하기	2점
❷ 242 km를 가는 데 필요한 휘발유의 양 구하기	2점
❸ 필요한 휘발유의 값 구하기	1점

20 (하루 동안 늦게 가는 시간)=18÷2.5=7.2(분)
(7일 동안 늦게 가는 시간)=7.2×7=50.4(분)
50.4분=$50\frac{24}{60}$분=50분 24초
➔ (일주일 후 오전 9시에 시계가 가리키는 시각)
=오전 9시−50분 24초
=오전 8시 9분 36초

38~43쪽 **틀린 유형 다시 보기**

유형 1 3, 1.6	1-1 9, 4.4	1-2 3, 1.4
1-3 ㉡, ㉢, ㉣, ㉠		유형 2 1.8
2-1 4	2-2 2.2	2-3 ㉠
유형 3 0.2 L	3-1 3.5 kg	3-2 6 mL
3-3 0.1 kg	유형 4 5.4 cm	4-1 3.2 m
4-2 18.9 cm^2	유형 5 7, 8, 9	5-1 4개
5-2 7, 8, 9	5-3 10	유형 6 4
6-1 35	6-2 1.5	6-3 60.3
유형 7 2	7-1 4	7-2 37
7-3 2	유형 8 24.23	8-1 12.2
8-2 394.8	유형 9 37그루	9-1 58개
9-2 16그루	9-3 35개	유형 10 51300원
10-1 나 가게	10-2 준우	유형 11 3시간
11-1 2시간	11-2 0.3분 뒤	유형 12 0.04
12-1 0.06	12-2 0.012	

유형 1

$$\begin{array}{r} 3 \\ 7\overline{)\,22.6} \\ 21 \\ \hline 1.6 \end{array}$$

(3 ← 몫, 1.6 ← 남는 수)

1-1

$$\begin{array}{r} 9 \\ 6\overline{)\,58.4} \\ 54 \\ \hline 4.4 \end{array}$$

(9 ← 몫, 4.4 ← 남는 수)

1-2

$$\begin{array}{r} 3 \\ 8\overline{)\,25.4} \\ 24 \\ \hline 1.4 \end{array}$$

(3 ← 몫, 1.4 ← 남는 수)

1-3 ㉠

$$\begin{array}{r} 3 \\ 9\overline{)\,31.8} \\ 27 \\ \hline 4.8 \end{array}$$

㉡

$$\begin{array}{r} 5 \\ 8\overline{)\,47.2} \\ 40 \\ \hline 7.2 \end{array}$$

㉢

$$\begin{array}{r} 7 \\ 7\overline{)\,55.5} \\ 49 \\ \hline 6.5 \end{array}$$

㉣

$$\begin{array}{r} 11 \\ 6\overline{)\,71.1} \\ 6 \\ \hline 11 \\ 6 \\ \hline 5.1 \end{array}$$

따라서 7.2>6.5>5.1>4.8이므로 몫을 자연수까지 구했을 때 남는 수가 큰 것부터 차례대로 쓰면 ㉡, ㉢, ㉣, ㉠입니다.

유형 2 □=4.68÷2.6=1.8

2-1 □=5÷1.25=4

2-2 어떤 수를 □라고 하면 □×6.4=14.08이므로 □=14.08÷6.4=2.2입니다.

2-3 ㉠ □=18.9÷4.5=4.2

㉡ □=25.2÷6.3=4

따라서 4.2>4이므로 □ 안에 알맞은 수가 더 큰 것은 ㉠입니다.

유형 3

$$\begin{array}{r} 42 \\ 0.8\overline{)\,34.2} \\ 32 \\ \hline 22 \\ 16 \\ \hline 0.6 \end{array}$$

➡ 음료수를 42명에게 나누어 줄 수 있고, 남는 음료수는 0.6 L입니다.

따라서 남김없이 모두 나누어 주려면 음료수는 적어도 0.8−0.6=0.2(L) 더 필요합니다.

3-1

$$\begin{array}{r} 17 \\ 4\overline{)\,68.5} \\ 4 \\ \hline 28 \\ 28 \\ \hline 0.5 \end{array}$$

➡ 소금을 17봉지에 담을 수 있고, 남는 소금은 0.5 kg입니다.

따라서 남김없이 모두 판매하려면 소금은 적어도 4−0.5=3.5(kg) 더 필요합니다.

3-2

$$\begin{array}{r} 88 \\ 8.5\overline{)\,750.5} \\ 680 \\ \hline 705 \\ 680 \\ \hline 2.5 \end{array}$$

➡ 오일을 88병에 담을 수 있고, 남는 오일은 2.5 mL입니다.

따라서 남김없이 모두 판매하려면 오일은 적어도 8.5−2.5=6(mL) 더 필요합니다.

3-3 (전체 밀가루 반죽의 양)=3.3×3=9.9(kg)

$$\begin{array}{r} 49 \\ 0.2\overline{)\,9.9} \\ 8 \\ \hline 19 \\ 18 \\ \hline 0.1 \end{array}$$

➡ 수제비는 49그릇 만들 수 있고, 남는 밀가루 반죽은 0.1 kg입니다.

따라서 남김없이 모두 판매하려면 밀가루 반죽은 적어도 0.2−0.1=0.1(kg) 더 필요합니다.

유형 4 변 ㄱㄷ을 밑변으로 하면 높이는 선분 ㄴㄹ이므로 삼각형 ㄱㄴㄷ의 넓이는
$6.75 \times 3.24 \div 2 = 10.935(cm^2)$입니다.
변 ㄱㄴ을 밑변으로 하면 높이는 변 ㄴㄷ이므로
(변 ㄱㄴ의 길이)$\times 4.05 \div 2 = 10.935(cm^2)$입니다.
➔ (변ㄱㄴ의 길이)$= 10.935 \times 2 \div 4.05$
$= 21.87 \div 4.05 = 5.4(cm)$

4-1 변 ㄴㄷ을 밑변으로 하면 높이는 선분 ㄹㅁ이므로 평행사변형의 넓이는 $1.6 \times 2.4 = 3.84(m^2)$입니다.
변 ㄱㄴ을 밑변으로 하면 높이는 선분 ㄷㅂ이므로
(변 ㄱㄴ의 길이)$\times 1.2 = 3.84(m^2)$입니다.
➔ (변 ㄱㄴ의 길이)$= 3.84 \div 1.2 = 3.2(m)$

4-2 (평행사변형 ㉠의 높이)
=(평행사변형의 넓이)÷(밑변의 길이)
$= 12.6 \div 2.8 = 4.5(cm)$
따라서 사다리꼴 ㉡의 높이도 4.5 cm입니다.
➔ (사다리꼴 ㉡의 넓이)
$= (3.6 + 4.8) \times 4.5 \div 2$
$= 8.4 \times 4.5 \div 2 = 37.8 \div 2 = 18.9(cm^2)$

유형 5 $20.4 \div 3.4 = 6$
따라서 6<□이므로 □ 안에 들어갈 수 있는 자연수는 7, 8, 9입니다.

5-1 $46.8 \div 5.2 = 9$, $49 \div 3.5 = 14$
따라서 9<□<14이므로 □ 안에 들어갈 수 있는 자연수는 10, 11, 12, 13으로 모두 4개입니다.

5-2 $24.05 \div 6.5 = 3.7$이므로 3.7<3.□7입니다.
따라서 □ 안에는 7과 같거나 7보다 큰 수가 들어갈 수 있으므로 □ 안에 들어갈 수 있는 수는 7, 8, 9입니다.

5-3 $13.32 \div 2.4 = 5.55$이므로 5.55>5.□5입니다.
소수 둘째 자리 수가 같으므로 □ 안에는 5보다 작은 수가 들어갈 수 있습니다.
따라서 □ 안에 들어갈 수 있는 수는 1, 2, 3, 4이므로 합은 $1+2+3+4=10$입니다.

유형 6 어떤 수를 □라고 하면 □$\times 3.2 = 40.96$입니다.
➔ □$= 40.96 \div 3.2 = 12.8$
따라서 바르게 계산하면 $12.8 \div 3.2 = 4$입니다.

6-1 어떤 수를 □라고 하면 □$\times 0.8 = 22.4$입니다.
➔ □$= 22.4 \div 0.8 = 28$
따라서 바르게 계산하면 $28 \div 0.8 = 35$입니다.

6-2 어떤 수를 □라고 하면 $2.1 \times$□$= 2.94$입니다.
➔ □$= 2.94 \div 2.1 = 1.4$
따라서 바르게 계산하면 $2.1 \div 1.4 = 1.5$입니다.

6-3 어떤 수를 □라고 하면 □$\div 24 = 6 \cdots 0.8$입니다. $24 \times 6 = 144$이고, $144 + 0.8 = 144.8$이므로 □$= 144.8$입니다.
따라서 바르게 계산하면
$144.8 \div 2.4 = 60.33\cdots$이므로 몫을 반올림하여 소수 첫째 자리까지 나타내면 60.3입니다.

유형 7 $15.2 \div 2.7 = 5.629629\cdots$이므로 몫의 소수점 아래 반복되는 숫자는 6, 2, 9입니다.
따라서 $35 \div 3 = 11 \cdots 2$이므로 몫의 소수 35째 자리 숫자는 몫의 소수 둘째 자리 숫자와 같은 2입니다.

7-1 $58.1 \div 11.1 = 5.234234\cdots$이므로 몫의 소수점 아래 반복되는 숫자는 2, 3, 4입니다.
따라서 $99 \div 3 = 33$이므로 몫의 소수 99째 자리 숫자는 몫의 소수 셋째 자리 숫자와 같은 4입니다.

7-2 $3.8 \div 1.5 = 2.5333\cdots$이므로 몫의 소수 둘째 자리부터 모두 3입니다.
몫의 소수 11째 자리까지 3은 $11-1=10$(번) 나옵니다.
➔ (몫의 각 자리 숫자의 합)
$= 2+5+3 \times 10 = 2+5+30 = 37$

7-3 18.2÷3.3=5.515151⋯이므로 몫의 소수점 아래 반복되는 숫자는 5, 1입니다.
몫의 소수점 아래 홀수 번째 숫자는 5, 짝수 번째 숫자는 1입니다.
따라서 몫의 소수 13째 자리 숫자는 5이므로 몫을 반올림하여 소수 12째 자리까지 나타내면 몫의 소수 12째 자리 숫자는 2입니다.

유형 8 계산 결과가 가장 작은 나눗셈식을 만들려면 나누어지는 수는 가장 작게, 나누는 수는 가장 크게 만들어야 합니다.
9>7>5>3>2이므로 만들 수 있는 가장 작은 나누어지는 수는 235, 가장 큰 나누는 수는 9.7입니다.
➜ 235÷9.7=24.226⋯
따라서 몫을 반올림하여 소수 둘째 자리까지 나타내면 24.23입니다.

8-1 계산 결과가 가장 큰 나눗셈식을 만들려면 나누어지는 수를 가장 크게 만들어야 합니다.
8>5>4이므로 만들 수 있는 가장 큰 나누어지는 수는 8.54입니다.
➜ 8.54÷0.7=12.2

8-2 계산 결과가 가장 큰 나눗셈식을 만들려면 나누어지는 수는 가장 크게, 나누는 수는 가장 작게 만들어야 합니다.
9>8>7>5>2>0이므로 만들 수 있는 가장 큰 나누어지는 수는 98.7이고, 가장 작은 나누는 수는 0.25입니다.
➜ 98.7÷0.25=394.8

유형 9 (나무 사이의 간격 수)=88.2÷2.45=36(군데)
➜ (필요한 나무의 수)=36+1=37(그루)

9-1 (가로등 사이의 간격 수)
=98÷3.5=28(군데)
(한쪽에 필요한 가로등의 수)
=28+1=29(개)
➜ (양쪽에 필요한 가로등의 수)
=29×2=58(개)

9-2 (필요한 나무의 수)
=70.4÷4.4=16(그루)

9-3 (의자 사이의 간격)+(의자의 길이)
=10.8+2=12.8(m)
➜ (필요한 의자 수)
=448÷12.8=35(개)

유형 10 (휘발유 1 L로 갈 수 있는 거리)
=17.68÷1.3=13.6(km)
(408 km를 가는 데 필요한 휘발유의 양)
=408÷13.6=30(L)
➜ (필요한 휘발유의 값)
=1710×30=51300(원)

10-1 (가 가게의 주스 1 L당 가격)
=1410÷0.6=2350(원)
(나 가게의 주스 1 L당 가격)
=3680÷1.6=2300(원)
따라서 2350원>2300원이므로 나 가게에서 사는 것이 더 저렴합니다.

10-2 (달콤 사탕 1 kg의 가격)
=9500÷0.25=38000(원)
(새콤 사탕 1 kg의 가격)
=6930÷0.18=38500(원)
(막대 사탕 1 kg의 가격)
=4590÷0.12=38250(원)
따라서 38500원>38250원>38000원이므로 무게당 가격이 가장 비싼 사탕을 산 사람은 준우입니다.

유형 11 2시간 30분=$2\frac{30}{60}$시간=2.5시간
(강물이 1시간 동안 흐르는 거리)
=32.5÷2.5=13(km)
배가 강물이 흐르는 반대 방향으로 움직이므로 배가 1시간 동안 가는 거리는
55.8−13=42.8(km)입니다.
➜ (128.4 km를 가는 데 걸리는 시간)
=128.4÷42.8=3(시간)

11-1 1시간 15분 $=1\frac{15}{60}$시간 $=1.25$시간
(강물이 1시간 동안 흐르는 거리)
$=25\div1.25=20$(km)
배가 강물이 흐르는 반대 방향으로 움직이므로 배가 1시간 동안 가는 거리는
$57.4-20=37.4$(km)입니다.
→ (74.8 km를 가는 데 걸리는 시간)
$=74.8\div37.4=2$(시간)

11-2 $6\div21=0.28\cdots$이므로 몫을 반올림하여 소수 첫째 자리까지 나타내면 0.3입니다.
따라서 번개가 친 곳으로부터 6 km 떨어진 곳에서는 번개가 친 지 0.3분 뒤에 천둥소리를 들을 수 있습니다.

유형 12 $6.2\div1.3=4.76\cdots$
나누어지는 수 6.2에 가장 작은 수를 더해서 몫이 소수 첫째 자리에서 나누어떨어질 때 나눗셈의 몫은 4.8이 되어야 합니다.
몫이 4.8일 때 나누어지는 수를 □라고 하면
□$\div1.3=4.8$이므로 □$=4.8\times1.3=6.24$입니다.
→ ㉠$=6.24-6.2=0.04$

12-1 $10\div0.7=14.28\cdots$
나누어지는 수 10에서 가장 작은 수를 빼서 몫이 소수 첫째 자리에서 나누어떨어질 때 나눗셈의 몫은 14.2가 되어야 합니다.
몫이 14.2일 때 나누어지는 수를 □라고 하면
□$\div0.7=14.2$이므로 □$=14.2\times0.7=9.94$입니다.
→ ㉠$=10-9.94=0.06$

12-2 $32\div5.3=6.037\cdots$
나누어지는 수 32에 가장 작은 수를 더해서 몫이 소수 둘째 자리에서 나누어떨어질 때 나눗셈의 몫은 6.04가 되어야 합니다.
몫이 6.04일 때 나누어지는 수를 □라고 하면
□$\div5.3=6.04$이므로
□$=6.04\times5.3=32.012$입니다.
→ ㉠$=32.012-32=0.012$

3단원 공간과 입체

46~48쪽 AI가 추천한 단원 평가 1회

01 5, 2, 1
02 8개
03 
04 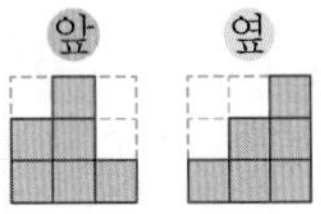

05 ㉢
06 5개
07 9개
08 풀이 참고, 3개
09 20개
10 ㉢
11 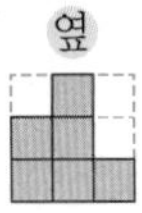

12 ㉡, ㉢
13 6개
14 ㉠
15 풀이 참고, 42개
16 5가지
17 5개
18 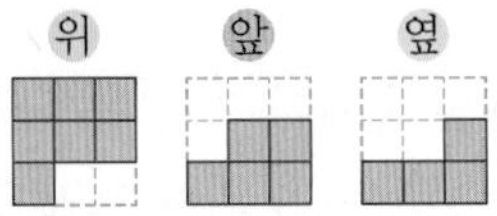

19 ㉡, ㉥
20 36개

06 2층에 쌓은 쌓기나무의 개수는 위에서 본 모양에 적힌 수가 2 이상인 자리의 개수와 같으므로 5개입니다.

07 

→ (쌓기나무의 개수)
$=3+2+1+1+1+1=9$(개)

08 예 쌓기나무가 1층에 8개, 2층에 3개, 3층에 1개이므로 똑같이 쌓는 데 필요한 쌓기나무는
$8+3+1=12$(개)입니다.」 ❶
따라서 주어진 모양과 똑같이 쌓고 남는 쌓기나무는 $15-12=3$(개)입니다.」 ❷

채점 기준

❶ 똑같이 쌓는 데 필요한 쌓기나무의 개수 구하기	3점
❷ 쌓고 남는 쌓기나무의 개수 구하기	2점

09 쌓은 모양을 위, 앞, 옆에서 본 모양은 다음과 같습니다.

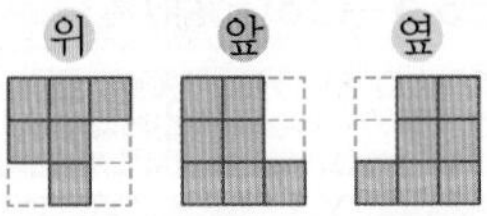

→ (위, 앞, 옆에서 보이는 면의 수의 합)
$=6+7+7=20$(개)

10 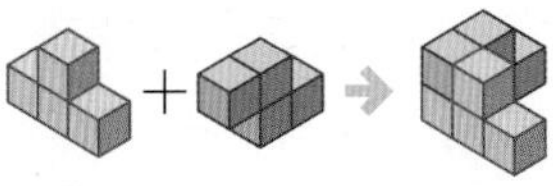

따라서 빈칸에 알맞은 모양은 ㉢입니다.

11 앞에서 본 모양을 보고 위에서 본 모양의 각 자리에 쌓인 쌓기나무의 개수를 쓰면 다음과 같습니다.

따라서 옆에서 보면 왼쪽부터 차례로 2층, 3층, 1층으로 보입니다.

12 ㉡ 모양을 돌리면 ㉢ 모양이 됩니다.

13 (전체 쌓기나무의 개수)
=2+2+3+1+1+3+2=14(개)
앞에서 볼 때 보이는 쌓기나무의 개수는 앞에서 본 모양의 각 줄의 가장 높은 층수와 같으므로
2+3+3=8(개)입니다.
따라서 앞에서 볼 때 보이지 않는 쌓기나무는
14−8=6(개)입니다.

14 쌓기나무로 쌓은 모양을 앞과 옆에서 본 모양은 다음과 같습니다.

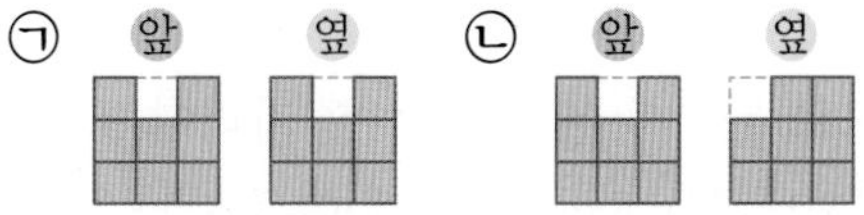

따라서 앞과 옆에서 본 모양이 똑같은 것은 ㉠입니다.

15 예 쌓기나무가 1층에 10개, 2층에 7개, 3층에 5개이므로 주어진 모양을 쌓는 데 사용한 쌓기나무는 10+7+5=22(개)입니다.」❶
가장 작은 정육면체 모양은 한 모서리에 쌓기나무가 4개씩이므로 쌓기나무의 개수는
4×4×4=64(개)입니다.」❷
따라서 쌓기나무는 64−22=42(개) 더 필요합니다.」❸

채점 기준

❶ 주어진 모양을 쌓는 데 사용한 쌓기나무의 개수 구하기	2점
❷ 가장 작은 정육면체 모양을 만들 때 필요한 쌓기나무의 개수 구하기	2점
❸ 더 필요한 쌓기나무의 개수 구하기	1점

16 1층에 쌓인 쌓기나무는 5개이므로 2층에 쌓인 쌓기나무는 9−5=4(개)입니다.
위에서 본 모양의 각 자리에 쌓을 수 있는 쌓기나무의 개수를 쓰면 다음과 같습니다.

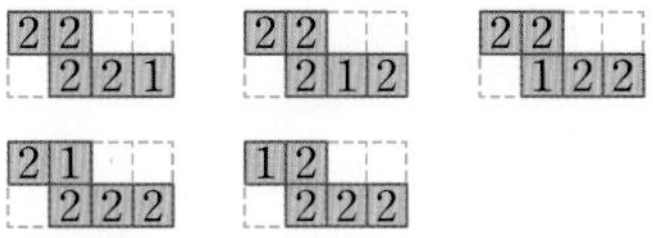

→ 5가지

17 • 가장 많은 경우

→ 쌓기나무의 개수:
1+2+2+1+1+1+1+3+3
=15(개)

• 가장 적은 경우

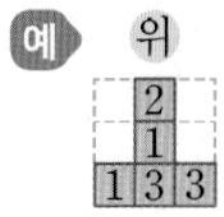

→ 쌓기나무의 개수:
2+1+1+3+3
=10(개)

→ (쌓기나무의 개수의 차)=15−10=5(개)

18 빨간색 쌓기나무를 3개 빼냈을 때 위에서 본 모양의 각 자리에 쌓인 쌓기나무의 개수를 쓰면 오른쪽과 같습니다.

따라서 앞에서 보면 왼쪽부터 차례로 1층, 2층, 2층으로 보이고 옆에서 보면 왼쪽부터 차례로 1층, 1층, 2층으로 보입니다.

19 가와 나는 2층에 쌓은 쌓기나무의 위치가 다르므로 같은 모양을 만들려면 쌓기나무 모양을 뒤집거나 돌렸을 때 같은 모양이 되도록 쌓기나무를 붙여야 합니다.

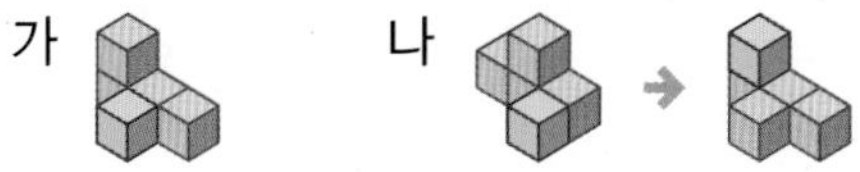

따라서 가에는 ㉡에, 나에는 ㉥에 쌓기나무 1개를 더 붙이면 같은 모양이 됩니다.

20 • 한 면이 칠해진 쌓기나무는 직육면체 모양의 한 면에 2개씩 4개, 4개씩 2개이므로
2×4+4×2=16(개)입니다.

• 두 면이 칠해진 쌓기나무는 한 모서리에 1개씩 4개, 2개씩 8개이므로 1×4+2×8=20(개)입니다.
→ (쌓기나무의 개수의 합)=16+20=36(개)

49~51쪽 AI가 추천한 단원 평가 2회

01 ㉢ 02 10개 03 ㉠, ㉢

04 (×)(○) 05 앞 옆

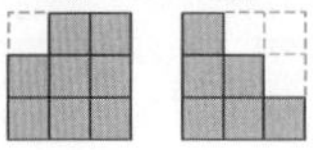

06 14개 07 8개 08 ㉡

09 풀이 참고, 10개 10 ㉠, ㉣

11 위

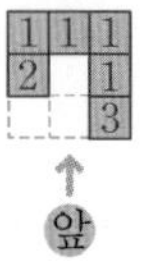

12 옆

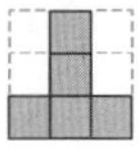

13 앞

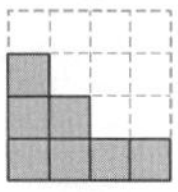

14 11개 15 6가지 16 8가지

17 ㉢ 18 풀이 참고, 216 cm^2

19 12개, 10개 20 5개

02 (쌓기나무의 개수)=7+2+1=10(개)

06 (쌓기나무의 개수)
=1+1+2+2+2+3+3=14(개)

07 쌓은 모양에서 보이는 위의 면과 위에서 본 모양이 다르므로 ㉠ 자리에 숨겨진 쌓기나무가 1개 있습니다.

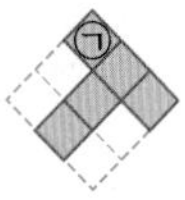

1층: 5개, 2층: 2개, 3층: 1개
➔ (쌓기나무의 개수)=5+2+1=8(개)

09 예 3층에 쌓은 쌓기나무의 개수는 위에서 본 모양에 적힌 수가 3 이상인 자리의 개수와 같으므로 6개입니다.
4층에 쌓은 쌓기나무의 개수는 위에서 본 모양에 적힌 수가 4 이상인 자리의 개수와 같으므로 3개입니다.
5층에 쌓은 쌓기나무의 개수는 위에서 본 모양에 적힌 수가 5 이상인 자리의 개수와 같으므로 1개입니다.」 ❶
따라서 3층 이상에 쌓은 쌓기나무는 모두
6+3+1=10(개)입니다.」 ❷

채점 기준

❶ 3층, 4층, 5층에 쌓은 쌓기나무의 개수 각각 구하기	3점
❷ 3층 이상에 쌓은 쌓기나무의 개수 구하기	2점

10 ㉠ ㉣

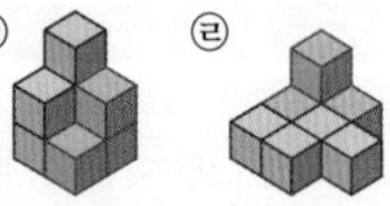

11 위에서 본 모양의 3층 자리에는 3을, 3층과 겹치지 않는 2층 자리에는 2를 써넣고, 나머지 자리에는 모두 1을 써넣습니다.

12 앞에서 본 모양을 보고 위에서 본 모양의 각 자리에 쌓인 쌓기나무의 개수를 쓰면 다음과 같습니다.

따라서 옆에서 보면 왼쪽부터 차례로 1층, 3층, 1층으로 보입니다.

13 (빈칸의 쌓기나무의 개수의 합)
=15−(3+2+1+1+2+2+1+1)=2(개)
빈칸에 쌓기나무는 각각 1개입니다.
따라서 앞에서 보면 왼쪽부터 차례로 3층, 2층, 1층, 1층으로 보입니다.

14 (정육면체 모양의 쌓기나무의 개수)
=3×3×3=27(개)
남은 쌓기나무는 1층에 8개, 2층에 6개, 3층에 2개입니다.
(남은 쌓기나무의 개수)=8+6+2=16(개)
따라서 빼낸 쌓기나무는 27−16=11(개)입니다.

15 3층이므로 위에서 본 모양의 한 자리에 3을 쓰고, 남은 쌓기나무는 8−3=5(개)이므로 남은 자리에는 1, 2, 2를 씁니다.

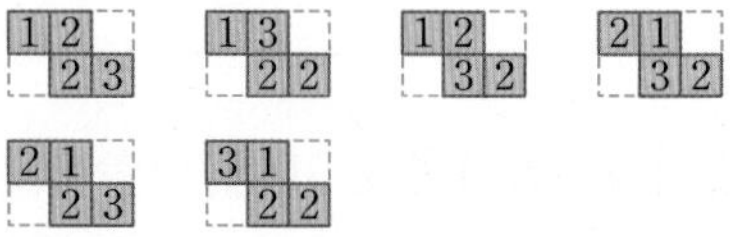

따라서 만들 수 있는 모양은 모두 6가지입니다.

16 쌓기나무 4개로 만들 수 있는 모양은 쌓기나무 3개로 만들 수 있는 모양 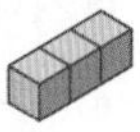, 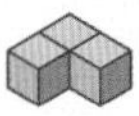에 1개를 더 붙여서 만들 수 있습니다.

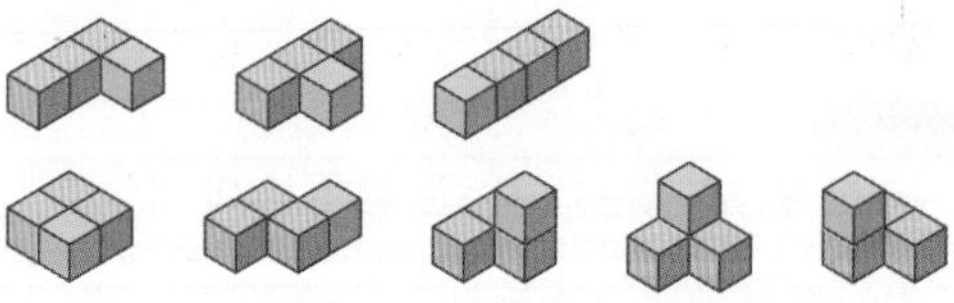

따라서 만들 수 있는 서로 다른 모양은 모두 8가지입니다.

17 • ㉠을 빼면 앞과 옆에서 본 모양이 모두 변합니다.
• ㉡을 빼면 앞에서 본 모양이 변합니다.
• ㉣을 빼면 옆에서 본 모양이 변합니다.
• ㉤을 빼면 옆에서 본 모양이 변합니다.
따라서 앞과 옆에서 본 모양이 변하지 않으려면 ㉢을 빼내야 합니다.

18 예 쌓은 모양을 위, 앞, 옆에서 본 모양은 다음과 같습니다.

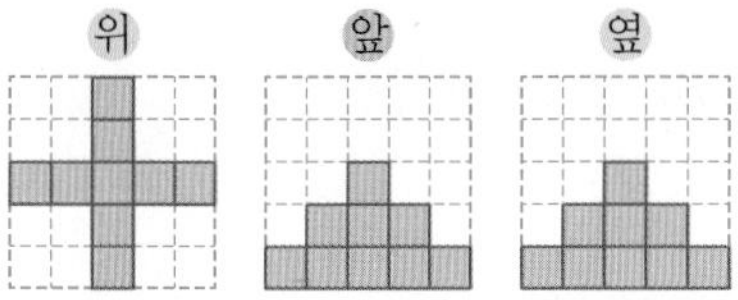

위에서 보이는 면은 9개, 앞에서 보이는 면은 9개, 옆에서 보이는 면은 9개이므로 보이는 면은 모두 $(9+9+9)\times 2=54$(개)입니다.」 ❶
(쌓기나무의 한 면의 넓이)$=2\times 2=4(cm^2)$」 ❷
따라서 페인트를 칠한 면의 넓이는 모두 $4\times 54=216(cm^2)$입니다.」 ❸

채점 기준

❶ 위, 앞, 옆에서 보이는 면의 수의 합 구하기	3점
❷ 쌓기나무 한 면의 넓이 구하기	1점
❸ 페인트 칠한 면의 넓이 구하기	1점

19 • 가장 많은 경우

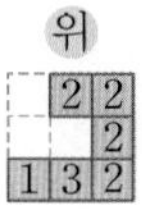

➡ $2+2+2+1+3+2=12$(개)

• 가장 적은 경우

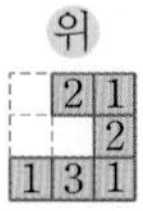

또는

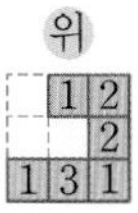

➡ $2+1+2+1+3+1$
$=10$(개)

20 쌓은 모양에서 각 층마다 두 면이 칠해진 쌓기나무를 빨간색으로 나타내면 다음과 같습니다.

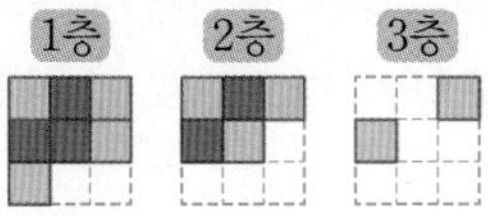

따라서 두 면이 색칠된 쌓기나무는 모두 $3+2=5$(개)입니다.

52~54쪽 AI가 추천한 단원 평가 3회

01

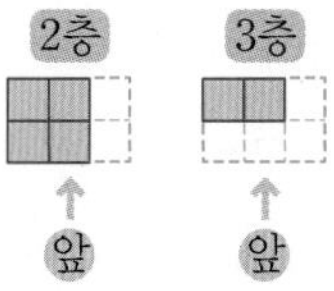

02 ( )(○)( )
03 1, 2
04 ㉠
05 ⑤
06

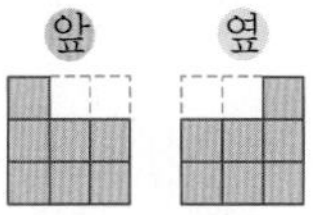

07 민서
08 2
09

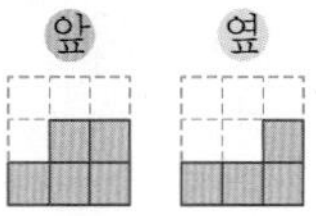

10 풀이 참고
11

12 ㉡
13 ㉠
14

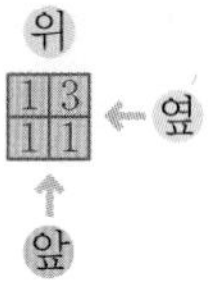

또는

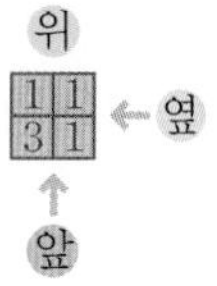

15 7가지
16 풀이 참고, 6개
17 7개
18

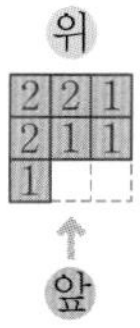

19 3가지
20 224 cm^2

07 뒤쪽에 숨겨진 쌓기나무가 있을 수도 있습니다.

08 쌓은 모양을 보고 위에서 본 모양의 각 자리에 쌓인 쌓기나무의 개수를 쓰면 오른쪽과 같습니다.

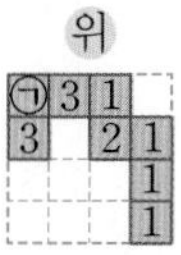

따라서 ㉠에 알맞은 수는
$14-(3+1+3+2+1+1+1)=2$입니다.

10 방법 1

예

➡ (쌓기나무의 개수)
$=1+1+4+2+1+2+1+1$
$=13$(개)」 ❶

방법 2 예 쌓기나무는 1층에 8개, 2층에 3개, 3층과 4층에 각각 1개씩입니다.
➡ (쌓기나무의 개수)$=8+3+1+1=13$(개)」 ❷

채점 기준

❶ 위에서 본 모양에 수를 써서 구하기	3점
❷ 각 층별로 나누어 구하기	2점

13 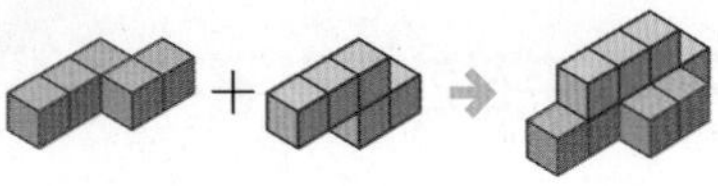

따라서 사용한 모양은 ㉠입니다.

14 1층에는 쌓기나무가 4개 있으므로 2층과 3층에는 각각 쌓기나무가 1개씩 있습니다.

앞과 옆에서 본 모양은 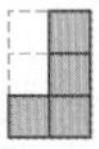 또는 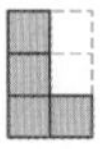으로 같을 수 있으므로 위에서 본 모양의 각 자리에 쌓인 쌓기나무의 개수를 쓰면 

또는 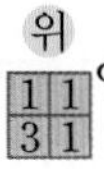

입니다.

15 주어진 모양에 쌓기나무 1개를 더 붙여서 만들 수 있는 모양은 다음과 같습니다.

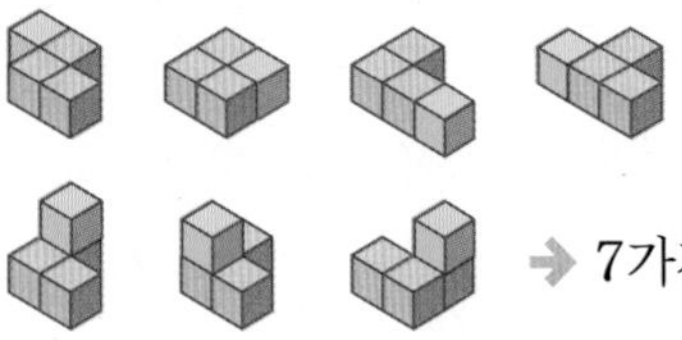

➜ 7가지

16 예 가장 적게 쌓은 경우는 

으로 쌓기나무는 11개입니다.」❶

가장 많이 쌓은 경우는 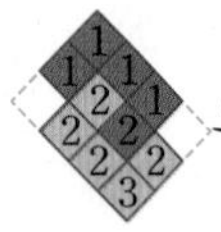

으로 쌓기나무는 17개입니다.」❷

따라서 쌓기나무의 개수의 차는
17－11＝6(개)입니다.」❸

채점 기준

❶ 가장 적은 경우 쌓기나무의 개수 구하기	2점
❷ 가장 많은 경우 쌓기나무의 개수 구하기	2점
❸ 쌓기나무의 개수의 차 구하기	1점

17 그린 모양을 왼쪽부터 차례대로 ㉠, ㉡, ㉢이라 하면 ㉡은 아랫줄에 빈 곳이 있으므로 위에서 본 모양이고, 앞에서 본 모양은 ㉢, 옆에서 본 모양은 ㉠입니다. 따라서 앞과 옆에서 본 모양을 보고 위에서 본 모양에 수를 쓰면 다음과 같습니다.

➜ (쌓기나무의 개수)
＝2＋3＋1＋1＝7(개)

19 앞과 옆에서 본 모양을 보고 위에서 본 모양의 각 자리에 쌓인 쌓기나무의 개수를 쓰면 오른쪽과 같습니다.

따라서 ㉠ 자리에는 1, 2, 3 중 하나가 들어갈 수 있으므로 만들 수 있는 모양은 3가지입니다.

20 쌓은 모양을 위, 앞, 옆에서 본 모양은 다음과 같습니다.

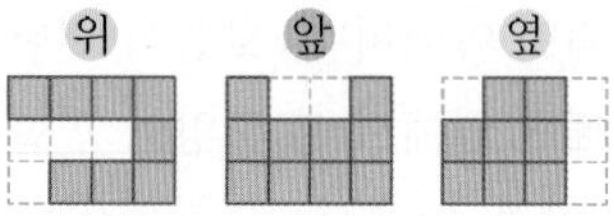

(보이는 면의 수의 합)
＝(8＋10＋8)×2＝26×2＝52(개)
어느 방향에서도 보이지 않는 면은 1층에 4개이므로 바깥쪽 면의 수는 모두 52＋4＝56(개)입니다.
(쌓기나무 한 면의 넓이)＝2×2＝4(cm^2)
따라서 페인트를 칠해야 할 면의 넓이는
4×56＝224(cm^2)입니다.

55~57쪽 AI가 추천한 단원 평가 4회

01 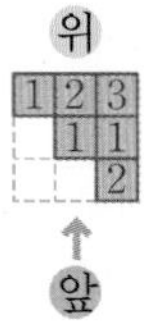

02 옆, 앞
03 10개
04 ㉢
05 ㉠
06 (○)( )( )

07 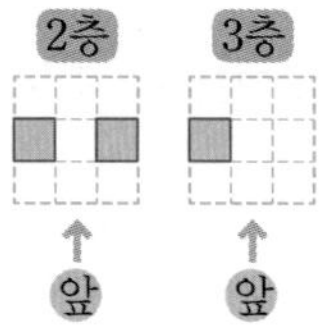

08 ㉢

09 풀이 참고, 도연, 1개

10 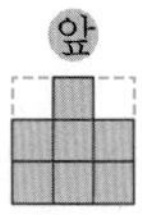

11 ㉡
12 6개
13 ㉠, ㉢
14 16개
15 36개
16 ㉡, ㉥
17 ㉠, ㉣

18 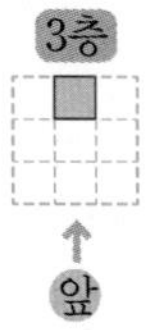

19 풀이 참고, 8개
20 16개

03 (쌓기나무의 개수)
＝1＋2＋3＋1＋1＋2＝10(개)

09 예 도연이가 쌓은 모양에서 보이는 위의 면과 위에서 본 모양이 다르므로 숨겨진 쌓기나무가 1개 있습니다.
쌓기나무는 1층에 7개, 2층에 4개, 3층에 1개이므로 7＋4＋1＝12(개)입니다.」❶

민준이가 쌓은 모양에서 보이는 위의 면과 위에서 본 모양이 같으므로 숨겨진 쌓기나무가 없습니다. 쌓기나무는 1층에 5개, 2층에 4개, 3층과 4층에 각각 1개씩이므로 5+4+1+1=11(개)입니다.」 ❷
따라서 쌓기나무를 도연이가 12−11=1(개) 더 많이 사용했습니다.」 ❸

채점 기준

❶ 도연이가 사용한 쌓기나무의 개수 구하기	2점
❷ 민준이가 사용한 쌓기나무의 개수 구하기	2점
❸ 쌓기나무를 누가 몇 개 더 많이 사용했는지 구하기	1점

11 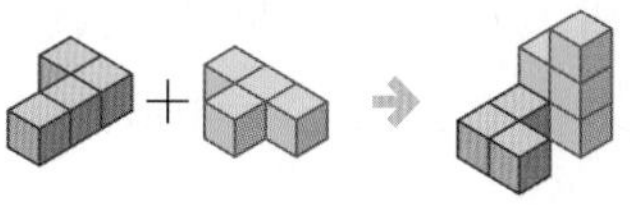

따라서 만들 수 있는 모양은 ㉡입니다.

12 앞과 옆에서 본 모양을 보고 위에서 본 모양의 각 자리에 쌓인 쌓기나무의 개수를 쓰면 오른쪽과 같습니다.

위

	1		1
㉠	2	2	2
2			
3			

㉠=15−(1+1+2+2+2+2+3)
=2(개)입니다.
따라서 앞에서 볼 때 보이지 않는 쌓기나무는 빨간색 부분이므로 6개입니다.

다른 풀이 앞에서 본 모양을 보면 앞에서 보이는 쌓기나무가 9개이므로 보이지 않는 쌓기나무는 15−9=6(개)입니다.

13 뒤집거나 돌려서 상자에 넣을 수 있는 것을 찾으면 ㉠, ㉢입니다.

14 위에서 본 모양의 각 자리에 쌓인 쌓기나무의 수를 쓰면 오른쪽과 같고, ㉠ 자리에는 최대 1개, ㉡, ㉢ 자리에는 최대 2개 쌓을 수 있습니다.

따라서 필요한 쌓기나무의 개수는
2+3+1+2+3+2+3=16(개)입니다.

15 • 가장 많은 경우

위

4	4	4	4
4	4	4	4
4	4	4	4
4	4	4	4

➔ 쌓기나무의 개수: 64개

• 가장 적은 경우

예 위

4	1	1	1
1	4	1	1
1	1	4	1
1	1	1	4

➔ 쌓기나무의 개수: 28개

➔ (쌓기나무의 개수의 차)=64−28=36(개)

16 가와 나는 2층에 쌓은 쌓기나무의 위치가 다르므로 같은 모양을 만들려면 쌓기나무 모양을 뒤집거나 돌렸을 때 같은 모양이 되도록 쌓기나무를 붙여야 합니다.

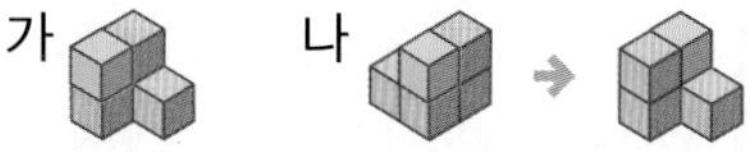

따라서 가에는 ㉡에, 나에는 ㉥에 쌓기나무 1개를 더 붙이면 같은 모양이 됩니다.

17 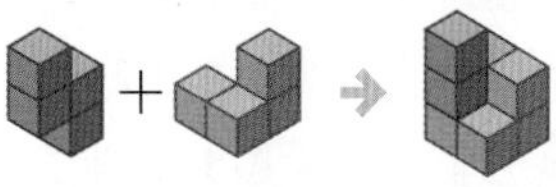

따라서 ㉠, ㉣을 사용하여 만들 수 있습니다.

18 쌓기나무가 1층에 8개, 2층에 3개 있으므로 3층에는 12−(8+3)=1(개) 있습니다.
2층에 있는 세 자리 중 3층의 쌓기나무가 놓일 수 있는 곳은 앞에서 본 모양으로 알 수 있습니다.

19 예 정육면체 모양의 쌓기나무의 개수는
3×3×3=27(개)입니다.」 ❶
남은 쌓기나무의 개수가 최대한 많도록 위에서 본 모양의 각 자리에 쌓인 쌓기나무의 개수를 쓰면 다음과 같습니다.

위

2	2	
3	3	3
3		3

➔ (쌓기나무의 개수)
=2+2+3+3+3+3+3=19(개)」 ❷

따라서 쌓기나무는 최소 27−19=8(개) 뺀 것입니다.」 ❸

채점 기준

❶ 정육면체 모양의 쌓기나무의 개수 구하기	1점
❷ 남은 모양의 쌓기나무의 최대 개수 구하기	3점
❸ 쌓기나무를 최소 몇 개 뺀 것인지 구하기	1점

20 구멍을 뚫고 남은 쌓기나무의 층별 모양은 다음과 같습니다.

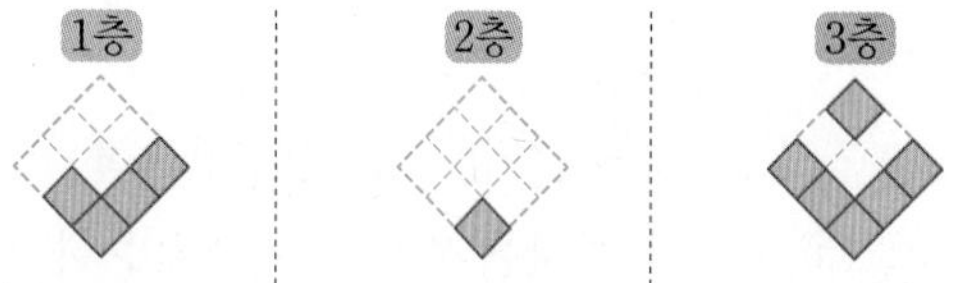

1층	2층	3층
뚫린 쌓기나무의 개수: 5개	뚫린 쌓기나무의 개수: 8개	뚫린 쌓기나무의 개수: 3개

➔ (구멍이 뚫린 쌓기나무의 개수)
=5+8+3=16(개)

58~63쪽 틀린 유형 다시 보기

유형 1 6개	1-1 6개	1-2 5개
유형 2 10개	2-1 34개	2-2 18개
유형 3 15개	3-1 45개	3-2 17개
유형 4 3가지	4-1 4가지	4-2 3가지
유형 5 3가지	5-1 2가지	5-2 9가지
유형 6 13개	6-1 13개	6-2 24개
유형 7 14개, 11개	7-1 12개, 10개	
7-2 12개	유형 8 7개	8-1 6개
8-2 9개	유형 9 2개	9-1 4개
9-2 14개	유형 10 26개	10-1 6개
10-2 12개	유형 11 160 cm^2	11-1 46 cm^2
11-2 342 cm^2	유형 12 10개	12-1 13개
12-2 30개		

유형 1 전체 쌓기나무의 개수는
1+2+2+2+2+1+1+1=12(개)이고,
옆에서 볼 때 보이는 쌓기나무의 개수는 옆에서 본 모양의 각 줄의 가장 높은 층수와 같으므로
1+2+2+1=6(개)입니다.
따라서 옆에서 볼 때 보이지 않는 쌓기나무는
12−6=6(개)입니다.

1-1 전체 쌓기나무의 개수는
3+1+1+2+2+2+1+2=14(개)이고, 앞에서 볼 때 보이는 쌓기나무의 개수는 앞에서 본 모양의 각 줄의 가장 높은 층수와 같으므로
2+2+3+1=8(개)입니다.
따라서 앞에서 볼 때 보이지 않는 쌓기나무는
14−8=6(개)입니다.

1-2 앞과 옆에서 본 모양을 보고 위에서 본 모양의 각 자리에 쌓인 쌓기나무의 개수를 쓰면 오른쪽과 같습니다.

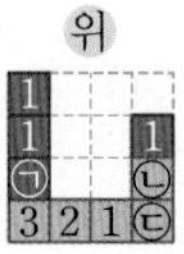

㉠+㉡+㉢
=13−(1+1+1+3+2+1)=4
㉠, ㉡ 중 하나는 반드시 2이어야 하므로 ㉢은 1, ㉡은 2, ㉠은 1입니다.
따라서 앞에서 볼 때 보이지 않는 쌓기나무는 빨간색 부분의 4개와 ㉡ 자리의 1층에 있는 1개이므로 모두 5개입니다.

다른 풀이 앞에서 본 모양을 보면 앞에서 보이는 쌓기나무가 8개이므로 보이지 않는 쌓기나무는 13−8=5(개)입니다.

유형 2 (정육면체 모양의 쌓기나무의 개수)
=3×3×3=27(개)
남은 쌓기나무는 1층에 8개, 2층에 5개, 3층에 4개입니다.
(남은 쌓기나무의 개수)=8+5+4=17(개)
따라서 빼낸 쌓기나무는 27−17=10(개)입니다.

2-1 (정육면체 모양의 쌓기나무의 개수)
=4×4×4=64(개)
남은 쌓기나무는 1층에 14개, 2층에 9개, 3층에 6개, 4층에 1개입니다.
(남은 쌓기나무의 개수)
=14+9+6+1=30(개)
따라서 빼낸 쌓기나무는 64−30=34(개)입니다.

2-2 (정육면체 모양의 쌓기나무의 개수)
=3×3×3=27(개)
남은 모양의 앞과 옆에서 본 모양을 보고 위에서 본 모양의 각 자리에 쌓인 쌓기나무의 개수를 쓰면 다음과 같습니다.

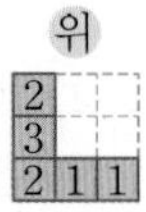

(남은 쌓기나무의 개수)
=2+3+2+1+1=9(개)
따라서 빼낸 쌓기나무는 27−9=18(개)입니다.

유형 3 쌓기나무가 1층에 6개, 2층에 4개, 3층에 2개이므로 주어진 모양을 쌓는 데 사용한 쌓기나무는 6+4+2=12(개)입니다.
가장 작은 정육면체 모양은 한 모서리에 쌓기나무가 3개씩이므로 쌓기나무의 개수는
3×3×3=27(개)입니다.
따라서 쌓기나무는 27−12=15(개) 더 필요합니다.

3-1 쌓기나무가 1층에 11개, 2층에 6개, 3층에 2개이므로 주어진 모양을 쌓는 데 사용한 쌓기나무는 11+6+2=19(개)입니다.
가장 작은 정육면체 모양은 한 모서리에 쌓기나무가 4개씩이므로 쌓기나무의 개수는
4×4×4=64(개)입니다.
따라서 쌓기나무는 64−19=45(개) 더 필요합니다.

3-2 앞과 옆에서 본 모양을 보고 위에서 본 모양의 각 자리에 쌓인 쌓기나무의 수를 쓰면 오른쪽과 같습니다.

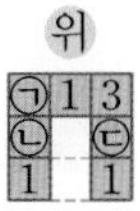

쌓기나무가 가장 적을 때는 ㉠ 자리에 1개, ㉡ 자리에 2개, ㉢ 자리에 1개를 쌓는 경우이므로 사용한 쌓기나무의 개수는
1+1+3+2+1+1+1=10(개)입니다.
가장 작은 정육면체 모양은 한 모서리에 쌓기나무가 3개씩이므로 쌓기나무의 개수는
3×3×3=27(개)입니다.
따라서 쌓기나무는 27−10=17(개) 더 필요합니다.

유형 4 3층이므로 위에서 본 모양의 한 자리에 3을 쓰고, 남은 쌓기나무는 6−3=3(개)이므로 남은 자리에 2, 1을 씁니다.
→ 3|1|2, 3|2|1, 1|3|2
따라서 만들 수 있는 모양은 모두 3가지입니다.

4-1 1층에 4개를 쌓고, 2층에 7−4=3(개)를 쌓아야 합니다.
→ (1 / 2|2|2), (2 / 1|2|2), (2 / 2|1|2), (2 / 2|2|1)
따라서 만들 수 있는 모양은 모두 4가지입니다.

4-2 4층이므로 위에서 본 모양의 한 자리에 4를 쓰고, 남은 쌓기나무는 8−4=4(개)이므로 남은 자리에는 1, 3을 씁니다.
→ 4|1|3, 4|3|1, 1|4|3
따라서 만들 수 있는 모양은 모두 3가지입니다.

유형 5 주어진 모양에 쌓기나무 1개를 더 붙여서 만들 수 있는 서로 다른 모양은 다음과 같습니다.

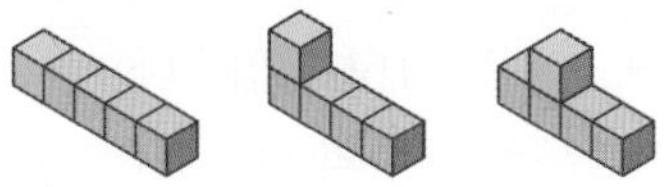

→ 3가지

5-1 주어진 모양에 쌓기나무 1개를 더 붙여서 만들 수 있는 서로 다른 모양은 다음과 같습니다.

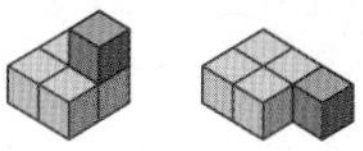

→ 2가지

5-2 주어진 모양에 쌓기나무 1개를 더 붙여서 만들 수 있는 서로 다른 모양은 다음과 같습니다.

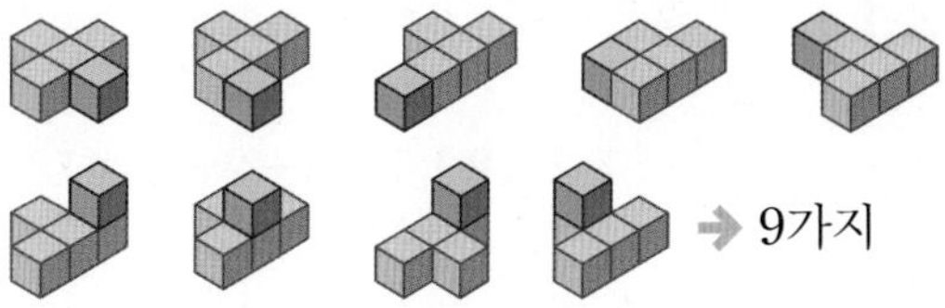

→ 9가지

유형 6 위에서 본 모양의 각 자리에 쌓인 쌓기나무의 개수를 쓰면 다음과 같고, ㉠ 자리에는 최대 2개까지 쌓을 수 있습니다.

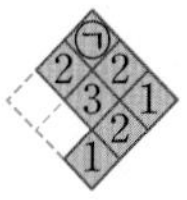

따라서 필요한 쌓기나무의 개수는
2+2+1+2+3+2+1=13(개)입니다.

6-1 위에서 본 모양의 각 자리에 쌓인 쌓기나무의 개수를 쓰면 다음과 같고, ㉠ 자리에는 최대 2개, ㉡ 자리에는 1개 쌓을 수 있습니다.

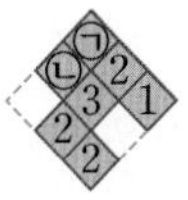

따라서 필요한 쌓기나무의 개수는
2+2+1+1+3+2+2=13(개)입니다.

6-2 위에서 본 모양의 각 자리에 쌓인 쌓기나무의 개수를 쓰면 다음과 같고, ㉠ 자리에는 최대 3개, ㉡ 자리에는 최대 2개 쌓을 수 있습니다.

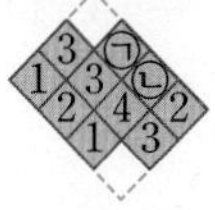

따라서 필요한 쌓기나무의 개수는
3+2+2+3+3+4+3+1+2+1=24(개)입니다.

유형 7 • 가장 많은 경우

위

→ 3+2+2+1+3+3=14(개)

• 가장 적은 경우

예 위

→ 3+1+2+1+3+1=11(개)

7-1 • 가장 많은 경우

위

→ 2+2+1+3+2+2=12(개)

• 가장 적은 경우

위

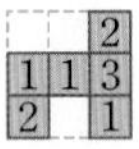

→ 2+1+1+3+2+1=10(개)

7-2 • 가장 많은 경우

위

→ 쌓기나무의 개수: 27개

• 가장 적은 경우

예 위

→ 쌓기나무의 개수: 15개

→ (쌓기나무의 개수의 차)=27−15=12(개)

유형 8 • 가장 많은 경우

위

→ 쌓기나무의 개수:
3+2+2+2+2+2+1+1+1
=16(개)

• 가장 적은 경우

예 위

→ 쌓기나무의 개수:
3+1+2+2+1=9(개)

→ (쌓기나무의 개수의 차)=16−9=7(개)

8-1 • 가장 많은 경우

위

→ 쌓기나무의 개수:
1+2+2+1+3+2+1+1+1
=14(개)

• 가장 적은 경우

예 위

→ 쌓기나무의 개수:
2+1+3+1+1=8(개)

→ (쌓기나무의 개수의 차)=14−8=6(개)

8-2 • 가장 많은 경우

위

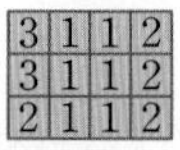

→ 쌓기나무의 개수: 20개

• 가장 적은 경우

예 위

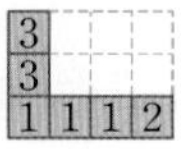

→ 쌓기나무 개수: 11개

→ (쌓기나무의 개수의 차)=20−11=9(개)

유형 9 • 가장 적은 경우

→ 쌓기나무의 개수:
1+2+2+2=7(개)

• 가장 많은 경우

→ 쌓기나무의 개수:
1+1+1+2+2+2=9(개)

→ (쌓기나무의 개수의 차)=9−7=2(개)

9-1 • 가장 적은 경우

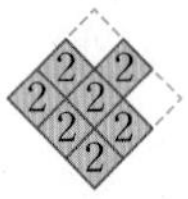

→ 쌓기나무의 개수:
2+2+2+2+2+2+2
=14(개)

• 가장 많은 경우

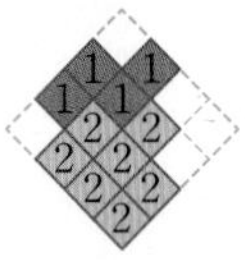

→ 쌓기나무의 개수:
1+1+1+2+1+2+2
+2+2+2+2
=18(개)

→ (쌓기나무의 개수의 차)=18−14=4(개)

9-2 쌓기나무가 가장 많은 경우는 오른쪽과 같습니다.

→ 쌓기나무의 개수는
1+1+1+1+2+2+1+2+3=14(개)
입니다.

유형 10 • 한 면이 칠해진 쌓기나무는 직육면체의 한 면에 2개씩 4개, 1개씩 2개이므로
2×4+1×2=10(개)입니다.

• 두 면이 칠해진 쌓기나무는 한 모서리에 2개씩 4개, 1개씩 8개이므로
2×4+1×8=16(개)입니다.

→ (쌓기나무의 개수의 합)=10+16=26(개)

10-1 • 한 면이 칠해진 쌓기나무는 정육면체의 한 면에 1개씩이므로 6개입니다.

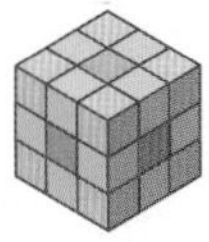

• 두 면이 칠해진 쌓기나무는 한 모서리에 1개씩이므로 12개입니다.

➜ (쌓기나무의 개수의 차)=12−6=6(개)

10-2 • 한 면도 칠해지지 않는 쌓기나무는 전체 쌓기나무의 수에서 바깥 면에 있는 쌓기나무의 수를 빼면 되므로 48−44=4(개)입니다.

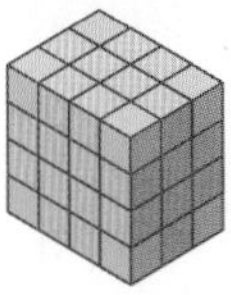

• 세 면이 칠해진 쌓기나무는 각 꼭짓점에 1개씩이므로 8개입니다.

➜ (쌓기나무의 개수의 합)=4+8=12(개)

유형 11 쌓은 모양을 위, 앞, 옆에서 본 모양은 오른쪽과 같습니다.

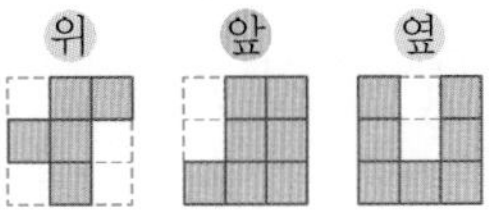

(보이는 면의 수의 합)
=(5+7+7)×2=19×2=38(개)
어느 방향에서도 보이지 않는 면의 수는 2층에 2개이므로 바깥쪽 면의 수는 모두 38+2=40(개)입니다.
(쌓기나무 한 면의 넓이)=2×2=4(cm^2)
따라서 페인트를 칠해야 할 면의 넓이는 4×40=160(cm^2)입니다.

11-1 쌓은 모양을 위, 앞, 옆에서 본 모양은 오른쪽과 같습니다.

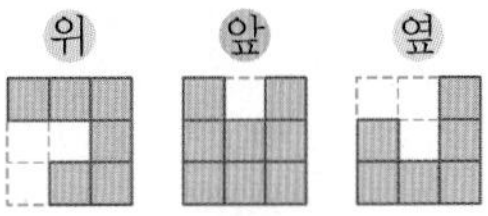

(보이는 면의 수의 합)
=(6+8+6)×2=20×2=40(개)
어느 방향에서도 보이지 않는 면의 수는 1층에 2개, 2층에 2개, 3층에 2개이므로 바깥쪽 면의 수는 모두 40+6=46(개)입니다.
(쌓기나무 한 면의 넓이)=1 cm^2
따라서 페인트를 칠해야 할 면의 넓이는 46 cm^2입니다.

11-2 쌓은 모양을 위, 앞, 옆에서 본 모양은 오른쪽과 같습니다.

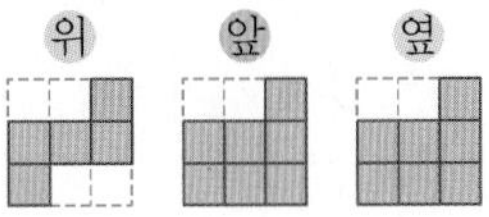

(보이는 면의 수의 합)
=(5+7+7)×2=19×2=38(개)
어느 방향에서도 보이지 않는 면의 수는 없으므로 바깥쪽 면의 수는 38개입니다.
(쌓기나무 한 면의 넓이)=3×3=9(cm^2)
따라서 페인트를 칠해야 할 면의 넓이는 9×38=342(cm^2)입니다.

유형 12 구멍을 뚫고 남은 쌓기나무의 층별 모양은 다음과 같습니다.

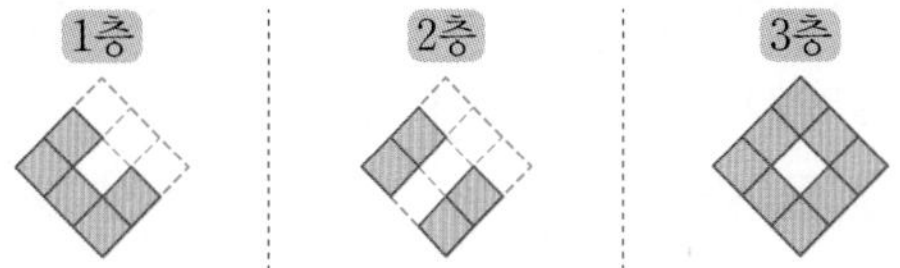

1층	2층	3층
뚫린 쌓기나무의 개수: 4개	뚫린 쌓기나무의 개수: 5개	뚫린 쌓기나무의 개수: 1개

➜ (구멍이 뚫린 쌓기나무의 개수)
=4+5+1=10(개)

12-1 구멍을 뚫고 남은 쌓기나무의 층별 모양은 다음과 같습니다.

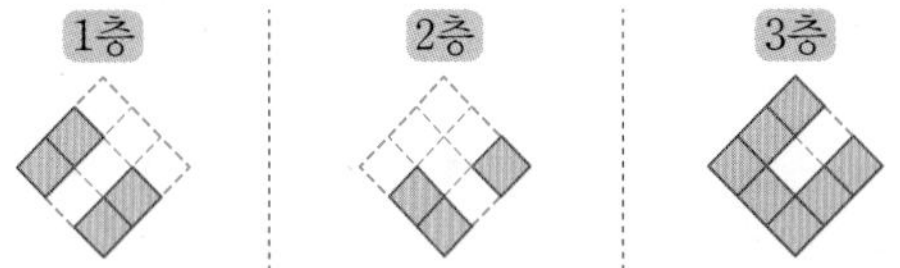

1층	2층	3층
뚫린 쌓기나무의 개수: 5개	뚫린 쌓기나무의 개수: 6개	뚫린 쌓기나무의 개수: 2개

➜ (구멍이 뚫린 쌓기나무의 개수)
=5+6+2=13(개)

12-2 구멍을 뚫고 남은 쌓기나무의 층별 모양은 다음과 같습니다.

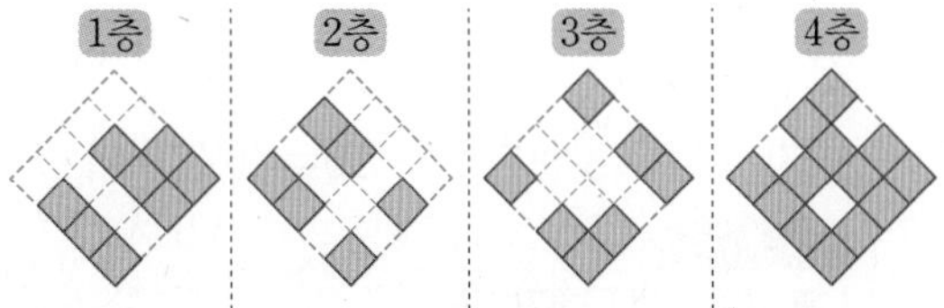

1층	2층	3층	4층
뚫린 쌓기나무의 개수: 8개	뚫린 쌓기나무의 개수: 10개	뚫린 쌓기나무의 개수: 9개	뚫린 쌓기나무의 개수: 3개

➜ (구멍이 뚫린 쌓기나무의 개수)
=8+10+9+3=30(개)

4단원 비례식과 비례배분

66~68쪽 AI가 추천한 단원 평가 1회

01 비례배분 02 32, 3 / 24, 4
03 같습니다 04 (위에서부터) 24 / 9, 10
05 3 : 5=21 : 35(또는 21 : 35=3 : 5)
06 49, 42 07 ㉡ 08 예 5 : 24
09 예 1 : 4 10 0.3 11 36, 21
12 15 13 예 2 : 3
14 풀이 참고, 4시간 15 135 cm²
16 92개 17 1시간 2분 18 24, 20
19 풀이 참고, 12바퀴 20 168만 원, 140만 원

10 4 : 1.5=0.8 : □
➔ 4×□=1.5×0.8, 4×□=1.2, □=0.3

11 • 7×㉠=252, ㉠=36
• 12×㉡=252, ㉡=21

12 10 : 3=(□+5) : 6
➔ 10×6=3×(□+5), 60=3×(□+5),
□+5=20, □=15

13 가 기계가 하루에 하는 일의 양은 $\frac{1}{6}$이고, 나 기계가 하루에 하는 일의 양은 $\frac{1}{4}$입니다.
(가 기계) : (나 기계)
➔ $\frac{1}{6} : \frac{1}{4}$ ➔ $\left(\frac{1}{6}\times12\right) : \left(\frac{1}{4}\times12\right)$ ➔ 2 : 3

14 예 하루는 24시간입니다.
(낮의 길이)$=24\times\frac{5}{5+7}=10$(시간)」 ❶
(밤의 길이)$=24\times\frac{7}{5+7}=14$(시간)」 ❷
따라서 밤은 낮보다 14−10=4(시간) 더 깁니다.」 ❸

채점 기준

❶ 낮의 길이 구하기	2점
❷ 밤의 길이 구하기	2점
❸ 밤은 낮보다 몇 시간 더 긴지 구하기	1점

15 (가로)+(세로)=48÷2=24(cm)
(가로)$=24\times\frac{3}{3+5}=9$(cm)
(세로)$=24\times\frac{5}{3+5}=15$(cm)
➔ (직사각형의 넓이)=9×15=135(cm²)

16 검은색 바둑돌 수가 흰색 바둑돌 수의 3배이므로 검은색 바둑돌과 흰색 바둑돌 수의 비는 3 : 1입니다.
(검은색 바둑돌 수)$=184\times\frac{3}{3+1}=138$(개)
(흰색 바둑돌 수)$=184\times\frac{1}{3+1}=46$(개)
따라서 검은색 바둑돌은 흰색 바둑돌보다 138−46=92(개) 더 많습니다.

17 물을 가득 채울 때 걸리는 시간을 □분이라고 하고 비례식을 세우면 6 : 15=□ : 155입니다.
➔ 6×155=15×□, 15×□=930, □=62
따라서 물을 가득 채우려면 1시간 2분이 걸립니다.

18 두 수의 비가 6 : 5이므로 두 수를 6×□, 5×□라고 하면 곱이 480이므로 6×□×5×□=480입니다.
따라서 □×□=16, □=4이므로 두 수는 6×4=24, 5×4=20입니다.

19 예 (㉮의 톱니 수) : (㉯의 톱니 수)=16 : 28이므로 (㉮의 회전수) : (㉯의 회전수)=28 : 16입니다.」 ❶
㉮가 21바퀴 도는 동안 ㉯가 □바퀴 돈다고 하고 비례식을 세우면 28 : 16=21 : □입니다.」 ❷
28×□=16×21, 28×□=336, □=12
따라서 ㉮가 21바퀴 도는 동안 ㉯는 12바퀴 돕니다.」 ❸

채점 기준

❶ ㉮와 ㉯의 회전수의 비 구하기	2점
❷ 문제에 알맞은 비례식 세우기	2점
❸ ㉮가 21바퀴 도는 동안 ㉯는 몇 바퀴 도는지 구하기	1점

20 (가 회사) : (나 회사)
➔ 720 : 600
➔ (720÷120) : (600÷120) ➔ 6 : 5
(가 회사가 받은 이익금)$=308\times\frac{6}{6+5}$
=168(만 원)
(나 회사가 받은 이익금)$=308\times\frac{5}{6+5}$
=140(만 원)

69~71쪽 **AI가 추천한 단원 평가 2회**

01 ⑤ 02 ㉡, ㉢
03 (위에서부터) 4 / 10 / 4, 4 04 ㉢
05 6, 4, 8(또는 4, 6, 8) 06 32, 40
07 44, 28 08 예 22 : 21 09 2
10 예 4 : 3 11 풀이 참고, 준서
12 75 g 13 예 4 : 3 14 42
15 56포기 16 4, 6, 27 17 50번
18 풀이 참고, 91개 19 658 m
20 45 cm^2

11 예 준서가 사용한 꿀과 물의 양의 비는 0.4 : 0.9 이므로 4 : 9이고 비율은 $\frac{4}{9}$입니다.」❶

은서가 사용한 꿀과 물의 양의 비는 $\frac{3}{10}$: $\frac{4}{5}$이므로 3 : 8이고 비율은 $\frac{3}{8}$입니다.」❷

따라서 $\frac{4}{9}>\frac{3}{8}$이므로 준서가 만든 꿀물이 더 진합니다.」❸

채점 기준

❶ 준서가 사용한 꿀과 물의 양의 비율 구하기	2점
❷ 은서가 사용한 꿀과 물의 양의 비율 구하기	2점
❸ 누가 만든 꿀물이 더 진한지 구하기	1점

12 넣어야 하는 설탕의 양을 □ g이라고 하고 비례식을 세우면 8 : 5=120 : □입니다.

➔ 8×□=5×120, 8×□=600, □=75

13 태호가 하루에 하는 일의 양은 $\frac{1}{6}$이고, 윤지가 하루에 하는 일의 양은 $\frac{1}{8}$입니다.

(태호) : (윤지) ➔ $\frac{1}{6}$: $\frac{1}{8}$

➔ $\left(\frac{1}{6}\times24\right)$: $\left(\frac{1}{8}\times24\right)$ ➔ 4 : 3

14 어떤 수를 □라고 하면 □$\times\frac{9}{9+5}$=27입니다.

➔ □$=27\div\frac{9}{14}=27\times\frac{14}{9}=42$

15 승기네 가족이 가진 배추를 □포기라고 하고 비례식을 세우면 3 : 4=42 : □입니다.

➔ 3×□=4×42, 3×□=168, □=56

16 • ㉠ : ㉡=18 : ㉢이라고 하면 18 : ㉢의 비율이 $\frac{2}{3}$이므로 $\frac{18}{㉢}=\frac{2}{3}$에서 ㉢=27입니다.

• ㉠ : ㉡=18 : 27에서 외항의 곱이 108이므로 ㉠×27=108에서 ㉠=4입니다.

• 4 : ㉡=18 : 27에서 4 : ㉡의 비율이 $\frac{2}{3}$이므로 $\frac{4}{㉡}=\frac{2}{3}$에서 ㉡=6입니다.

따라서 4 : 6=18 : 27입니다.

17 $0.24=\frac{24}{100}=\frac{6}{25}$이므로 안타를 12개 쳤을 때 타수를 □번이라고 하고 비례식을 세우면 6 : 25=12 : □입니다.

➔ 6×□=25×12, 6×□=300, □=50

따라서 타수는 50번입니다.

18 예 선아가 사탕 3개를 먹고 난 후 남은 사탕의 수를 □개라고 하면 □$\times\frac{4}{7+4}$=32입니다.

➔ □$=32\div\frac{4}{11}=32\times\frac{11}{4}=88$」❶

따라서 사탕 한 봉지에 들어 있던 사탕은 88+3=91(개)입니다.」❷

채점 기준

❶ 사탕 3개를 먹고 난 후 남은 사탕의 수 구하기	3점
❷ 한 봉지에 들어 있던 사탕의 수 구하기	2점

19 (걸어간 거리) : (뛰어간 거리)

➔ $\frac{2}{7}$: 1 ➔ $\left(\frac{2}{7}\times7\right)$: (1×7) ➔ 2 : 7

(뛰어간 거리)$=846\times\frac{7}{2+7}$=658(m)

20 ㉠$\times\frac{3}{8}$=㉡$\times\frac{40}{100}$이고 $\frac{40}{100}=\frac{2}{5}$이므로 비례식으로 나타내면 ㉠ : ㉡=$\frac{2}{5}$: $\frac{3}{8}$입니다.

$\frac{2}{5}$: $\frac{3}{8}$ ➔ $\left(\frac{2}{5}\times40\right)$: $\left(\frac{3}{8}\times40\right)$ ➔ 16 : 15

㉡의 넓이를 □ cm^2라고 하고 비례식을 세우면 16 : 15=48 : □입니다.

➔ 16×□=15×48, 16×□=720, □=45

따라서 ㉡의 넓이는 45 cm^2입니다.

72~74쪽 AI가 추천한 단원 평가 3회

01 15, 25 02 (위에서부터) 18 / 3, 2
03 ③
04 0.9 : 0.5=45 : 25(또는 45 : 25=0.9 : 0.5)
05 2 06 7 07 예 25 : 64
08 예 9 : 3, 90 : 30 09 0.7
10 25, 40 11 1000명, 800명
12 예 6 : 5 13 8 L
14 풀이 참고, 성민, 6000원 15 80000원
16 예 4 : 5 17 20 cm 18 9 m^2
19 33
20 풀이 참고, 0.25 km$\left(\text{또는 } \frac{1}{4}\text{ km}\right)$

12 (세아가 가지고 있는 색종이 수)
=78−13=65(장)
(주아) : (세아) ➜ 78 : 65
➜ (78÷13) : (65÷13) ➜ 6 : 5

13 (오렌지 원액의 양)$=10\times\frac{4}{4+1}=8$(L)

14 예 (성민이가 내야 하는 돈)
$=36000\times\frac{7}{7+5}=21000$(원)」 ❶
(동생이 내야 하는 돈)$=36000\times\frac{5}{7+5}$
=15000(원)」 ❷
따라서 성민이가 21000−15000=6000(원)을 더 많이 내야 합니다.」 ❸

채점 기준

❶ 성민이가 내야 하는 돈 구하기	2점
❷ 동생이 내야 하는 돈 구하기	2점
❸ 누가 얼마를 더 많이 내야 하는지 구하기	1점

15 (아린) : (언니) ➜ 6 : 9
➜ (6÷3) : (9÷3) ➜ 2 : 3
두 사람이 받은 용돈의 합을 □원이라고 하면
$\square\times\frac{2}{2+3}=32000$입니다.
➜ $\square=32000\div\frac{2}{5}=32000\times\frac{5}{2}=80000$
따라서 두 사람이 받은 용돈은 모두 80000원입니다.

16 (윤서가 가지고 있는 돈)$\times\frac{1}{2}$
=(진아가 가지고 있는 돈)$\times\frac{2}{5}$이므로
(윤서가 가지고 있는 돈) : (진아가 가지고 있는 돈)
$=\frac{2}{5}:\frac{1}{2}$입니다.
$\frac{2}{5}:\frac{1}{2}$ ➜ $\left(\frac{2}{5}\times10\right):\left(\frac{1}{2}\times10\right)$ ➜ 4 : 5

17 (평행사변형의 넓이)=12×(높이)(cm^2)
(삼각형의 넓이)=㉠×(높이)÷2(cm^2)
평행사변형의 높이와 삼각형의 높이가 같으므로 평행사변형과 삼각형의 넓이의 비는 12 : (㉠÷2)입니다.
12 : (㉠÷2)=6 : 5
➜ 12×5=(㉠÷2)×6, ㉠÷2=10,
㉠=10×2=20(cm)
따라서 ㉠의 길이는 2 cm입니다.

18 • 가 페인트 300 mL로 칠할 수 있는 벽의 넓이를 □ m^2라고 하면 6 : 450=□ : 300입니다.
➜ 6×300=450×□, 450×□=1800,
□=4
• 나 페인트 300 mL로 칠할 수 있는 벽의 넓이를 △ m^2라고 하면 3 : 180=△ : 300입니다.
➜ 3×300=180×△, 180×△=900,
△=5
➜ 4+5=9(m^2)

19 7 : 4의 전항과 후항의 차는 3이므로 전항과 후항의 차가 9가 되도록 하기 위해서는 전항과 후항에 각각 3을 곱해야 합니다.
따라서 7 : 4의 전항과 후항에 3을 곱하면 21 : 12이고, 전항과 후항의 합은 21+12=33입니다.

20 예 학교에서 공원을 거쳐 도서관까지 가는 지도에서의 거리는 3+2=5(cm)입니다.
실제 거리를 □ cm라고 하고 비례식을 세우면
1 : 5000=5 : □입니다.」 ❶
1×□=5000×5, □=25000이므로 학교에서 공원을 거쳐 도서관까지 가는 실제 거리는
25000 cm=0.25 km입니다.」 ❷

채점 기준

❶ 문제에 알맞은 비례식 세우기	3점
❷ 실제 거리는 몇 km인지 구하기	2점

75~77쪽 AI가 추천한 단원 평가 4회

01 예 7 : 14=35 : 70　02 ㉡, ㉢
03 (위에서부터) 100 / 50, 13
04 예 4 : 6=8 : 12　05 ②
06 45, 63　07 78, 30　08 예 2 : 3
09 21　10 3　11 ㉢
12 3000원　13 140 cm^2
14 풀이 참고, 210　15 예 7 : 6
16 5 cm　17 8자루　18 15 cm
19 풀이 참고, 10 L　20 10명

11 ㉠ □ : 36=$\frac{2}{3}$: 4 ➡ □×4=36×$\frac{2}{3}$, □×4=24, □=6
㉡ 7.2 : 9=□ : 45 ➡ 7.2×45=9×□, 9×□=324, □=36
㉢ 20 : □=4 : $\frac{2}{5}$ ➡ 20×$\frac{2}{5}$=□×4, □×4=8, □=2

12 사탕 9개의 값을 □원이라고 하고 비례식을 세우면 24 : 8000=9 : □입니다.
➡ 24×□=8000×9, 24×□=72000, □=3000
따라서 사탕 9개는 3000원입니다.

13 (평행사변형의 넓이)=20×10=200(cm^2)
➡ (넓은 부분의 넓이)=200×$\frac{7}{7+3}$=140(cm^2)

14 예 $\frac{1}{4}$: $\frac{1}{3}$을 간단한 자연수의 비로 나타내면 $\frac{1}{4}$: $\frac{1}{3}$ ➡ $\left(\frac{1}{4}\times12\right)$: $\left(\frac{1}{3}\times12\right)$ ➡ 3 : 4입니다.」❶
어떤 수를 □라고 하면 □×$\frac{4}{3+4}$=120입니다.
➡ □=120÷$\frac{4}{7}$=120×$\frac{7}{4}$=210
따라서 어떤 수는 210입니다.」❷

채점 기준

❶ 비를 간단한 자연수의 비로 나타내기	2점
❷ 어떤 수 구하기	3점

15 (가 물통의 들이)×$\frac{3}{4}$=(나 물통의 들이)×$\frac{7}{8}$이므로
(가 물통의 들이) : (나 물통의 들이)=$\frac{7}{8}$: $\frac{3}{4}$입니다.
$\frac{7}{8}$: $\frac{3}{4}$ ➡ $\left(\frac{7}{8}\times8\right)$: $\left(\frac{3}{4}\times8\right)$ ➡ 7 : 6

16 (선분 ㄱㄷ의 길이)=50×$\frac{7}{7+3}$=35(cm)
(선분 ㄱㄹ의 길이)=50×$\frac{3}{3+2}$=30(cm)
➡ (선분 ㄹㄷ의 길이)
=35−30=5(cm)

17 (우식이에게 남은 연필 수) : (동생에게 준 연필 수)
➡ 1 : 0.8 ➡ 10 : 8 ➡ 5 : 4
(동생에게 준 연필 수)=18×$\frac{4}{5+4}$=8(자루)

18 가로와 세로의 비가 5 : 7이므로 가로를 (5×□) cm, 세로를 (7×□) cm라고 하면 넓이가 315 cm^2이므로 5×□×7×□=315입니다.
35×□×□=315, □×□=9, □=3이므로 직사각형의 가로는 5×3=15(cm)입니다.

19 예 1시간 12분=1$\frac{12}{60}$시간=1.2시간이므로 이 자동차가 2시간 동안 가는 거리를 □ km라고 하고 비례식을 세우면 1.2 : 84=2 : □입니다.」❶
1.2×□=84×2, 1.2×□=168, □=140」❷
따라서 140 km를 가는 데 필요한 휘발유의 양은 140÷14=10(L)입니다.」❸

채점 기준

❶ 문제에 알맞은 비례식 세우기	2점
❷ 2시간 동안 가는 거리 구하기	2점
❸ 필요한 휘발유의 양 구하기	1점

20 교실로 들어가기 전과 후의 여학생 수는 같으므로 운동장에 있는 여학생 수는 45×$\frac{5}{4+5}$=25(명)입니다.
(운동장에 남은 남학생 수)=45−25=20(명)
몇 명이 교실로 들어가기 전 처음 남학생 수를 □명이라고 하고 비례식을 세우면 6 : 5=□ : 25입니다.
➡ 6×25=5×□, 5×□=150, □=30
따라서 교실로 들어간 남학생은 30−20=10(명)입니다.

78~83쪽 틀린 유형 다시 보기

유형 1 예 15 : 16
1-1 예 8 : 9
1-2 예 4 : 9
유형 2 3, 12, 16
2-1 14, 6, 4
2-2 6, 8, 20
유형 3 112 cm^2
3-1 360 cm^2
3-2 216 cm^2
3-3 48 cm^2
유형 4 350
4-1 168
4-2 13200원
4-3 78개, 3개
유형 5 9 cm
5-1 16 cm
5-2 2 cm
유형 6 40 km
6-1 112 km
6-2 200명
6-3 102 m
유형 7 예 15 : 14
7-1 예 3 : 2
7-2 60 %
유형 8 15 L
8-1 12 L
8-2 60 m
유형 9 18바퀴
9-1 12바퀴
9-2 ㉮, 9개
유형 10 1.6 km$\left(\text{또는 } 1\frac{3}{5}\text{ km}\right)$
10-1 2.1 km$\left(\text{또는 } 2\frac{1}{10}\text{ km}\right)$
10-2 10.5 km$\left(\text{또는 } 10\frac{1}{2}\text{ km}\right)$
유형 11 12만 원, 15만 원
11-1 1440만 원
11-2 325만 원
유형 12 14명
12-1 2명
12-2 33개

유형 1 (직사각형의 넓이)$=1\times0.6=0.6(m^2)$
(정사각형의 넓이)$=0.8\times0.8=0.64(m^2)$
직사각형과 정사각형의 넓이의 비는
0.6 : 0.64 ➜ 60 : 64 ➜ 15 : 16입니다.

1-1 (직사각형의 넓이)$=0.8\times0.4=0.32(m^2)$
(정사각형의 넓이)$=\frac{3}{5}\times\frac{3}{5}=\frac{9}{25}(m^2)$
직사각형과 정사각형의 넓이의 비는
$0.32 : \frac{9}{25}$ ➜ 32 : 36 ➜ 8 : 9입니다.

1-2 (한 모서리의 길이가 2 cm인 정육면체의 겉넓이)
$=2\times2\times6=24(cm^2)$
(한 모서리의 길이가 3 cm인 정육면체의 겉넓이)
$=3\times3\times6=54(cm^2)$
두 정육면체의 겉넓이의 비는
24 : 54 ➜ 4 : 9입니다.

유형 2 • ㉠ : ㉡=㉢ : 64라고 하면 ㉢ : 64의 비율이
$\frac{1}{4}$이므로 $\frac{㉢}{64}=\frac{1}{4}$입니다. ➜ ㉢=16
• ㉠ : ㉡=16 : 64에서 내항의 곱이 192이므로 ㉡×16=192입니다. ➜ ㉡=12
• ㉠ : 12=16 : 64에서 ㉠ : 12의 비율이 $\frac{1}{4}$이므로 $\frac{㉠}{12}=\frac{1}{4}$입니다. ➜ ㉠=3
따라서 3 : 12=16 : 64입니다.

2-1 • 21 : ㉠=㉡ : ㉢이라고 하면 21 : ㉠의 비율이 $\frac{3}{2}$이므로 $\frac{21}{㉠}=\frac{3}{2}$입니다. ➜ ㉠=14
• 21 : 14=㉡ : ㉢에서 내항의 곱이 84이므로
14×㉡=84입니다. ➜ ㉡=6
• 21 : 14=6 : ㉢에서 6 : ㉢의 비율이 $\frac{3}{2}$이므로 $\frac{6}{㉢}=\frac{3}{2}$입니다. ➜ ㉢=4
따라서 21 : 14=6 : 4입니다.

2-2 • ㉠ : 15=㉡ : ㉢이라고 하면 ㉠ : 15의 비율이 $\frac{2}{5}$이므로 $\frac{㉠}{15}=\frac{2}{5}$입니다. ➜ ㉠=6
• 6 : 15=㉡ : ㉢에서 내항의 곱이 120이므로
15×㉡=120입니다. ➜ ㉡=8
• 6 : 15=8 : ㉢에서 8 : ㉢의 비율이 $\frac{2}{5}$이므로
$\frac{8}{㉢}=\frac{2}{5}$입니다. ➜ ㉢=20
따라서 6 : 15=8 : 20입니다.

유형 3 (가로)+(세로)$=44\div2=22(cm)$
(가로)$=22\times\frac{4}{4+7}=8(cm)$
(세로)$=22\times\frac{7}{4+7}=14(cm)$
➜ (직사각형의 넓이)$=8\times14=112(cm^2)$

3-1 (가로)+(세로)$=84\div2=42(cm)$
(가로)$=42\times\frac{5}{5+2}=30(cm)$
(세로)$=42\times\frac{2}{5+2}=12(cm)$
➜ (직사각형의 넓이)$=30\times12=360(cm^2)$

3-2 (가로)+(세로)$=60\div2=30(cm)$
(가로)$=30\times\frac{2}{2+3}=12(cm)$
(세로)$=30\times\frac{3}{2+3}=18(cm)$
➜ (직사각형의 넓이)$=12\times18=216(cm^2)$

3-3 (정사각형의 둘레)$=56\times\frac{3}{3+4}=24$(cm)

정사각형의 한 변의 길이는 $24\div4=6$(cm)이므로 넓이는 $6\times6=36$(cm²)입니다.

마름모의 넓이를 □ cm²라고 하고 비례식을 세우면 3 : 4=36 : □입니다.

➜ 3×□=4×36, 3×□=144, □=48

따라서 마름모의 넓이는 48 cm²입니다.

유형 4 어떤 수를 □라고 하면 $\square\times\frac{3}{2+3}=210$입니다. ➜ $\square=210\div\frac{3}{5}=210\times\frac{5}{3}=350$

따라서 어떤 수는 350입니다.

4-1 어떤 수를 □라고 하면 $\square\times\frac{4}{4+3}=96$입니다. ➜ $\square=96\div\frac{4}{7}=96\times\frac{7}{4}=168$

따라서 어떤 수는 168입니다.

4-2 처음에 있던 용돈을 □원이라고 하면

$\square\times\frac{6}{6+5}=7200$입니다.

➜ $\square=7200\div\frac{6}{11}=7200\times\frac{11}{6}=13200$

따라서 처음에 있던 용돈은 13200원이었습니다.

4-3 처음 구슬을 개수를 □개라고 하면

$\square\times\frac{7}{7+6}=42$입니다.

➜ $\square=42\div\frac{7}{13}=42\times\frac{13}{7}=78$

따라서 처음 구슬은 78개였고, 78÷2=39(개)이므로 더 많이 가져간 친구가 42−39=3(개)를 주면 두 사람의 구슬의 개수가 같아집니다.

유형 5 (사다리꼴의 넓이)=(㉠+3)×(높이)÷2(cm²)

(평행사변형의 넓이)=4×(높이)(cm²)

사다리꼴과 평행사변형의 높이가 같으므로 사다리꼴과 평행사변형의 넓이의 비는

((㉠+3)÷2) : 4입니다.

((㉠+3)÷2) : 4=3 : 2

➜ ((㉠+3)÷2)×2=4×3, ㉠+3=12,

㉠=12−3=9(cm)

5-1 (삼각형의 넓이)=㉠×(높이)÷2(cm²)

(직사각형의 넓이)=6×(세로)(cm²)

삼각형의 높이와 직사각형의 세로가 같으므로 삼각형과 직사각형의 넓이의 비는 (㉠÷2) : 6입니다.

(㉠÷2) : 6=4 : 3 ➜ (㉠÷2)×3=6×4,

㉠÷2=8, ㉠=8×2=16(cm)입니다.

5-2 삼각형의 밑변을 □ cm라고 할 때 삼각형의 높이와 직사각형의 세로가 같으므로 삼각형과 직사각형의 넓이의 비는 (□÷2) : 14입니다.

(□÷2) : 14=3 : 7

➜ (□÷2)×7=14×3, □÷2=6,

□=6×2=12

삼각형과 사다리꼴의 높이가 같으므로 삼각형과 사다리꼴의 넓이의 비는 12 : (㉠+8)입니다.

12 : (㉠+8)=6 : 5

➜ 12×5=(㉠+8)×6, ㉠+8=10,

㉠=10−8=2(cm)

유형 6 (지하철로 간 거리) : (버스로 간 거리)

➜ $\frac{5}{8}$: 1 ➜ $\left(\frac{5}{8}\times8\right)$: (1×8) ➜ 5 : 8

(버스로 간 거리)$=65\times\frac{8}{5+8}=40$(km)

6-1 (택시로 간 거리) : (기차로 간 거리)

➜ $\frac{2}{7}$: 1 ➜ $\left(\frac{2}{7}\times7\right)$: (1×7) ➜ 2 : 7

(기차로 간 거리)$=144\times\frac{7}{2+7}$

$=112$(km)

6-2 (여학생 수) : (남학생 수)

➜ $\frac{7}{8}$: 1 ➜ $\left(\frac{7}{8}\times8\right)$: (1×8) ➜ 7 : 8

(남학생 수)$=375\times\frac{8}{7+8}=200$(명)

6-3 (동생이 달린 거리) : (수지가 달린 거리)

➜ $\frac{5}{7}$: 1 ➜ $\left(\frac{5}{7}\times7\right)$: (1×7) ➜ 5 : 7

(동생이 달린 거리)$=612\times\frac{5}{5+7}=255$(m)

(수지가 달린 거리)$=612\times\frac{7}{5+7}=357$(m)

따라서 거리의 차는 357−255=102(m)입니다.

유형 7 ㉠×$\frac{40}{100}$=㉡×$\frac{3}{7}$이고 $\frac{40}{100}=\frac{2}{5}$이므로 비례식으로 나타내면 ㉠ : ㉡=$\frac{3}{7}$: $\frac{2}{5}$입니다.

$\frac{3}{7}:\frac{2}{5}$ ➔ $\left(\frac{3}{7}\times35\right):\left(\frac{2}{5}\times35\right)$ ➔ 15 : 14

7-1 ㉠×$\frac{30}{100}$=㉡×0.45이므로 비례식으로 나타내면 ㉠ : ㉡=0.45 : $\frac{30}{100}$입니다.

0.45 : $\frac{30}{100}$ ➔ (0.45×100) : $\left(\frac{30}{100}\times100\right)$

➔ 45 : 30 ➔ (45÷15) : (30÷15)

➔ 3 : 2

7-2 겹쳐진 부분이 ㉡의 □ %라고 하면 □ %=$\frac{□}{100}$,

㉠×$\frac{2}{5}$=㉡×$\frac{□}{100}$이므로 비례식으로 나타내면 ㉠ : ㉡=$\frac{□}{100}$: $\frac{2}{5}$입니다.

㉠ : ㉡=3 : 2이므로 $\frac{□}{100}$: $\frac{2}{5}$=3 : 2

➔ $\frac{□}{100}$×2=$\frac{2}{5}$×3, $\frac{□}{50}=\frac{6}{5}$,

□=60입니다.

따라서 겹쳐진 부분은 ㉡의 60 %입니다.

유형 8 1시간 48분=1$\frac{48}{60}$시간=1.8시간이므로

3시간 동안 가는 거리를 □ km라고 하고 비례식을 세우면 1.8 : 108=3 : □입니다.

➔ 1.8×□=108×3, 1.8×□=324,

□=180

따라서 180 km를 가는 데 필요한 휘발유의 양은 180÷12=15(L)입니다.

8-1 3시간 12분=3$\frac{12}{60}$시간=3.2시간이므로

3시간 12분 동안 가는 거리를 □ km라고 하고 비례식을 세우면 2 : 120=3.2 : □입니다.

➔ 2×□=120×3.2, 2×□=384,

□=192

따라서 192 km를 가는 데 필요한 휘발유의 양은 192÷16=12(L)입니다.

8-2 두 터널을 완전히 통과하는 데 걸린 시간의 비는 8 : 16 ➔ (8÷8) : (16÷8) ➔ 1 : 2이므로

기차의 길이를 □ m라고 하고 비례식을 세우면 (260+□) : (580+□)=1 : 2입니다.

➔ (260+□)×2=580+□,

520+□×2=580+□,

□=580−520=60

따라서 기차의 길이는 60 m입니다.

유형 9 (㉮의 톱니 수) : (㉯의 톱니 수)=15 : 20이므로 (㉮의 회전수) : (㉯의 회전수)=20 : 15입니다.

㉮가 24바퀴 도는 동안 ㉯가 □바퀴 돈다고 하고 비례식을 세우면 20 : 15=24 : □입니다.

➔ 20×□=15×24, 20×□=360,

□=18

따라서 ㉮가 24바퀴 도는 동안 ㉯는 18바퀴 돕니다.

9-1 (㉮의 톱니 수) : (㉯의 톱니 수)=30 : 25이므로 (㉮의 회전수) : (㉯의 회전수)=25 : 30입니다.

㉮가 10바퀴 도는 동안 ㉯가 □바퀴 돈다고 하고 비례식을 세우면 25 : 30=10 : □입니다.

➔ 25×□=30×10, 25×□=300,

□=12

따라서 ㉮가 10바퀴 도는 동안 ㉯는 12바퀴 돕니다.

9-2 (㉮의 회전수) : (㉯의 회전수)=21 : 28이므로 (㉮의 톱니 수) : (㉯의 톱니 수)=28 : 21입니다.

㉯의 톱니 수를 □개라고 하고 비례식을 세우면 28 : 21=36 : □입니다.

➔ 28×□=21×36, 28×□=756,

□=27

따라서 ㉮의 톱니는 36개, ㉯의 톱니는 27개이므로 ㉮의 톱니가 36−27=9(개) 더 많습니다.

유형 10 찬우네 집에서 도서관을 거쳐 공원까지 가는 지도에서의 거리는 2+6=8(cm)입니다.

실제 거리를 □ cm라고 하고 비례식을 세우면 1 : 20000=8 : □입니다.

➔ 1×□=20000×8, □=160000

따라서 실제 거리는 160000 cm=1.6 km입니다.

10-1 약국에서 체육관을 거쳐 영화관까지 가는 지도에서의 거리는 $5+9=14$(cm)입니다.
실제 거리를 □ cm라고 하고 비례식을 세우면 $1:15000=14:$ □입니다.
➔ $1\times$ □ $=15000\times14$, □ $=210000$
따라서 실제 거리는 210000 cm=2.1 km입니다.

10-2 가 마을에서 나 마을을 거쳐 다 마을까지 가는 지도에서의 거리는 $3.6+6=9.6$(cm)이므로 나 마을을 거쳐 가는 길과 바로 가는 길의 지도에서의 거리의 차는 $9.6-7.5=2.1$(cm)입니다.
실제 거리의 차를 □ cm라고 하고 비례식을 세우면 $1:500000=2.1:$ □입니다.
➔ $1\times$ □ $=500000\times2.1$, □ $=1050000$
따라서 실제 거리의 차는
1050000 cm=10.5 km입니다.

유형 11 (가 회사) : (나 회사)
➔ $320:400$
➔ $(320\div80):(400\div80)$ ➔ $4:5$
(가 회사가 받은 이익금)
$=27\times\frac{4}{4+5}=12$(만 원)
(나 회사가 받은 이익금)
$=27\times\frac{5}{4+5}=15$(만 원)

11-1 (가 회사) : (나 회사)
➔ $720:560$
➔ $(720\div80):(560\div80)$ ➔ $9:7$
(가 회사가 받은 이익금)
$=96\times\frac{9}{9+7}=54$(만 원)
$108\div54=2$(배)이므로 가 회사는 처음 투자한 금액의 2배인 $720\times2=1440$(만 원)을 투자해야 합니다.

11-2 (가 회사) : (나 회사)
➔ $420:300$
➔ $(420\div60):(300\div60)$ ➔ $7:5$
가 회사가 받은 이익금은 $445-420=35$(만 원)이므로 총 이익금을 □원이라고 하면
(가 회사가 얻은 이익금)
$=$ □ $\times\frac{7}{7+5}=35$(만 원),
□ $=35\div\frac{7}{12}=35\times\frac{12}{7}=60$(만 원)
(나 회사가 얻은 이익금)
$=60\times\frac{5}{7+5}=25$(만 원)
따라서 나 회사는 $300+25=325$(만 원)을 돌려받았습니다.

유형 12 전학을 가기 전과 후의 여학생 수는 같으므로 여학생은 $714\times\frac{8}{9+8}=336$(명)입니다.
(전학을 간 후 남학생 수)$=714-336$
$=378$(명)
전학을 가기 전의 남학생 수를 □명이라고 하고 비례식을 세우면 $7:6=$ □ $:336$입니다.
➔ $7\times336=6\times$ □, $6\times$ □ $=2352$,
□ $=392$
따라서 전학을 간 남학생은 $392-378=14$(명)입니다.

12-1 전학을 오기 전과 후의 남학생 수는 같으므로 남학생은 $210\times\frac{8}{8+7}=112$(명)입니다.
(전학을 온 후 여학생 수)$=210-112$
$=98$(명)
전학을 오기 전의 여학생 수를 □명이라고 하고 비례식을 세우면 $7:6=112:$ □입니다.
➔ $7\times$ □ $=6\times112$, $7\times$ □ $=672$, □ $=96$
따라서 전학을 온 여학생은 $98-96=2$(명)입니다.

12-2 파란색 구슬의 수는 변함이 없으므로 파란색 구슬은 $198\times\frac{5}{4+5}=110$(개)입니다.
(남은 빨간색 구슬의 수)$=198-110=88$(개)
민아가 처음에 가지고 있던 빨간색 구슬의 수를 □개라고 하고 비례식을 세우면
$11:10=$ □ $:110$입니다.
➔ $11\times110=10\times$ □, $10\times$ □ $=1210$,
□ $=121$
따라서 동생에게 준 빨간색 구슬은
$121-88=33$(개)입니다.

5단원 원의 넓이

86~88쪽 AI가 추천한 단원 평가 1회

01 3.14, 3.14　02 60, 88, 60, 88
03 25.12 cm　04 151.9 cm^2　05 ㉣
06 (위에서부터) 18.6, 6　07 5 cm
08 40 cm　09 <　10 51 cm
11 풀이 참고, 4바퀴　12 198.4 cm^2
13 21.7 cm　14 173.6 cm^2　15 62개
16 57.6 cm^2　17 풀이 참고, 235.5 cm^2
18 999 cm^2　19 135 cm^2　20 8 cm^2

11 예 굴렁쇠가 한 바퀴 굴러간 거리는 굴렁쇠의 원주와 같으므로 $28 \times 3 = 84$(cm)입니다.」 ❶
3 m 36 cm=336 cm이므로 굴렁쇠를
$336 \div 84 = 4$(바퀴) 굴린 것입니다.」 ❷

채점 기준

❶ 굴렁쇠의 원주 구하기	3점
❷ 굴렁쇠를 몇 바퀴 굴린 것인지 구하기	2점

13 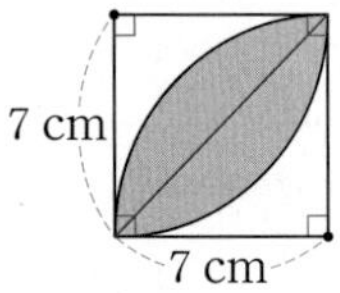

(색칠한 부분의 둘레)
=((반지름이 7 cm인 원의 원주)÷4)×2
$= ((7 \times 2 \times 3.1) \div 4) \times 2$
$= 21.7$(cm)

14 그린 문양의 넓이는 지름이 각각 4 cm, 8 cm, $4+8=12$(cm)인 원 3개의 넓이의 합과 같습니다.
➜ (문양의 넓이)
$= 2 \times 2 \times 3.1 + 4 \times 4 \times 3.1 + 6 \times 6 \times 3.1$
$= 12.4 + 49.6 + 111.6 = 173.6$($cm^2$)

15 반지름을 □ cm라고 하면
□×□×3.1=198.4입니다.
➜ □×□=198.4÷3.1=64, □=8
따라서 반지름은 8 cm이므로 원주는
$8 \times 2 \times 3.1 = 49.6$(cm)입니다.
➜ (점의 개수)$= 49.6 \div 0.8 = 62$(개)

16 (한 원의 지름)$= 24.8 \div 3.1 = 8$(cm)
➜ (색칠하지 않은 부분의 넓이)
=(정사각형의 넓이)
−(지름이 8 cm인 원의 넓이)×4
$= 16 \times 16 - (4 \times 4 \times 3.1) \times 4$
$= 256 - 198.4 = 57.6$(cm^2)

17 예 가장 큰 원의 지름의 윗부분을 오른쪽으로 뒤집으면 색칠한 부분은 오른쪽과 같습니다.」 ❶

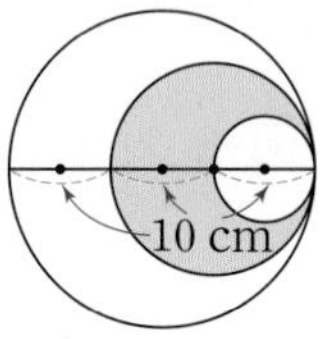

(색칠한 부분의 넓이)
$= 10 \times 10 \times 3.14 - 5 \times 5 \times 3.14$
$= 314 - 78.5 = 235.5$(cm^2)」 ❷

채점 기준

❶ 간단한 도형으로 만들기	2점
❷ 색칠한 부분의 넓이 구하기	3점

18 (사용한 종이의 넓이)
=(가의 넓이)+(나의 넓이)
$= 15 \times 15 \times 3 + 12 \times 12 \times 3 \times \frac{3}{4}$
$= 675 + 324 = 999$(cm^2)

19 원이 직선을 한 바퀴 굴러 이동했을 때 원이 지나간 자리는 색칠한 부분과 같습니다.

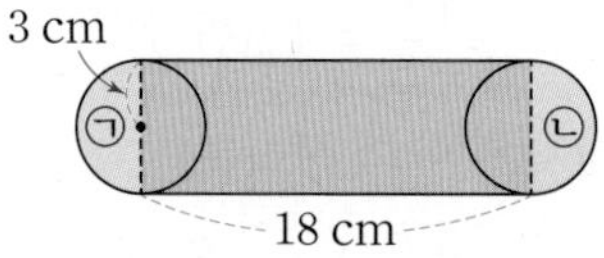

㉠과 ㉡의 넓이의 합은 반지름이 3 cm인 원의 넓이와 같습니다.
➜ (원이 지나간 자리의 넓이)
$= 3 \times 3 \times 3 + 18 \times 6$
$= 27 + 108 = 135$(cm^2)

20 오른쪽 그림에서 ㉠과 ㉡의 넓이를 구할 수 없으므로 ㉢을 이용하여 넓이의 차를 구합니다.

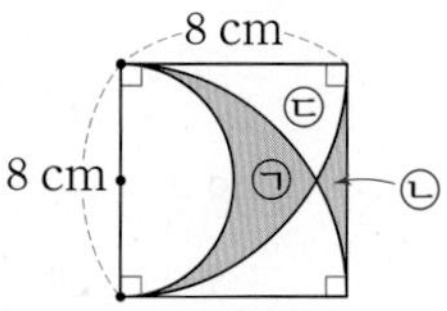

➜ ㉠−㉡=(㉠+㉢)−(㉡+㉢)
$= \left(8 \times 8 \times 3 \times \frac{1}{4} - 4 \times 4 \times 3 \times \frac{1}{2}\right)$
$- \left(8 \times 8 - 8 \times 8 \times 3 \times \frac{1}{4}\right)$
$= (48 - 24) - (64 - 48)$
$= 24 - 16 = 8$(cm^2)

89~91쪽 AI가 추천한 단원 평가 2회

01	18, 24, 18, 24			02	40.3 cm
03	314 cm^2	04	312 cm^2	05	다연
06	풀이 참고	07	㉢	08	30 cm 이상
09	풀이 참고, 상하, 1.66 cm^2			10	20.46 m
11	77.5 cm^2	12	80.6 cm	13	100.48 m
14	121.5 cm^2	15	111.6 cm^2	16	108.9 cm^2
17	113.04 cm	18	32 cm^2	19	7번째
20	45 cm				

06 예 징의 원주율은 $78.5 \div 25 = 3.14$,
장구의 원주율은 $141.3 \div 45 = 3.14$입니다.」 ❶
원의 크기와 상관없이 원주율은 항상 일정함을 알 수 있습니다.」 ❷

채점 기준

❶ 악기의 원주율 구하기	2점
❷ 원주율에 대해 알 수 있는 것 쓰기	3점

09 예 (상하 종이의 넓이) $= 16 \times 16 = 256(cm^2)$」 ❶
(지희 종이의 넓이) $= 9 \times 9 \times 3.14$
$= 254.34(cm^2)$」 ❷
따라서 상하의 종이가 $256 - 254.34 = 1.66(cm^2)$ 더 넓습니다.」 ❸

채점 기준

❶ 상하 종이의 넓이 구하기	2점
❷ 지희 종이의 넓이 구하기	2점
❸ 누구의 종이가 몇 cm^2 더 넓은지 구하기	1점

10 (훌라후프가 굴러간 거리)
$= (55 \times 3.1) \times 12 = 2046(cm)$
따라서 집에서 학교까지의 거리는 20.46 m입니다.

14 (색칠한 부분의 넓이)
$=$(반지름이 18 cm인 원의 넓이)$\times \frac{1}{4}$
$-$(지름이 18 cm인 원의 넓이)$\times \frac{1}{2}$
$= 18 \times 18 \times 3 \times \frac{1}{4} - 9 \times 9 \times 3 \times \frac{1}{2}$
$= 243 - 121.5 = 121.5(cm^2)$

15 색칠한 부분의 넓이는 원의 넓이의 $\frac{30^\circ}{360^\circ} = \frac{1}{12}$입니다.

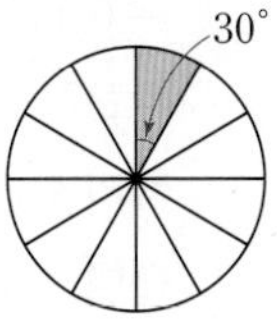

➜ (원의 넓이) $= 9.3 \times 12$
$= 111.6(cm^2)$

16 색칠한 부분을 다음과 같이 옮기면 색칠한 부분의 넓이는 정사각형의 넓이에서 원의 넓이를 뺀 것과 같습니다.

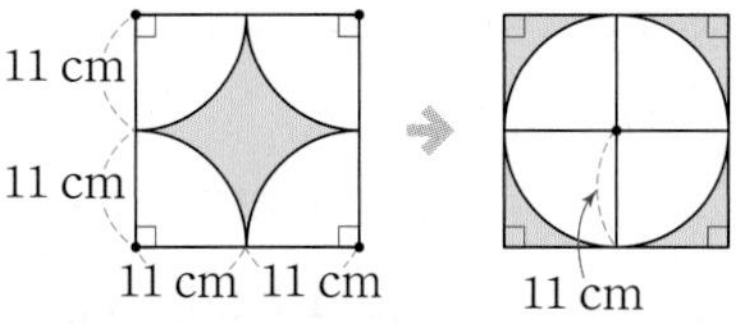

➜ (색칠한 부분의 넓이)
$= 22 \times 22 - 11 \times 11 \times 3.1$
$= 484 - 375.1 = 108.9(cm^2)$

17 ㉠$= 18 \times \frac{5}{5+4} = 10(cm)$,
㉡$= 18 \times \frac{4}{5+4} = 8(cm)$
➜ (두 원의 원주의 합)
$= 10 \times 2 \times 3.14 + 8 \times 2 \times 3.14$
$= 62.8 + 50.24 = 113.04(cm)$

18 (겹쳐진 부분의 넓이)
$= \Big($(반지름이 8 cm인 원의 넓이)$\times \frac{1}{4}$
$-$(직각삼각형의 넓이)$\Big) \times 2$
$= \left(\left(8 \times 8 \times 3 \times \frac{1}{4}\right) - (8 \times 8 \div 2)\right) \times 2$
$= (48 - 32) \times 2 = 16 \times 2 = 32(cm^2)$

19 $9 = 3 \times 3$이므로 원의 넓이가 9배가 되려면 반지름이 3배가 되어야 합니다.
첫 번째 원의 반지름이 1.5 cm이므로 반지름이 $1.5 \times 3 = 4.5(cm)$, 지름이 $4.5 \times 2 = 9(cm)$인 원을 찾으면 7번째 원입니다.

20 정삼각형의 한 각의 크기는 60°이고
$60^\circ + 60^\circ + 60^\circ = 180^\circ$이므로 곡선 부분의 길이의 합은 반지름이 5 cm인 원의 원주의
$\frac{180^\circ}{360^\circ} = \frac{1}{2}$과 같습니다.
➜ (색칠한 부분의 둘레)
$=$(곡선 부분의 길이)$+$(정삼각형의 둘레)
$= 5 \times 2 \times 3 \times \frac{1}{2} + 5 \times 2 \times 3$
$= 15 + 30 = 45(cm)$

92~94쪽 AI가 추천한 단원 평가 3회

01 원주, 지름 02 3, 4 03 34.1 cm
04 198.4 cm^2 05 200, 400, 200, 400
06 8, 49.6 / 37.2, 111.6 07 6 cm
08 128 cm^2 09 풀이 참고, 진아
10 ㉠, ㉡, ㉢ 11 251.1 cm^2 12 167.4 cm^2
13 56.8 cm 14 25.12 cm 15 46 cm
16 64.8 cm^2 17 풀이 참고, 334.8 cm^2
18 20바퀴 19 9 cm 20 9.3 m

09 예 진아의 훌라후프의 바깥쪽 원주는
$76\times3.1=235.6$(cm)입니다.」 ❶
따라서 민선이의 훌라후프의 바깥쪽 원주는
232.5 cm이므로 진아의 훌라후프가 더 큽니다.」 ❷

채점 기준

❶ 진아의 훌라후프의 바깥쪽 원주 구하기	3점
❷ 누구의 훌라후프가 더 큰지 구하기	2점

13 (색칠한 부분의 둘레)
$=$(반지름이 16 cm인 원의 원주)$\times\frac{1}{4}+16\times2$
$=16\times2\times3.1\times\frac{1}{4}+16\times2$
$=24.8+32=56.8$(cm)

14 사다리꼴의 높이를 □ cm라고 하면
$(6+12)\times□\div2=72$이므로
$18\times□=144$, $□=8$입니다.
사다리꼴 안에 그릴 수 있는 가장 큰 원의 지름은
사다리꼴의 높이인 8 cm와 같습니다.
➔ (그린 원의 원주)$=8\times3.14=25.12$(cm)

15 (원의 원주)$=23\times2\times3=138$(cm)이므로 직사각형의 둘레도 138 cm입니다.
직사각형의 세로를 □ cm라고 하면 가로는
$(□\times2)$ cm이므로 $(□\times2+□)\times2=138$에서 $□\times3=69$, $□=23$입니다.
따라서 직사각형의 가로는 $23\times2=46$(cm)입니다.

16 (색칠한 부분의 넓이)
$=$(직사각형의 넓이)
$-$(지름이 12 cm인 원의 넓이)$\times2$
$=24\times12-(6\times6\times3.1)\times2$
$=288-223.2=64.8(cm^2)$

17 예 큰 원의 지름이 24 cm이므로 작은 원의 지름은 모두 $24\div4=6$(cm)입니다.」 ❶
색칠한 부분의 넓이는 큰 원의 넓이에서 작은 원 4개의 넓이를 빼면 됩니다.」 ❷
➔ (색칠한 부분의 넓이)
$=12\times12\times3.1-(3\times3\times3.1)\times4$
$=446.4-111.6=334.8(cm^2)$」 ❸

채점 기준

❶ 작은 원의 지름 구하기	1점
❷ 색칠한 부분의 넓이 구하는 방법 알기	2점
❸ 색칠한 부분의 넓이 구하기	2점

18 (집에서 놀이터까지의 거리)
$=$(민재의 굴렁쇠가 16바퀴 굴러간 거리)
$=(45\times3.1)\times16=2232$(cm)
동생의 굴렁쇠가 □바퀴 굴렀다고 하면
$(36\times3.1)\times□=2232$입니다.
➔ $□=2232\div111.6=20$
따라서 동생의 굴렁쇠는 20바퀴 굴렀습니다.

19 ㉠과 ㉡의 넓이가 같으므로 반원과 직각삼각형의 넓이는 같습니다.
(반원의 넓이)$=$(직각삼각형의 넓이)
$=6\times6\times3\div2=54(cm^2)$
변 ㄱㄷ의 길이를 □ cm라고 하면
$12\times□\div2=54$입니다.
➔ $12\times□=108$, $□=9$
따라서 변 ㄱㄷ의 길이는 9 cm입니다.

20 안쪽과 바깥쪽 경주로의 직선 구간의 거리는 같으므로 바깥쪽 경주로의 출발선은 안쪽 경주로의 출발선보다 곡선 구간의 거리의 차만큼 앞에 있어야 합니다.
(안쪽 경주로의 곡선 구간의 거리)
$=$(지름이 24 m인 원의 원주)
$=24\times3.1=74.4$(m)
(바깥쪽 경주로의 곡선 구간의 거리)
$=$(지름이 27 m인 원의 원주)
$=27\times3.1=83.7$(m)
따라서 바깥쪽 경주로의 출발선은 안쪽 경주로의 출발선보다 $83.7-74.4=9.3$(m) 앞에 있어야 합니다.

95~97쪽 AI가 추천한 단원 평가 4회

01 3.14배	02 ㉢	03 ㉠, ㉢
04 251.1 cm^2	05 5 cm, 31.4 cm	
06 ③	07 14 cm	08 375.1 cm^2
09 ㉠	10 75 cm^2, 225 cm^2, 375 cm^2	
11 62.8 cm^2	12 111.6 cm^2	
13 풀이 참고, 21대		14 21 cm
15 91.8 cm	16 ㉢	
17 풀이 참고, 79.2 cm^2		18 48 cm^2
19 240 m^2	20 87 cm	

11 도형의 넓이는 반지름이 10 cm인 원의 넓이의 $\frac{72°}{360°}=\frac{1}{5}$입니다.

➜ (도형의 넓이)$=10\times10\times3.14\times\frac{1}{5}$

$=62.8(cm^2)$

12 그릴 수 있는 가장 큰 원의 지름은 12 cm입니다.

➜ (그린 원의 넓이)

$=6\times6\times3.1=111.6(cm^2)$

13 예 (대관람차의 원주)$=28\times3=84$(m)」 ❶

따라서 관람차는 모두 $84\div4=21$(대) 매달려 있습니다.」 ❷

채점 기준

❶ 대관람차의 원주 구하기	3점
❷ 매달려 있는 관람차의 수 구하기	2점

14 (큰 원의 반지름)$=(86.8\div3.1)\div2=14$(cm)

(작은 원의 반지름)$=14\div2=7$(cm)

따라서 두 원의 반지름의 합은 $14+7=21$(cm)입니다.

15 (색칠한 부분의 둘레)

$=\left((\text{반지름이 18 cm인 원의 원주})\times\frac{1}{4}\right)\times2$

$+(\text{정사각형의 한 변의 길이})\times2$

$=\left(18\times2\times3.1\times\frac{1}{4}\right)\times2+18\times2$

$=55.8+36=91.8$(cm)

16 나무 기둥의 지름은 $102\div3=34$(cm)입니다.

(㉡ 튜브의 안쪽 지름)$=18\times2=36$(cm)

(㉢ 튜브의 안쪽 지름)$=16\times2=32$(cm)

따라서 안쪽 지름이 34 cm보다 짧은 튜브는 나무 기둥에 끼울 수 없으므로 끼울 수 없는 튜브는 ㉢입니다.

17 예 색칠한 부분의 넓이는 빗금친 부분의 넓이의 4배와 같으므로 지름이 12 cm인 원의 넓이의 반에서 삼각형의 넓이를 뺀 넓이의 4배를 구하면 됩니다.」 ❶

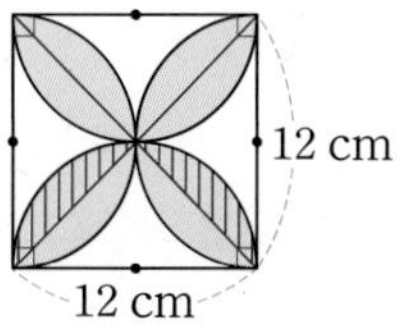

(색칠한 부분의 넓이)

$=(6\times6\times3.1\div2-(12\times6\div2))\times4$

$=(55.8-36)\times4=19.8\times4=79.2(cm^2)$」 ❷

채점 기준

❶ 색칠한 부분의 넓이 구하는 방법 알기	2점
❷ 색칠한 부분의 넓이 구하기	3점

18 가장 작은 반원의 지름은 $16\times\frac{1}{2}\times\frac{1}{2}=4$(cm)이므로 중간 반원의 지름은 $16-4=12$(cm)입니다.

➜ (색칠한 부분의 넓이)

=(가장 큰 반원의 넓이)−(중간 반원의 넓이)

+(가장 작은 반원의 넓이)

$=(8\times8\times3)\div2-(6\times6\times3)\div2$

$+(2\times2\times3)\div2$

$=96-54+6=48(cm^2)$

19 소가 풀을 뜯어 먹을 수 있는 땅은 오른쪽 그림의 색칠한 부분과 같습니다.

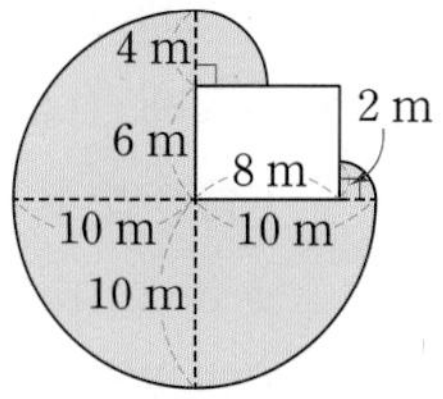

➜ (색칠한 부분의 넓이)

$=10\times10\times3\times\frac{3}{4}$

$+4\times4\times3\times\frac{1}{4}+2\times2\times3+\frac{1}{4}$

$=225+12+3=240(m^2)$

20 $90°+90°+90°+90°=360°$이므로 곡선 부분의 길이의 합은 반지름이 5 cm인 원의 원주와 같습니다.

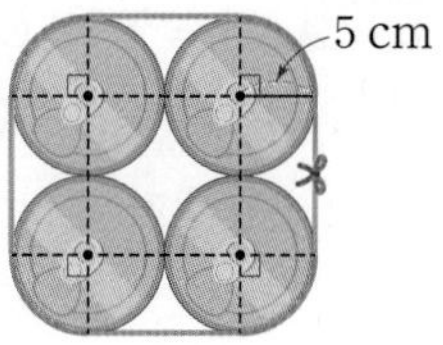

➜ (사용한 끈의 길이)

$=5\times2\times3+10\times4+17$

$=30+40+17=87$(cm)

98~103쪽 틀린 유형 다시 보기

유형 1 32, 60　1-1 88, 132
1-2 예 310 cm^2　유형 2 ㉡
2-1 (○) ( )　2-2 ㉠
2-3 ㉠, ㉡, ㉢
유형 3 942 cm　3-1 2198 cm　3-2 93 cm
3-3 70 cm　유형 4 111.6 cm^2
4-1 151.9 cm^2　4-2 198.4 cm^2
4-3 232.5 cm^2　유형 5 66 cm
5-1 25.12 cm　5-2 81.64 cm
5-3 36 cm
유형 6 48 cm^2, 144 cm^2, 240 cm^2
6-1 192 cm^2, 576 cm^2, 960 cm^2
6-2 예 5 : 3　유형 7 108 cm^2　7-1 27 cm^2
7-2 151.9 cm^2　유형 8 51.2 cm
8-1 85.2 cm　8-2 24.8 cm
유형 9 167.4 cm^2　9-1 62 cm^2
9-2 74.4 cm^2　유형 10 72 cm^2　10-1 150 cm^2
10-2 32 cm^2　유형 11 1668 m^2　11-1 245 m
11-2 18 m　유형 12 90 cm　12-1 60 cm
12-2 나, 8 cm

유형 1 초록색 모눈은 32칸, 빨간색 선 안쪽 모눈은 60칸입니다.
➜ $32\text{ cm}^2<$(원의 넓이)$<60\text{ cm}^2$

1-1 초록색 모눈은 88칸, 빨간색 선 안쪽 모눈은 132칸입니다.
➜ $88\text{ cm}^2<$(원의 넓이)$<132\text{ cm}^2$

1-2 보라색 모눈은 $69\times4=276$(칸), 초록색 선 안쪽 모눈은 $86\times4=344$(칸)입니다.
따라서 $276\text{ cm}^2<$(원의 넓이)$<344\text{ cm}^2$이므로 약 310 cm^2로 어림할 수 있습니다.

유형 2 (원주가 72 cm인 원의 반지름)
$=72\div3\div2=12$(cm)
(원주가 72 cm인 원의 넓이)
$=12\times12\times3=432(\text{cm}^2)$
따라서 더 큰 원은 원주가 72 cm인 원입니다.

2-1 (원주가 62 cm인 원의 반지름)
$=62\div3.1\div2=10$(cm)
(원주가 62 cm인 원의 넓이)
$=10\times10\times3.1=310(\text{cm}^2)$
따라서 더 작은 원은 넓이가 251.1 cm^2인 원입니다.

2-2 ㉠ (원의 넓이)$=8\times8\times3.14=200.96(\text{cm}^2)$
㉢ (반지름)$=43.96\div3.14\div2=7$(cm)
(원의 넓이)$=7\times7\times3.14=153.86(\text{cm}^2)$
따라서 넓이가 가장 넓은 원은 ㉠입니다.

2-3 ㉠ (원의 넓이)$=6\times6\times3.1=111.6(\text{cm}^2)$
㉡ (반지름)$=14\div2=7$(cm)
(원의 넓이)$=7\times7\times3.1=151.9(\text{cm}^2)$
따라서 넓이가 좁은 원부터 차례대로 기호를 쓰면 ㉠, ㉡, ㉢입니다.

유형 3 바퀴가 일직선으로 굴러간 거리는 바퀴의 원주와 같습니다.
➜ (바퀴가 굴러간 거리)
$=(30\times2\times3.14)\times5$
$=188.4\times5=942$(cm)

3-1 (훌라후프가 굴러간 거리)
$=(50\times2\times3.14)\times7$
$=314\times7=2198$(cm)

3-2 (지름이 35 cm인 바퀴가 굴러간 거리)
$=(35\times3.1)\times6=108.5\times6=651$(cm)
(지름이 40 cm인 바퀴가 굴러간 거리)
$=(40\times3.1)\times6=124\times6=744$(cm)
따라서 굴러간 거리의 차는
$744-651=93$(cm)입니다.

3-3 (바퀴를 한 바퀴 굴렸을 때 굴러간 거리)
$=868\div4=217$(cm)
➜ (바퀴의 지름)$=217\div3.1=70$(cm)

유형 4 (반지름)$=37.2\div3.1\div2=6$(cm)
➜ (원의 넓이)$=6\times6\times3.1=111.6(\text{cm}^2)$

4-1 (반지름)$=43.4\div3.1\div2=7$(cm)
➜ (원의 넓이)$=7\times7\times3.1=151.9(\text{cm}^2)$

4-2 (나의 원주)$=24.8\times2=49.6$(cm)
(나의 반지름)$=49.6\div3.1\div2=8$(cm)
➜ (나의 넓이)$=8\times8\times3.1=198.4(\text{cm}^2)$

4-3 $93\times\frac{1}{1+2}=31$(cm), $93\times\frac{2}{1+2}=62$(cm)
(작은 원의 반지름)$=31\div3.1\div2=5$(cm)
(큰 원의 반지름)$=62\div3.1\div2=10$(cm)
➔ (원의 넓이의 차)
$=10\times10\times3.1-5\times5\times3.1$
$=310-77.5=232.5$(cm^2)

유형 5 (원의 넓이)=(반지름)×(반지름)×3=363
➔ (반지름)×(반지름)$=363\div3=121$
$11\times11=121$이므로 반지름은 11 cm입니다.
따라서 원주는 $11\times2\times3=66$(cm)입니다.

5-1 (원의 넓이)=(반지름)×(반지름)×3.14=50.24
➔ (반지름)×(반지름)$=50.24\div3.14=16$
$4\times4=16$이므로 반지름은 4 cm입니다.
따라서 원주는 $4\times2\times3.14=25.12$(cm)입니다.

5-2 (반지름)×(반지름)×3.14=530.66
➔ (반지름)×(반지름)$=530.66\div3.14=169$
$13\times13=169$이므로 반지름은 13 cm입니다.
따라서 원주는 $13\times2\times3.14=81.64$(cm)입니다.

5-3 (원의 넓이)=(직사각형의 넓이)
$=9\times12=108$(cm^2)
(반지름)×(반지름)×3=108
➔ (반지름)×(반지름)$=108\div3=36$
$6\times6=36$이므로 반지름은 6 cm입니다.
따라서 원주는 $6\times2\times3=36$(cm)입니다.

유형 6
- (노란색 부분의 넓이)$=4\times4\times3=48$(cm^2)
- (빨간색 부분의 넓이)
=(반지름이 8 cm인 원의 넓이)
−(노란색 부분의 넓이)
$=8\times8\times3-48=144$(cm^2)
- (초록색 부분의 넓이)
=(반지름이 12 cm인 원의 넓이)
−(반지름이 8 cm인 원의 넓이)
$=12\times12\times3-8\times8\times3=240$(cm^2)

6-1
- (노란색 부분의 넓이)$=8\times8\times3=192$(cm^2)
- (빨간색 부분의 넓이)
=(반지름이 16 cm인 원의 넓이)
−(노란색 부분의 넓이)
$=16\times16\times3-192=576$(cm^2)
- (초록색 부분의 넓이)
=(반지름이 24 cm인 원의 넓이)
−(반지름이 16 cm인 원의 넓이)
$=24\times24\times3-16\times16\times3=960$(cm^2)

6-2
- (노란색 부분의 넓이)$=2\times2\times3\div2$
$=6$(cm^2)
- (빨간색 부분의 넓이)
=(반지름이 4 cm인 원의 넓이)÷2
−(노란색 부분의 넓이)
$=4\times4\times3\div2-6=18$(cm^2)
- (파란색 부분의 넓이)
=(반지름이 6 cm인 원의 넓이)÷2
−(반지름이 4 cm인 원의 넓이)÷2
$=6\times6\times3\div2-24=30$(cm^2)

따라서 파란색 부분과 빨간색 부분의 넓이의 비를 간단한 자연수의 비로 나타내면
30 : 18 ➔ 5 : 3입니다.

유형 7 사다리꼴의 높이를 □ cm라고 하면
$(10+15)\times\square\div2=150$입니다.
➔ $25\times\square=300$, $\square=12$
사다리꼴 안에 그릴 수 있는 가장 큰 원의 지름은 사다리꼴의 높이인 12 cm와 같습니다.
➔ (그린 원의 넓이)$=6\times6\times3=108$(cm^2)

7-1 직사각형 안에 그릴 수 있는 가장 큰 원의 지름은 6 cm입니다.
➔ (그린 원의 넓이)$=3\times3\times3=27$(cm^2)

7-2
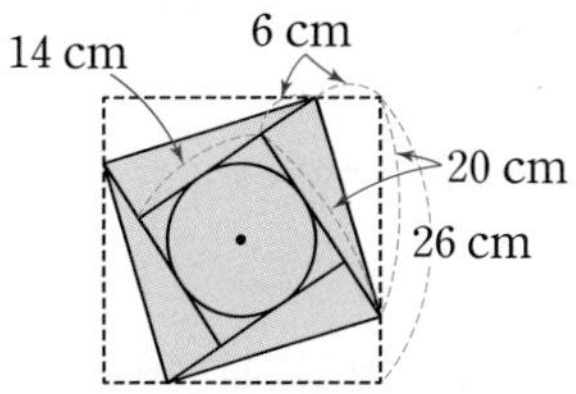

정사각형을 접었을 때 생기는 직각삼각형은 밑변이 6 cm, 높이가 $26-6=20$(cm)이고, 가장 작은 정사각형의 한 변의 길이는
$20-6=14$(cm)입니다.
따라서 그린 가장 큰 원의 지름은 가장 작은 정사각형의 한 변의 길이인 14 cm와 같습니다.
➔ (그린 원의 넓이)$=7\times7\times3.1$
$=151.9$(cm^2)

유형 8 (색칠한 부분의 둘레)
=(지름이 5 cm인 원의 원주)
+(반지름의 7 cm인 원의 원주)÷2
+(큰 원의 지름)
$=5\times3.1+7\times2\times3.1\div2+7\times2$
$=15.5+21.7+14=51.2$(cm)

8-1 색칠한 부분의 둘레의 곡선 부분 길이의 합은 지름이 12 cm인 원의 원주와 같습니다.
➜ (색칠한 부분의 둘레)
=(지름이 12 cm인 원의 원주)
+(정사각형의 둘레)
$=12\times3.1+12\times4=37.2+48=85.2$(cm)

8-2 (색칠한 부분의 둘레)
=(반지름이 8 cm인 원의 원주)$\times\frac{1}{4}$
+(지름이 8 cm인 원의 원주)$\times\frac{1}{4}\times2$
$=8\times2\times3.1\times\frac{1}{4}+8\times3.1\times\frac{1}{4}\times2$
$=12.4+12.4=24.8$(cm)

유형 9 큰 원의 지름이 18 cm이므로 작은 원의 지름은 모두 $18\div3=6$(cm)입니다.
➜ (색칠한 부분의 넓이)
=(큰 원의 넓이)−(작은 원의 넓이)×3
$=9\times9\times3.1-(3\times3\times3.1)\times3$
$=251.1-83.7=167.4$(cm^2)

9-1 큰 원의 지름은 $10+4=14$(cm)입니다.
➜ (색칠한 부분의 넓이)
=(큰 원의 넓이)−(원 안의 두 원의 넓이의 합)
$=7\times7\times3.1-(5\times5\times3.1+2\times2\times3.1)$
$=151.9-(77.5+12.4)=62$(cm^2)

9-2 큰 반원의 지름이 16 cm이므로 작은 반원의 지름은 모두 $16\div4=4$(cm)입니다.
➜ (색칠한 부분의 넓이)
=(큰 반원의 넓이)
−(작은 반원의 넓이)×4
$=8\times8\times3.1\div2-(2\times2\times3.1\div2)\times4$
$=99.2-24.8=74.4$(cm^2)

유형 10 색칠한 부분의 일부를 다음과 같이 옮기면 색칠한 부분의 넓이는 직사각형의 넓이와 같습니다.

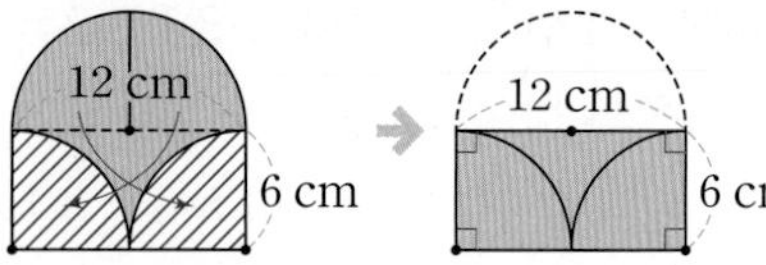

➜ (색칠한 부분의 넓이)$=12\times6=72$(cm^2)

10-1 색칠한 부분의 일부를 다음과 같이 옮기면 색칠한 부분의 넓이는 반원의 넓이와 같습니다.

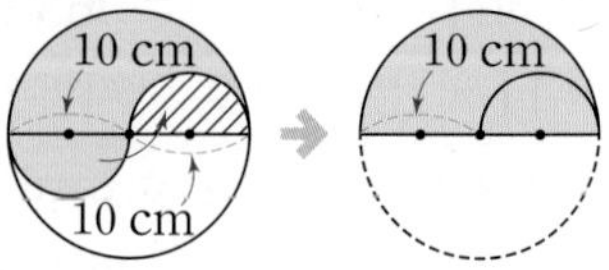

➜ (색칠한 부분의 넓이)$=10\times10\times3\div2$
$=150$(cm^2)

10-2 색칠한 부분의 일부를 다음과 같이 옮기면 색칠한 부분의 넓이는 직각삼각형의 넓이와 같습니다.

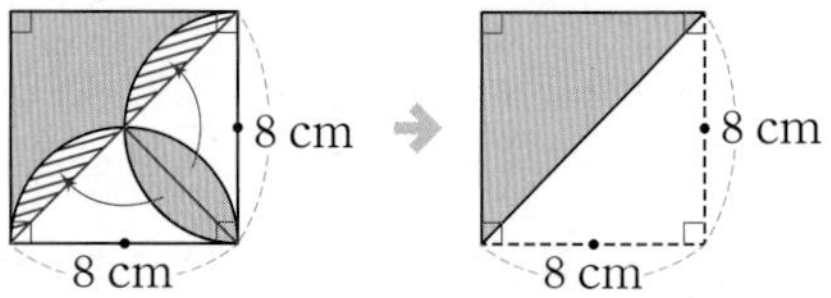

➜ (색칠한 부분의 넓이)$=8\times8\div2=32$(cm^2)

유형 11 (트랙의 넓이)
=(곡선 부분의 넓이의 합)+(직선 부분의 넓이의 합)
$=(16\times16\times3)-(10\times10\times3)$
$+(100\times6)\times2$
$=768-300+1200=1668$(m^2)

11-1 (운동장의 둘레)
=(지름이 25 cm인 원의 원주)$+85\times2$
$=25\times3+85\times2=75+170=245$(m)

11-2 1번 경주로와 4번 경주로의 직선 구간의 거리는 같으므로 4번 경주로의 출발선은 1번 경주로의 출발선보다 곡선 구간의 거리의 차만큼 앞에 있어야 합니다.
(1번 경주로의 곡선 구간의 거리)
=(지름이 40 m인 원의 원주)
$=40\times3=120$(m)
(4번 경주로의 곡선 구간의 거리)
=(지름이 46 m인 원의 원주)
$=46\times3=138$(m)
따라서 4번 경주로의 출발선은 1번 경주로의 출발선보다 $138-120=18$(m) 앞에 있어야 합니다.

유형 12

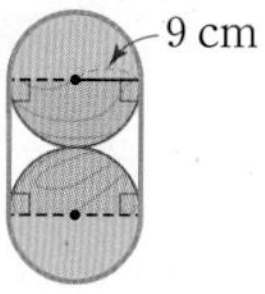

곡선 부분의 길이의 합은 반지름이 9 cm인 원의 원주와 같습니다.

(사용한 끈의 길이)
=(곡선 부분의 길이의 합)
 +(직선 부분의 길이의 합)
$=9\times2\times3+(9\times2)\times2$
$=54+36=90$(cm)

12-1

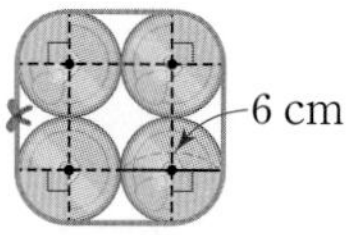

$90^\circ+90^\circ+90^\circ+90^\circ=360^\circ$ 이므로 곡선 부분의 길이의 합은 지름이 6 cm인 원의 원주와 같습니다.

(사용한 끈의 길이)
=(곡선 부분의 길이의 합)
 +(직선 부분의 길이의 합)+(매듭의 길이)
$=6\times3+6\times4+18$
$=18+24+18=60$(cm)

12-2 [가 방법]

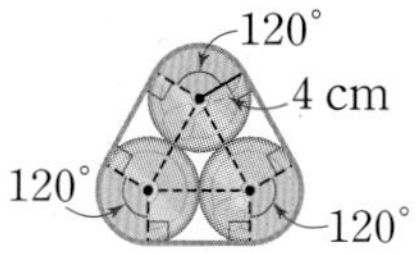

$120^\circ+120^\circ+120^\circ=360^\circ$이므로 곡선 부분의 길이의 합은 반지름이 4 cm인 원의 원주와 같습니다.

➜ (사용한 끈의 길이)
=(곡선 부분의 길이의 합)
 +(직선 부분의 길이의 합)
$=4\times2\times3+(4\times2)\times3$
$=24+24=48$(cm)

[나 방법]

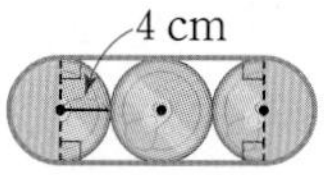

곡선 부분의 길이의 합은 반지름이 4 cm인 원의 원주와 같습니다.

➜ (사용한 끈의 길이)
=(곡선 부분의 길이의 합)
 +(직선 부분의 길이의 합)
$=4\times2\times3+4\times8$
$=24+32=56$(cm)

따라서 나 방법으로 묶을 때 끈을 $56-48=8$(cm) 더 많이 사용합니다.

6단원 원기둥, 원뿔, 구

106~108쪽 AI가 추천한 단원 평가 1회

01
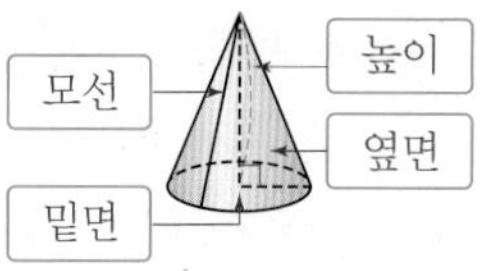

02 ㉡, ㉢

03 선분 ㄱㄹ, 선분 ㄴㄷ(또는 선분 ㄹㄱ, 선분 ㄷㄴ)

04 높이　05 12 cm　06 6 cm, 4 cm

07 원기둥　08 ①, ⑤　09 24, 9

10 243 cm^2　11 ㉢, ㉠, ㉡, ㉣

12 10 cm^2　13 151.9 cm^2

14 풀이 참고, 240 cm^2　15 111.6 cm^2

16 풀이 참고, 21.7 cm^2　17 16 cm

18 1384 cm^2　19 5바퀴　20 31 cm

11 ㉠ 원뿔의 밑면은 1개입니다.
㉡ 삼각기둥의 밑면은 2개입니다.
㉢ 원기둥에서 꼭짓점은 없습니다.
㉣ 원뿔의 모선은 셀 수 없이 많습니다.

13 (원기둥의 높이)=15 cm
(옆면의 가로)$=651\div15=43.4$(cm)
밑면의 반지름을 □ cm라고 하면
$□\times2\times3.1=43.4$입니다.
➜ $□\times6.2=43.4$, $□=7$
따라서 원기둥의 한 밑면의 넓이는
$7\times7\times3.1=151.9(cm^2)$입니다.

14 예 원뿔을 앞에서 본 모양은 삼각형 ㄱㄴㄷ입니다.」 ❶
삼각형 ㄱㄴㄷ은 이등변삼각형이므로
(변ㄱㄴ의 길이)=(변ㄱㄷ의 길이)=26 cm입니다.
변 ㄴㄷ의 길이를 □ cm라고 하면
$26+□+26=72$, $□=20$입니다.」 ❷
따라서 삼각형 ㄱㄴㄷ의 넓이는
$20\times24\div2=240(cm^2)$입니다.」 ❸

채점 기준

❶ 원뿔을 앞에서 본 모양 알기	1점
❷ 변 ㄴㄷ의 길이 구하기	3점
❸ 삼각형 ㄱㄴㄷ의 넓이 구하기	1점

15 삼각형 ㄱㄴㄷ에서 변 ㄱㄷ과 변 ㄴㄷ은 구의 반지름이므로 구의 반지름을 □ cm라고 하면 10+□+□=22입니다.

➜ □+□=12, □=6

따라서 구를 위에서 본 모양은 반지름이 6 cm인 원이므로 넓이는 $6\times6\times3.1=111.6(\text{cm}^2)$입니다.

16 예 변 ㄱㄷ을 기준으로 한 바퀴 돌려 만든 입체도형은 밑면의 반지름이 4 cm인 원뿔이므로 밑면의 넓이는 $4\times4\times3.1=49.6(\text{cm}^2)$입니다.」 ❶

변 ㄴㄷ을 기준으로 한 바퀴 돌려 만든 입체도형은 밑면의 반지름이 3 cm인 원뿔이므로 밑면의 넓이는 $3\times3\times3.1=27.9(\text{cm}^2)$입니다.」 ❷

➜ (만든 입체도형의 밑면의 넓이의 차)

$=49.6-27.9=21.7(\text{cm}^2)$」 ❸

채점 기준

❶ 변 ㄱㄷ을 기준으로 돌린 경우 밑면의 넓이 구하기	2점
❷ 변 ㄴㄷ을 기준으로 돌린 경우 밑면의 넓이 구하기	2점
❸ 만든 입체도형의 밑면의 넓이의 차 구하기	1점

17 밑면의 지름을 □ cm라고 하면 원기둥의 전개도에서 옆면의 가로는 (□×3) cm, 세로는 □ cm입니다.

➜ (□×3+□)×2=128, □×3+□=64,

□×4=64, □=16

따라서 원기둥의 높이는 16 cm입니다.

18 (페인트가 묻은 부분의 넓이)

=(한 밑면의 넓이)×2

+(직육면체의 옆면의 넓이의 합)

+(원기둥 옆면의 넓이)

$=(10\times10-4\times4\times3)\times2$

$+(10\times20)\times4+4\times2\times3\times20$

$=52\times2+800+480=1384(\text{cm}^2)$

19 (원뿔의 밑면의 둘레)$=5\times2\times3=30$(cm)

굴리려고 하는 원의 원주는 원뿔의 모선의 길이를 반지름으로 하는 원의 원주와 같습니다.

(반지름이 25 cm인 원의 원주)

$=25\times2\times3=150$(cm)

따라서 굴린 원뿔이 처음의 자리로 오려면 원뿔을 $150\div30=5$(바퀴) 굴려야 합니다.

20 돌리기 전 평면도형은 오른쪽과 같은 직사각형입니다.

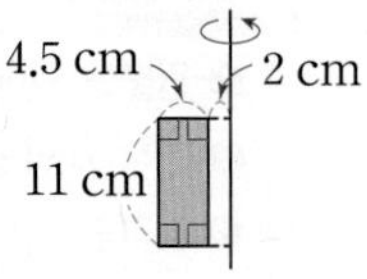

➜ $(4.5+11)\times2=31$(cm)

109~111쪽 AI가 추천한 단원 평가 2회

01
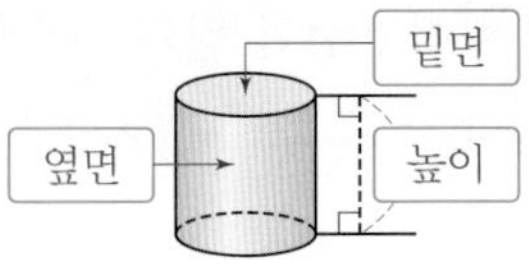

02 ㉡

03 ㉢ 04 6 cm, 10 cm

05 구 06 ㉠, ㉡ 07 원뿔

08 4 cm 09 ㉣ 10 77.5 cm²

11 ㉢

12 예
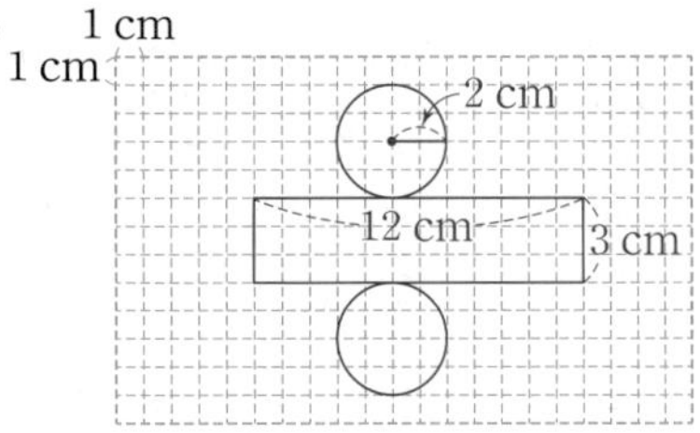

13 풀이 참고, 6 cm 14 106.4 cm

15 27 cm² 16 6 cm 17 25.7 cm

18 풀이 참고, 54 cm 19 26 cm

20 6개

09 ㉣ 원기둥은 밑면이 2개이고, 원뿔은 밑면이 1개입니다.

10 직사각형 모양의 종이를 한 바퀴 돌리면 밑면의 반지름이 5 cm, 높이가 8 cm인 원기둥이 만들어집니다.

➜ (만든 입체도형의 한 밑면의 넓이)

$=5\times5\times3.1=77.5(\text{cm}^2)$

11 ㉢ 원기둥의 전개도에서 옆면의 세로는 원기둥의 높이와 같습니다.

12 • (밑면의 반지름)$=4\div2=2$(cm)

• (옆면의 가로)=(밑면의 둘레)$=4\times3=12$(cm)

• (옆면의 세로)=(원기둥의 높이)=3 cm

13 예 옆면의 가로는 밑면의 둘레와 같으므로 옆면의 가로는 $3\times2\times3=18$(cm)입니다.」 ❶

원기둥의 높이를 □ cm라고 하면 18×□=108이므로 □=108÷18=6입니다.

따라서 원기둥의 높이는 6 cm입니다.」 ❷

채점 기준

❶ 옆면의 가로 구하기	2점
❷ 원기둥의 높이 구하기	3점

15 돌리기 전 종이는 오른쪽과 같은 직각삼각형입니다.

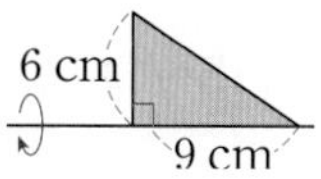

➔ (돌리기 전 종이의 넓이)

$=9\times6\div2=27(cm^2)$

16 원뿔을 위에서 본 모양은 밑면의 모양과 같으므로 밑면의 반지름은 3 cm입니다.
앞에서 본 모양은 정삼각형이므로 모선의 길이는 밑면의 지름과 같은 $3\times2=6$(cm)입니다.

17 돌리기 전 평면도형은 반지름이 5 cm인 반원입니다.

➔ (반원의 둘레)$=(5\times2\times3.14)\div2+5\times2$

$=15.7+10=25.7$(cm)

18 예 원기둥을 위에서 본 모양은 밑면의 모양과 같으므로 원기둥의 밑면의 원주는 37.2 cm입니다.
밑면의 지름을 □ cm라고 하면 $\square\times3.1=37.2$입니다.

➔ $\square=37.2\div3.1=12$」 ❶

따라서 원기둥을 앞에서 본 모양은 가로가 12 cm, 세로가 15 cm인 직사각형이므로 둘레는 $(12+15)\times2=54$(cm)입니다.」 ❷

채점 기준

❶ 원기둥의 밑면의 지름 구하기	3점
❷ 원기둥을 앞에서 본 모양의 둘레 구하기	2점

19 (옆면의 가로)=(밑면의 둘레)

$=6\times2\times3=36$(cm)

두 가지 방법으로 전개도를 그릴 수 있습니다.

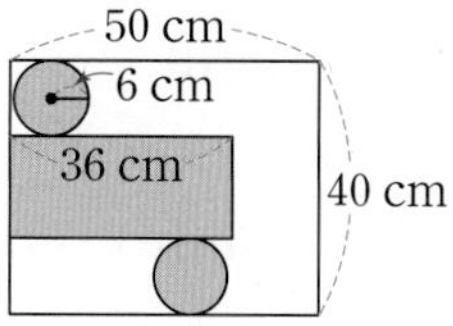

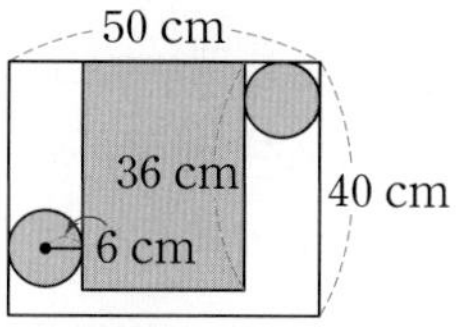

(상자의 높이)
$=40-6\times2\times2$
$=16$(cm)

(상자의 높이)
$=50-6\times2\times2$
$=26$(cm)

따라서 최대한 높은 상자를 만들려면 오른쪽 전개도로 상자를 만들어야 하고 높이는 26 cm가 됩니다.

20 원뿔의 모선의 길이는 모두 같으므로 밑면의 둘레의 두 점을 골라 원뿔의 꼭짓점과 이으면 만들 수 있는 이등변삼각형은 삼각형 ㄱㄴㄷ, 삼각형 ㄱㄴㄹ, 삼각형 ㄱㄴㅁ, 삼각형 ㄱㄷㄹ, 삼각형 ㄱㄷㅁ, 삼각형 ㄱㄹㅁ으로 모두 6개입니다.

112~114쪽 AI가 추천한 단원 평가 3회

01 ㉠, ㉢　02 모선의 길이　03 높이
04 8 cm　05 (위에서부터) 2, 2 / 1, 3
06 ①, ③　07 1 cm　08 ㉡
09 ㉢　10 363 cm²　11 48 cm
12 예

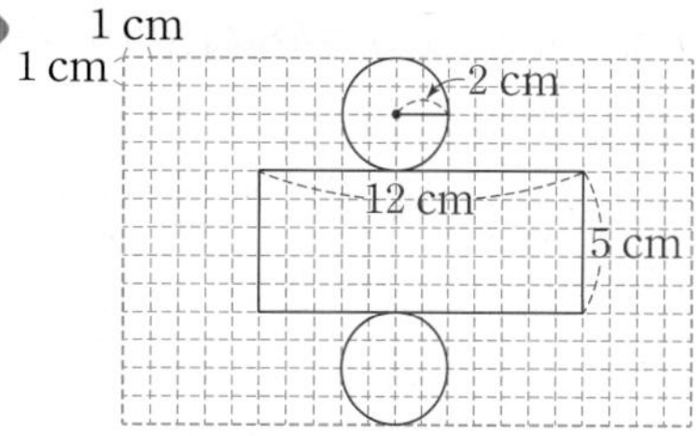

13 12 cm　14 풀이 참고, 3 cm
15 1944 cm²　16 18 cm
17 풀이 참고, 12 cm　18 120 cm²
19 172.8 cm　20 270 cm²

11 돌려 만든 입체도형과 만든 입체도형을 앞에서 본 모양은 다음과 같습니다.

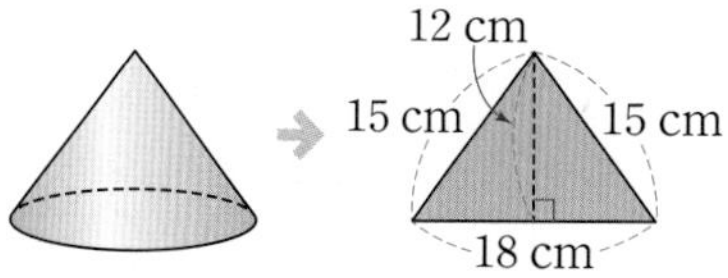

➔ (앞에서 본 모양의 둘레)

$=15+18+15=48$(cm)

12 • (옆면의 가로)=(밑면의 둘레)

$=2\times2\times3=12$(cm)

• (옆면의 세로)=(원기둥의 높이)=5 cm

13 원기둥을 위에서 본 모양은 밑면의 모양과 같으므로 원기둥의 밑면의 반지름은 6 cm입니다.
따라서 원기둥을 앞에서 본 모양은 정사각형이므로 원기둥의 높이는 원기둥의 밑면의 지름과 같은 $6\times2=12$(cm)입니다.

14 예 (밑면의 둘레)=(옆면의 넓이)÷(높이)

$=126\div7=18$(cm)」 ❶

원기둥의 밑면의 반지름을 □ cm라고 하면 $\square\times2\times3=18$입니다.

➔ $\square\times6=18$, $\square=3$

따라서 원기둥의 밑면의 반지름은 3 cm입니다.」 ❷

채점 기준

❶ 밑면의 둘레 구하기	2점
❷ 원기둥의 밑면의 반지름 구하기	3점

15 (롤러의 밑면의 둘레)$=6\times2\times3=36$(cm)
➜ (롤러의 옆면의 넓이)$=36\times18=648$(cm^2)
따라서 롤러를 3바퀴 굴렸을 때 페인트가 칠해진 부분의 넓이는 $648\times3=1944$(cm^2)입니다.

17 예 구를 앞에서 본 모양은 반지름이 8 cm인 원이므로 둘레는 $8\times2\times3=48$(cm)입니다.」❶
원기둥을 앞에서 본 모양은 가로가 $6\times2=12$(cm)이고 세로가 원기둥의 높이와 같은 직사각형입니다. 원기둥의 높이를 □ cm라고 하면 원기둥을 앞에서 본 모양의 둘레가 48 cm이므로 $(12+□)\times2=48$입니다.
➜ $12+□=24$, $□=12$
따라서 원기둥의 높이는 12 cm입니다.」❷

채점 기준

❶ 구를 앞에서 본 모양의 둘레 구하기	2점
❷ 원기둥의 높이 구하기	3점

18 돌리기 전 평면도형은 가로가 $20\div2=10$(cm), 세로가 12 cm인 직사각형입니다.
➜ (돌리기 전 평면도형의 넓이)
$=10\times12=120$(cm^2)

19 구의 반지름을 □ cm라고 하면 구를 앞에서 본 모양은 반지름이 □ cm인 원이므로 $□\times□\times3.1=111.6$입니다.
➜ $□\times□=111.6\div3.1=36$, $□=6$
따라서 원기둥의 밑면의 지름과 높이는 모두 $6\times2=12$(cm)입니다.
➜ (전개도의 둘레)
$=$(한 밑면의 둘레)$\times2+$(옆면의 둘레)
$=(12\times3.1)\times2+(12\times3.1+12)\times2$
$=74.4+98.4=172.8$(cm)

20 돌려 만든 입체도형과 만든 입체도형을 앞에서 본 모양은 다음과 같습니다.

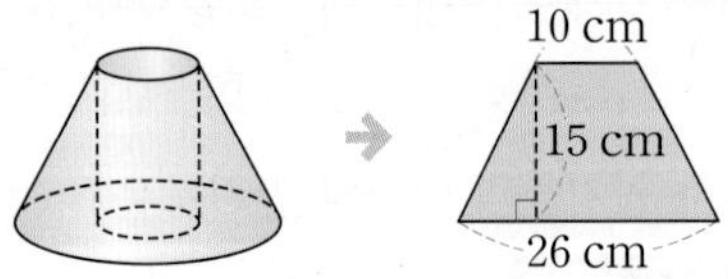

➜ (앞에서 본 모양의 넓이)
$=(10+26)\times15\div2=270$(cm^2)

115~117쪽 AI가 추천한 단원 평가 4회

01 ③
02 ㄱ
03 ㄱㅁ(또는 ㅁㄱ)
04 ㉠, ㉡, ㉢
05 ③, ④
06 예지
07 14 cm, 11 cm
08 ①, ③
09 2개
10 130.2 cm^2
11 54 cm
12 풀이 참고
13 ㉠, ㉣
14 282.6 cm^2
15 27.9 cm^2
16 113.04 cm^2
17 12 cm
18 풀이 참고, 297.6 cm^2
19 197.5 cm^2
20 구, 1.6 cm^2

10 (옆면의 가로)$=3\times2\times3.1=18.6$(cm)
➜ (옆면의 넓이)$=18.6\times7=130.2$(cm^2)

11 원뿔을 앞에서 본 모양은 오른쪽과 같습니다.

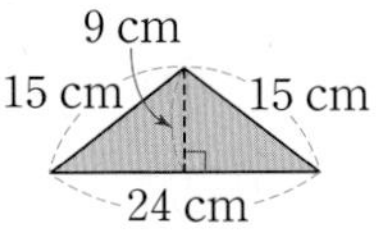

➜ (앞에서 본 모양의 둘레)
$=15+24+15=54$(cm)

12 예 원기둥의 전개도가 아닌 것은 ㉡입니다.」❶
두 밑면은 서로 합동이지만 옆면의 모양이 직사각형이 아닙니다.」❷

채점 기준

❶ 원기둥의 전개도가 아닌 것의 기호 쓰기	2점
❷ 이유 쓰기	3점

13 ㉡ 원뿔과 각뿔은 옆면의 수가 다릅니다.
㉢ 원뿔은 밑면의 모양이 원이지만 각뿔은 밑면의 모양이 다각형입니다.

14 (밑면의 둘레)$=15\times3.14=47.1$(cm)
➜ (필요한 색종이의 넓이)$=(47.1\times3)\times2$
$=282.6$(cm^2)

15 (직사각형 모양 종이의 가로)$=34\div2-14$
$=3$(cm)
돌려 만든 입체도형은 밑면의 반지름이 3 cm인 원기둥이므로 위에서 본 모양은 반지름이 3 cm인 원입니다.
➜ (위에서 본 모양의 넓이)$=3\times3\times3.1$
$=27.9$(cm^2)

16 구의 겉면에 그릴 수 있는 가장 큰 원의 반지름은 구의 반지름과 같으므로 $12\div2=6$(cm)입니다.
➜ (가장 큰 원의 넓이)$=6\times6\times3.14$
$=113.04$(cm^2)

17 (정육면체의 옆면의 넓이의 합)
$=(9\times9)\times4=324(cm^2)$
원기둥의 높이를 □ cm라고 하면
$9\times3\times$□$=324$입니다.
➜ $27\times$□$=324$, □$=12$
따라서 원기둥의 높이는 12 cm입니다.

18 예 「원기둥을 위에서 본 모양은 밑면의 모양과 같으므로 원기둥의 밑면의 반지름은 4 cm입니다.」 ❶
「원기둥을 앞에서 본 모양은 정사각형이므로 원기둥의 높이는 밑면의 지름과 같은 $4\times2=8(cm)$입니다.」 ❷
➜ 「(원기둥의 전개도의 넓이)
$=$(한 밑면의 넓이)$\times2+$(옆면의 넓이)
$=(4\times4\times3.1)\times2+(4\times2\times3.1\times8)$
$=99.2+198.4=297.6(cm^2)$」 ❸

채점 기준

❶ 원기둥의 밑면의 반지름 구하기	1점
❷ 원기둥의 높이 구하기	1점
❸ 원기둥의 전개도의 넓이 구하기	3점

19 만든 입체도형을 앞에서 본 모양은 다음과 같습니다.

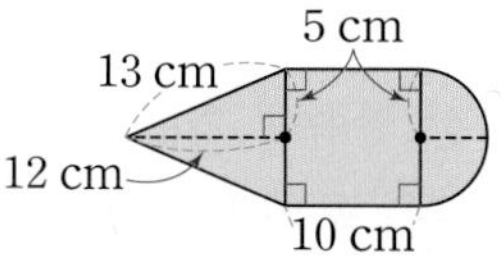

(앞에서 본 모양의 넓이)
$=$(삼각형의 넓이)$+$(직사각형의 넓이)
$+$(반원의 넓이)
$=10\times12\div2+10\times10+5\times5\times3\div2$
$=60+100+37.5=197.5(cm^2)$

20 • 구를 앞에서 본 모양은 반지름이 4 cm인 원입니다.
(구를 앞에서 본 모양의 넓이)$=4\times4\times3.1$
$=49.6(cm^2)$
• 원뿔을 앞에서 본 모양은 밑변의 길이가 16 cm, 높이가 6 cm인 삼각형입니다.
(원뿔을 앞에서 본 모양의 넓이)
$=16\times6\div2=48(cm^2)$
따라서 앞에서 본 모양의 넓이는 구가 $49.6-48=1.6(cm^2)$ 더 넓습니다.

118~123쪽 틀린 유형 다시 보기

유형 1 ㉠　1-1 ㉢　1-2 ㉡
유형 2 18.84 cm, 6 cm
2-1 25.12 cm, 10 cm
2-2 95.36 cm　유형 3 9 cm　3-1 12 cm
3-2 10 cm　유형 4 4 cm　4-1 3 cm
4-2 $669.6 cm^2$　유형 5 $297.6 cm^2$
5-1 $620 cm^2$　5-2 $55.8 cm^2$　유형 6 8 cm
6-1 $558 cm^2$　6-2 $527 cm^2$　유형 7 41.12 cm
7-1 20.56 cm　7-2 35.98 cm　유형 8 $62 cm^2$
8-1 나, 12.4 cm　8-2 20.8 cm　유형 9 12 cm
9-1 10 cm　9-2 원뿔, 6 cm
유형 10 28 cm　10-1 22 cm
10-2 태수, 10 cm　유형 11 $60 cm^2$
11-1 $273 cm^2$　11-2 $56 cm^2$
유형 12 $168 cm^2$　12-1 $600 cm^2$　12-2 $136 cm^2$

유형 1 ㉠ 위에서 본 모양은 모두 원입니다.
㉡ 앞에서 본 모양은 원뿔은 삼각형, 구는 원입니다.
㉢ 원뿔의 옆면은 1개이고, 구의 옆면은 없습니다.
㉣ 원뿔의 밑면은 1개이고, 구의 밑면은 없습니다.
따라서 원뿔과 구의 공통점은 ㉠입니다.

1-1 원뿔은 밑면, 옆면, 꼭짓점, 높이가 모두 있습니다.
원기둥은 밑면, 옆면, 높이가 있습니다.
따라서 원기둥에는 없지만 원뿔에는 있는 것은 ㉢ 꼭짓점입니다.

1-2 ㉠ 어느 방향에서 보아도 모양이 같은 것은 구입니다.
㉡ 원기둥과 구는 모두 뾰족한 부분이 없습니다.
㉢ 원기둥은 밑면이 있고, 구는 밑면이 없습니다.
따라서 원기둥과 구의 공통점은 ㉡입니다.

유형 2 (옆면의 가로)$=$(밑면의 둘레)
$=3\times2\times3.14=18.84(cm)$
(옆면의 세로)$=$(원기둥의 높이)
$=6$ cm

2-1 (옆면의 가로)=(밑면의 둘레)
$=4\times2\times3.14=25.12$(cm)
(옆면의 세로)=(원기둥의 높이)=10 cm

2-2 (옆면의 가로)$=6\times2\times3.14=37.68$(cm)
(옆면의 세로)=10 cm
따라서 옆면의 둘레는
$(37.68+10)\times2=95.36$(cm)입니다.

유형 3 원기둥의 높이를 □ cm라고 하면
$5\times2\times3.1\times$□$=279$입니다.
➜ $31\times$□$=279$, □$=9$

3-1 원기둥의 높이를 □ cm라고 하면
$8\times2\times3.1\times$□$=595.2$입니다.
➜ $49.6\times$□$=595.2$, □$=12$

3-2 (직육면체의 옆면의 넓이의 합)
$=(6\times15)\times4=360$(cm^2)
원기둥의 높이를 □ cm라고 하면
$12\times3\times$□$=360$입니다.
➜ $36\times$□$=360$, □$=10$

유형 4 (옆면의 가로)$=248\div10=24.8$(cm)
밑면의 반지름을 □ cm라고 하면
□$\times2\times3.1=24.8$입니다.
➜ □$\times6.2=24.8$, □$=4$

4-1 (옆면의 가로)$=148.8\div8=18.6$(cm)
밑면의 반지름을 □ cm라고 하면
□$\times2\times3.1=18.6$입니다.
➜ □$\times6.2=18.6$, □$=3$

4-2 상자의 밑면의 반지름을 □ cm라고 하면
□$\times2\times3.1=37.2$입니다.
➜ □$\times6.2=37.2$, □$=6$
➜ (필요한 포장지의 넓이)
$=(6\times6\times3.1)\times2+37.2\times12$
$=223.2+446.4=669.6$(cm^2)

유형 5 (밑면의 둘레)$=12\times3.1=37.2$(cm)
➜ (필요한 색종이의 넓이)
$=(37.2\times4)\times2=297.6$(cm^2)

5-1 (밑면의 둘레)$=20\times3.1=62$(cm)
➜ (필요한 색종이의 넓이)
$=(62\times5)\times2=620$(cm^2)

5-2 (밑면의 둘레)$=3\times3.1=9.3$(cm)
➜ (필요한 색종이의 넓이)
$=9.3\times3+9.3\times2+9.3\times1=55.8$(cm^2)

유형 6 (롤러의 옆면의 넓이)$=3968\div4=992$(cm^2)
롤러의 밑면의 반지름을 □ cm라고 하면
□$\times2\times3.1\times20=992$입니다.
➜ □$\times124=992$, □$=8$

6-1 (롤러의 밑면의 둘레)$=3\times2\times3.1=18.6$(cm)
➜ (롤러의 옆면의 넓이)$=18.6\times10=186$(cm)
따라서 롤러를 3바퀴 굴렸을 때 페인트가 칠해진 부분의 넓이는 $186\times3=558$(cm^2)입니다.

6-2 (롤러의 옆면의 넓이)$=1860\div5=372$(cm^2)
롤러의 밑면의 반지름을 □ cm라고 하면
□$\times2\times3.1\times12=372$입니다.
➜ □$\times74.4=372$, □$=5$
➜ (전개도의 넓이)$=(5\times5\times3.1)\times2+372$
$=527$(cm^2)

유형 7 돌리기 전 평면도형은 반지름이 8 cm인 반원입니다.
➜ (반원의 둘레)$=(8\times2\times3.14)\div2+8\times2$
$=25.12+16=41.12$(cm)

7-1 구의 가장 안쪽에 있는 점에서 겉면의 한 점을 이은 선분은 구의 반지름이므로 돌리기 전 평면도형은 반지름이 4 cm인 반원입니다.
➜ (반원의 둘레)$=(4\times2\times3.14)\div2+4\times2$
$=12.56+8=20.56$(cm)

7-2 돌리기 전 평면도형은 반지름이 $14\div2=7$(cm)인 반원입니다.
➜ (반원의 둘레)$=(7\times2\times3.14)\div2+7\times2$
$=21.98+14=35.98$(cm)

유형 8
• 변 ㄱㄷ을 기준으로 한 바퀴 돌려 만든 입체도형은 밑면의 반지름이 4 cm인 원뿔이므로 밑면의 넓이는 $4\times4\times3.1=49.6$(cm^2)입니다.
• 변 ㄴㄷ을 기준으로 한 바퀴 돌려 만든 입체도형은 밑면의 반지름이 6 cm인 원뿔이므로 밑면의 넓이는 $6\times6\times3.1=111.6$(cm^2)입니다.
➜ (만든 입체도형의 밑면의 넓이의 차)
$=111.6-49.6=62$(cm^2)

8-1 • 가는 밑면의 반지름이 3 cm인 원뿔이므로 밑면의 둘레는 $3\times2\times3.1=18.6$(cm)입니다.
• 나는 밑면의 반지름이 5 cm인 원뿔이므로 밑면의 둘레는 $5\times2\times3.1=31$(cm)입니다.
따라서 나의 밑면의 둘레가
$31-18.6=12.4$(cm) 더 깁니다.

8-2 • 가로를 기준으로 한 바퀴 돌려 만든 입체도형은 밑면의 반지름이 7 cm, 높이가 5 cm인 원기둥이므로 전개도에서 옆면의 둘레는
$(7\times2\times3.1+5)\times2=48.4\times2=96.8$(cm)입니다.
• 세로를 기준으로 한 바퀴 돌려 만든 도형은 밑면의 반지름이 5 cm, 높이가 7 cm인 원기둥이므로 전개도에서 옆면의 둘레는
$(5\times2\times3.1+7)\times2=38\times2=76$(cm)입니다.
➔ (전개도에서 옆면의 둘레의 차)
$=96.8-76=20.8$(cm)

유형 9 원기둥의 전개도에서 옆면의 가로, 즉 밑면의 둘레가 15 cm이므로 밑면의 지름은
$15\div3=5$(cm)입니다.
원기둥을 앞에서 본 모양은 가로가 5 cm, 세로가 18 cm인 직사각형이므로 넓이는
$5\times18=90(cm^2)$입니다.
원뿔의 밑면의 지름을 □ cm라고 하면 원뿔을 앞에서 본 모양은 밑변의 길이가 □ cm, 높이가 15 cm인 삼각형이므로 넓이는 $\square\times15\div2=90$입니다.
➔ $\square\times15=180$, $\square=12$
따라서 원뿔의 밑면의 지름은 12 cm입니다.

9-1 구를 앞에서 본 모양은 반지름이 6 cm인 원이므로 둘레는 $6\times2\times3=36$(cm)입니다.
원기둥의 높이를 □ cm라고 하면 원기둥을 앞에서 본 모양은 가로가 $4\times2=8$(cm), 세로가 □ cm인 직사각형이므로 둘레는
$(8+\square)\times2=36$입니다.
➔ $8+\square=18$, $\square=10$
따라서 원기둥의 높이는 10 cm입니다.

9-2 구를 위에서 본 모양은 반지름이 5 cm인 원이므로 원뿔을 위에서 본 모양도 반지름이 5 cm인 원입니다.
즉, 원뿔의 밑면의 반지름은 5 cm입니다.
(구를 앞에서 본 모양의 둘레)
$=5\times2\times3=30$(cm)
➔ (원뿔을 앞에서 본 모양의 둘레)
$=13+5+5+13=36$(cm)
따라서 앞에서 본 모양의 둘레는 원뿔이
$36-30=6$(cm) 더 깁니다.

유형 10 (옆면의 가로)=(밑면의 둘레)
$=8\times2\times3=48$(cm)
두 가지 방법으로 전개도를 그릴 수 있습니다.

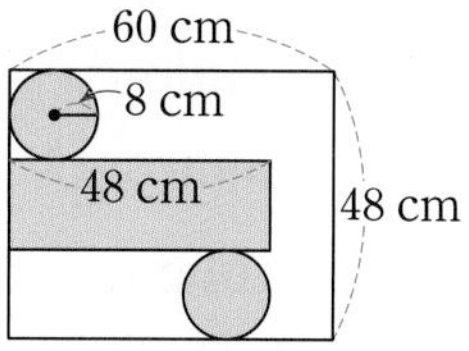

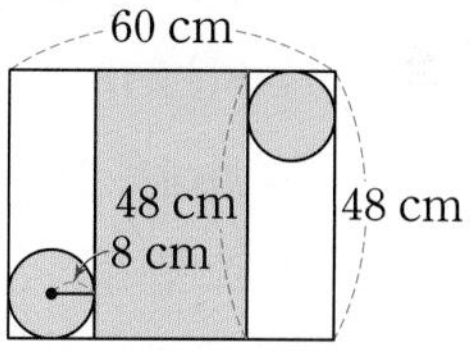

(상자의 높이)
$=48-8\times2\times2$
$=16$(cm)

(상자의 높이)
$=60-8\times2\times2$
$=28$(cm)

따라서 최대한 높은 상자를 만들려면 오른쪽 전개도로 상자를 만들어야 하고 높이는 28 cm가 됩니다.

10-1 (옆면의 가로)=(밑면의 둘레)
$=7\times2\times3=42$(cm)
두 가지 방법으로 전개도를 그릴 수 있습니다.

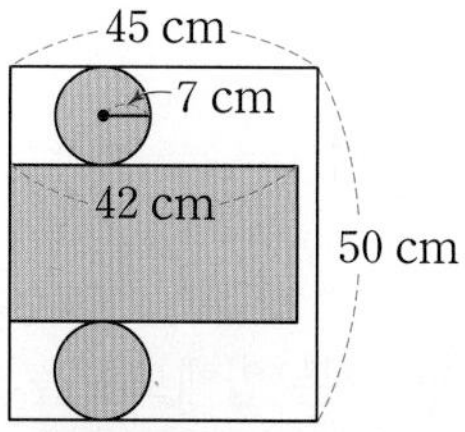

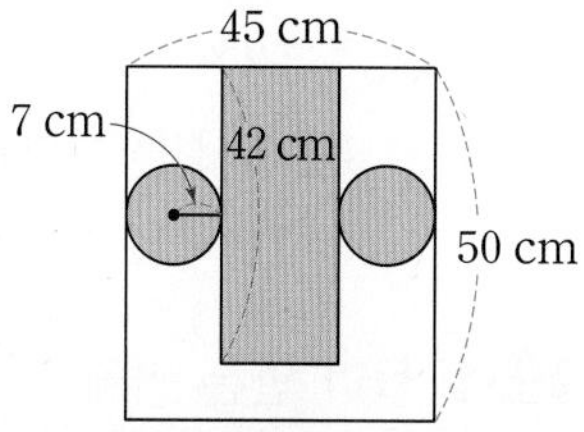

(상자의 높이)
$=50-7\times2\times2$
$=22$(cm)

(상자의 높이)
$=45-7\times2\times2$
$=17$(cm)

따라서 최대한 높은 상자를 만들려면 왼쪽 전개도로 상자를 만들어야 하고 높이는 22 cm가 됩니다.

10-2 • 지나가 만든 상자: (옆면의 가로)=(밑면의 둘레)

=3×2×3=18(cm)

종이의 세로가 16 cm이므로 한 가지 방법으로 전개도를 그릴 수 있습니다.

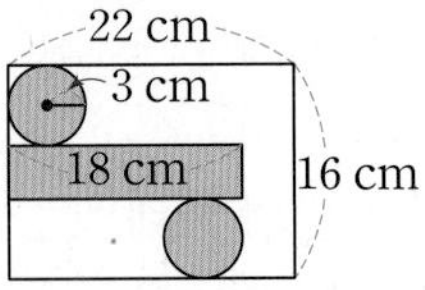

(상자의 높이)

=16−3×2×2

=4(cm)

• 태수가 만든 상자: (옆면의 가로)=(밑면의 둘레)

=2×2×3=12(cm)

두 가지 방법으로 전개도를 그릴 수 있습니다.

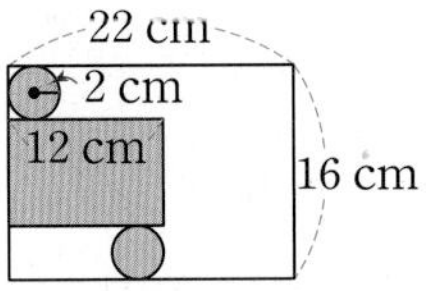

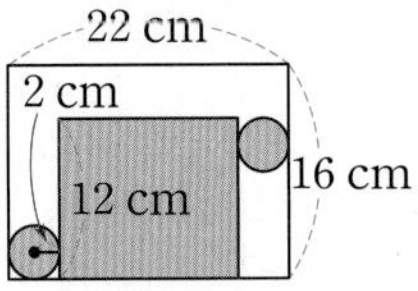

(상자의 높이)

=16−2×2×2

=8(cm)

(상자의 높이)

=22−2×2×2

=14(cm)

➜ 최대한 높은 상자를 만들려면 오른쪽 전개도로 만들어야 하고 높이는 14 cm가 됩니다.

따라서 태수가 만든 상자의 높이가

14−4=10(cm) 더 높습니다.

유형 11 돌려 만든 입체도형과 만든 입체도형을 앞에서 본 모양은 다음과 같습니다.

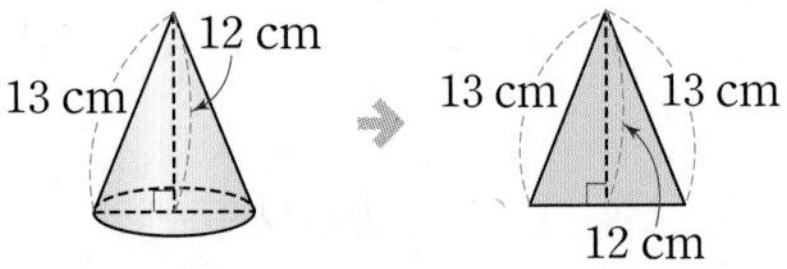

앞에서 본 모양의 둘레가 36 cm이므로 앞에서 본 삼각형 모양의 밑변의 길이는

36−13×2=10(cm)입니다.

➜ (앞에서 본 모양의 넓이)

=10×12÷2=60(cm^2)

11-1 돌려 만든 입체도형과 만든 입체도형을 앞에서 본 모양은 다음과 같습니다.

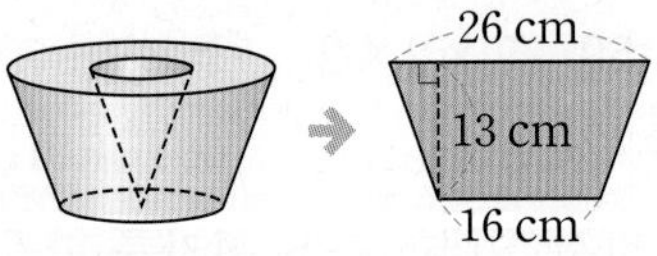

➜ (앞에서 본 모양의 넓이)

=(26+16)×13÷2=273(cm^2)

11-2 • 가를 돌려 만든 입체도형과 만든 입체도형을 앞에서 본 모양은 다음과 같습니다.

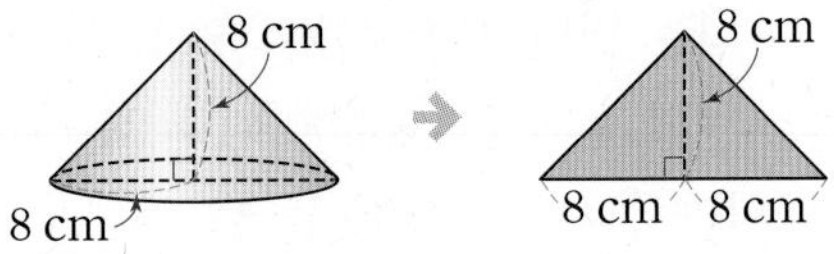

➜ (앞에서 본 모양의 넓이)

=16×8÷2=64(cm^2)

• 나를 돌려 만든 입체도형과 입체도형을 앞에서 본 모양은 다음과 같습니다.

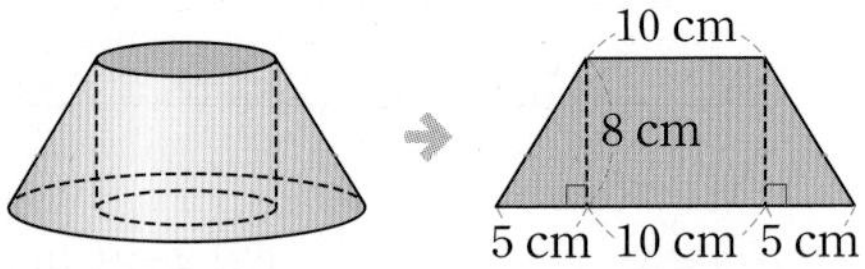

➜ (앞에서 본 모양의 넓이)

=(10+20)×8÷2=120(cm^2)

따라서 앞에서 본 모양의 넓이의 차는

120−64=56(cm^2)입니다.

유형 12 만든 입체도형을 앞에서 본 모양은 오른쪽과 같습니다.

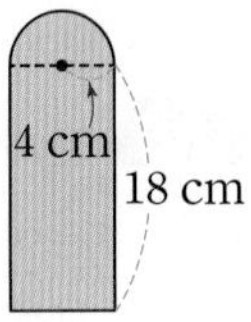

(앞에서 본 모양의 넓이)

=(반원의 넓이)

+(직사각형의 넓이)

=4×4×3÷2+8×18

=24+144=168(cm^2)

12-1 만든 입체도형을 앞에서 본 모양은 오른쪽과 같습니다.

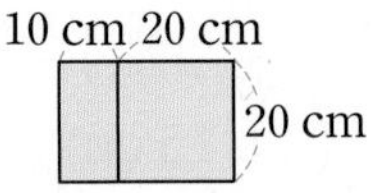

(앞에서 본 모양의 넓이)

=(직사각형의 넓이)+(정사각형의 넓이)

=10×20+20×20

=200+400=600(cm^2)

12-2 만든 입체도형을 앞에서 본 모양은 오른쪽과 같습니다.

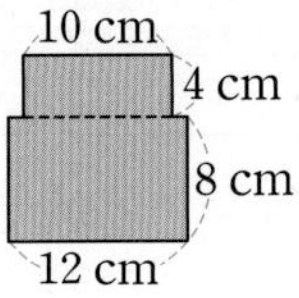

➜ (앞에서 본 모양의 넓이)

=(작은 직사각형의 넓이)

+(큰 직사각형의 넓이)

=10×4+12×8

=40+96=136(cm^2)